Lepratti, Lamparter, Schröder (Hrsg.)
Transparenz in globalen Lieferketten der Automobilindustrie

Transparenz in globalen Lieferketten der Automobilindustrie

Ansätze zur Logistik- und Produktionsoptimierung

von Raffaello Lepratti,
Steffen Lamparter
und Rolf Schröder (Hrsg.)

Publicis Publishing

Die Deutsche Nationalbibliothek verzeichnet diese Publikation in der Deutschen Nationalbibliografie; detaillierte bibliografische Daten sind im Internet über http://dnb.d-nb.de abrufbar.

www.publicis-books.de

Print ISBN 978-3-89578-440-8
ePDF ISBN 978-3-89578-915-1

Herausgeber: Siemens Aktiengesellschaft, Berlin und München
Verlag: Publicis Publishing, Erlangen

Printed in Germany

Vorwort

Dr. Andreas Goerdeler, Unterabteilungsleiter Informationsgesellschaft, Medien im BMWi (Bundesministerium für Wirtschaft und Energie)

Das in die vierte industrielle Revolution führende Zukunftsprojekt „Industrie 4.0“ ist eines der wichtigsten Vorhaben der digitalen Agenda der neuen Bundesregierung. Mit spezifischen Fördermaßnahmen zielt das BMWi beim Zukunftsprojekt „Industrie 4.0“ darauf ab, die vernetzte, internetbasierte Steuerung von Produktionsprozessen und Logistik voranzubringen und die internationale Wettbewerbsfähigkeit des industriellen Standorts weiter zu stärken. Es geht dabei um neue Methoden für eine flexible, hoch anpassungsfähige und kundenzentrierte Produktion, die zudem energieeffizient und ressourcenschonend sein soll. Cyberphysische Systeme, die die Brücke zwischen Komponenten der Produktion und dem Internet bilden, ermöglichen dabei in der Fabrik und über Unternehmensgrenzen hinweg neue Formen einer vernetzten intelligenten Produktion.

Das Konsortium des RAN-Projekts (RFID-based Automotive Network) – vertreten durch namhafte deutsche OEMs, Teilezulieferer, IT-Dienstleister, Technologielieferanten und wissenschaftliche Institute – hat für diese zukünftige Ausrichtung deutscher Wirtschafts- und Innovationspolitik im Rahmen von Industrie 4.0 maßgebliche Vorarbeit geleistet und wichtige Impulse auch für andere Anwenderbranchen gegeben. Im Wesentlichen ist es in dem vom BMWi geförderten Projekt in seiner Laufzeit von 2010 bis 2012 gelungen, den Zustand weltweit organisierter Logistikketten in der Automobilfertigung in Echtzeit zu erfassen. Globale Logistikketten können zukünftig in Sekundenschnelle überwacht und optimal gesteuert werden, insbesondere auch mit Blick auf Ressourcenschonung und Energieeffizienz. Der Ansatz ergänzt den bisherigen EDI-gestützten Auftragsbezug der Automobilindustrie in hervorragender Weise.

Dem Thema „globale Wertschöpfungsnetzwerke“ kommt bei RAN besondere Bedeutung zu, weil individuelle Fahrzeugwünsche von Kunden, neue Antriebstechnologien und fortwährende Innovationen eine stetig wachsende Variantenvielfalt erzeugen, die prozessual nur durch Reduktion der Fertigungstiefe beherrscht werden kann. Dies führt zur Entwicklung komplexer und globaler Lieferantennetzwerke. Die Lieferanten reichen dabei von Kleinbetrieben über mittelständische Unternehmen bis hin zu Konzernen und beliefern die Automobilhersteller aus der ganzen

Welt. Die globale Anbindung der Lieferanten mit Schiff, Bahn und LKW integriert zusätzliche Unternehmen in den Produktionsablauf. Diese komplexen Netzwerke gilt es zum einen optimal zu steuern und zum anderen auf Marktänderungen oder auch interne Veränderungen und logistische Herausforderungen flexibel reagieren zu lassen.

Im Projekt RAN wurde mit standardisierten Prozessen für Produktion und Logistik unter Einsatz modernster RFID-Technik die Möglichkeit eines effizienten Informationsaustausches mit Hilfe eines InfoBroker-Konzepts für die gesamte Automobilindustrie geschaffen. Erstmals wurde branchenweit eine Einigung über standardisierte Methoden erzielt, die alle an der Wertschöpfung beteiligten Unternehmen mit einbezieht und somit eine optimale firmenübergreifende Auftragssteuerung ermöglicht.

Die gemeinsam standardisierten Lösungen aus den RAN-Arbeitspaketen wurden in den Anwendungsbeispielen (Use Cases) prototypisch eingesetzt, verifiziert und optimiert. Einheitliche, branchenweite Vorgaben erleichtern zukünftig die Zusammenarbeit beim Design einer optimalen Supply Chain.

Damit die im RAN-Projekt erzeugten Datenstandards zur Kommunikation im InfoBroker-Netzwerk in ihrer Weiterentwicklung nicht stehen bleiben, wurden diese Standards jetzt dem RFID-Expertenkreis des VDA zur fortlaufenden Bearbeitung und Weiterentwicklung übergeben. Dies gilt auch für GS1 Germany, die die neuen Anforderungen an die Daten im Sinne eines Standards weltweit absichern.

Nach Projektende hat sich das Konsortium entschlossen, den mit RAN eingeschlagenen Weg weiterzugehen und hat dafür im Frühjahr 2013 einen Interessensverbund gegründet, der die Möglichkeiten und Herausforderungen für die Implementierung der RAN-Methodik in der deutschen Automobilindustrie erörtert und anschließend in die Strukturen des VDA überführt. RAN ist ein Musterbeispiel, das auch auf viele andere Branchen übertragen werden kann. Insbesondere die Fragen des Datenzugangs und -zugriffs, also das Governance-Konzept, sind in Pionierarbeit gelöst worden, die Nachahmung verdient.

Das hier vorliegende Buch zu RAN beschreibt die grundsätzliche Methodik für die Integration eines neuen Automotive-Partners in das RAN-Netzwerk in sehr anschaulicher Weise. Es soll somit dem Management und den Projektleitern der Automobilindustrie, aber auch potenziellen Nachahmern eine erste Übersicht zum Designen einer optimalen Logistiksteuerung für die Automotive Supply Chain geben.

Ich hoffe, dass das Buch zu RAN Ihr Interesse findet und wünsche Ihnen viel Erfolg bei der Realisierung möglicher Anwendungen.

Dr. Andreas Goerdeler
Berlin, im Juni 2014

Verwendete Abkürzungen

ABV	Automotive Business Vocabulary
ALE	Application Level Event
AP	Arbeitspaket
ASN	Advance Shipping Notice (Versandanzeige)
B.I.C.	Bureau International des Containers et du Transport Intermodal
BIBA	Bremer Institut für Produktion und Logistik GmbH
BMWi	Bundesministerium für Wirtschaft und Technologie
btt	business transaction type
CBV	Core Business Vocabulary
CIN	Company Identification Code
CKD	Completely Knocked Down
CO_2	Kohlenstoffdioxid
CPI	Component/Part Identifier
DELFOR	Delivery Forecast (Lieferabruf)
DELJIT	Delivers Just-in-Time (Feinabruf)
DIN	Deutsches Institut für Normung e. V.
DIS	Demonstrations-, Informations- und Schulungszentrum
DMZ	Demilitarized Zone
DUNS	Data Universal Numbering System
EDI	Electronic Data Interchange
EDIFACT	Electronic Data Interchange For Administration, Commerce and Transport
EDL	Externer Dienstleister
EMV	Elektromagnetische Verträglichkeit
EPC	Electronic Product Code
EPCIS	Electronic Product Code Information Services
EPK	Ereignisgesteuerte Prozessketten
ERP	Enterprise Resource Planning
ETA	Estimated Time of Arrival
eTS	easyTracing System
FIN	Fahrzeugidentifikationsnummer
FMEA	Fehlermöglichkeits- und Einflussanalyse
FTS	Fahrerloses Transportsystem
GIAI	Global Individual Asset Identifier
GPAL	Gütegemeinschaft Paletten e.V.
GPIK	Global Parts Identification Key
GRAI	Global Returnable Asset Identifier
GTIN	Global Trade Item Number
HF	High Frequency
HTTP	Hypertext Transfer Protocol
HTTPS	Hypertext Transfer Protocol Secure
IAC	Issuing Agency Code
ID	Erkennungsmerkmal des Objektes
IML	Fraunhofer-Institut für Materialfluss und Logistik
IR	Item Reference
ISO	International Organization for Standardization
IT	Informationstechnik
iwb	Institut für Werkzeugmaschinen und Betriebswissenschaften Technische Universität München
JIS	Just-in-Sequence
KLT	Kleinladungsträger
KMU	Kleine und mittlere Unternehmen
KVP	Kontinuierlicher Verbesserungsprozess
LAS	Logistisches Assistenzsystem
LDL	Logistikdienstleister
LT	Ladungsträger
MES	Manufacturing Execution System
NVE	Nummer der Versandeinheit
OEM	Original Equipment Manufacturer
PAS	Produktionsassistenzsystem
QS	Qualitätssicherung
RAN	RFID-based Automotive Networks
RFID	Radio Frequency Identification
SCM	Supply Chain Management
SGLN	Serialisierte Globale Lokationsnummer
SGTIN	Serialized Global Trade Item Number
SKD	Semi Knocked Down
SN	Seriennummer
SSCC	Serial Shipping Container Code
TCP	Transmission Control Protocol
TR	Technische Richtlinie
UC	Use Case
UHF	Ultra High Frequency
UID	Unique Identifier
UM	User Memory
UMTS	Universal Mobile Telecommunications System
UN/LOCODE	United Nations Code for Trade and Transport Locations
UUID	Universally Unique Identifier
VDA	Verband der Automobilindustrie
VIN	Vehicle Identification Number
WLAN	Wireless Local Area Network
XML	Extensible Markup Language

Abbildungsverzeichnis

Inhaltsverzeichnis

Abschnitt 1

ÜBERBLICK

1 Einleitung

Raffaello Lepratti, Steffen Lamparter, Rolf Schröder

Die heutige Automobilindustrie unterliegt zwei anhaltenden Trends: Eine starke Nachfrage an individuellen Fahrzeugen aus immer mehr geografisch verteilten Volkswirtschaften und die Fokussierung der Automobilhersteller auf wesentliche Kernteile der Wertschöpfungskette wie Fahrzeugdesign und Produktionssynergien (z. T. im Rahmen strategischer Allianzen), was mit einer Auslagerung vieler Teile der Werkschöpfungskette an externe Lieferanten einhergeht. Beide Trends führen zu einer Aufteilung der Wertschöpfung und der Verantwortlichkeiten auf eine Vielzahl von Partnern. Für eine effiziente Abwicklung der erforderlichen variantenreichen Produktion organisieren sich die Automobilhersteller und deren Hauptlieferanten in Produktions- und Logistiknetzen, deren Komplexität und Notwendigkeit an Anpassungsfähigkeit erheblich zunimmt.

Der Auftragssteuerung seitens der Logistik und Produktion kommt dabei zukünftig eine besondere Bedeutung zu, wenn trotz einer Komplexitätszunahme logistische Kenngrößen wie Bestand, Durchlaufzeit, Auslastung und Termintreue weiter optimiert werden müssen. Im gleichen Maße muss ein Anwachsen der Transportaufwände zwischen den einzelnen Verbundpartnern steuerungstechnisch beherrschbar gehalten werden, um weitere Umweltbelastungen zu verhindern. Insbesondere die effektive und effiziente Steuerung inner- und überbetrieblicher Prozesse wird dadurch zu einer anspruchsvollen Herausforderung.

Diese Problematik hat den Ursprung in der fehlenden Transparenz sowohl in unternehmensinternen als auch in lieferkettenübergreifenden Produktions- und Logistikprozessen. Abweichungen des realen Geschehens vom geplanten werden nicht oder sehr spät erkannt, da Einzelereignisse in der Logistik und Produktion gar nicht, nur summarisch oder unsystematisch erfasst werden können. Dieser Effekt potenziert sich im Produktionsverbund gegenüber der Einzelunternehmung, weil Fehler und Abweichungen nach dem heutigen Stand aufgrund einer zeitverzögerten Rückmeldung noch später erkannt werden.

Das vom Bundesministerium für Wirtschaft und Technologie (BMWi) geförderte Forschungsprojekt RFID-based Automotive Network (RAN) hat sich dieser Schwachstelle angenommen. Hauptziel des Projekts war es, durch eine optimale Prozesssteuerung eine aufwandsarme bzw. bestandsoptimierte Logistik und effiziente Produktion zu schaffen.

Die Arbeiten fokussierten sich auf RFID-basierte Erfassungssysteme, deren Daten in ein standardisiertes Beschreibungsformat übersetzt werden und über eine verteilte Datenbank, den sogenannten RAN-InfoBroker, unternehmensübergreifend und zeitnah den Partnern der Lieferkette zur weiteren Auswertung bereitgestellt werden. Diese dezentral bereitgestellten Daten werden im Produktionsprozess als Grundlage für die Absicherung einer effizienten Produktion trotz auftretender Störereignisse herangezogen und innerhalb der jeweiligen Enterprise Resource Planning und Manufacturing Execution-Systeme (ERP-/MES-Systeme) weiter verarbeitet.

Damit kostspielige und häufig inkompatible Individuallösungen vermieden und eine einfache Integration von neuen Lieferkettenpartnern ermöglicht werden, wurde im Projekt auf die Standardisierung der Erfassung und Übertragung von Materialverfolgungsdaten gesetzt. Angepasst an die Bedürfnisse der Automobilindustrie wurden im Projekt Standard-Erfassungsklassen für wesentliche Anwendungsfälle auf Basis von mehreren Grundanforderungen abgeleitet. Mithilfe dieser Kriterien wurden insgesamt neun Standard-Erfassungsklassen identifiziert. Mit den resultierenden Spezifikationen werden zum einen Anwender in die Lage versetzt, die benötigten Komponenten und dazugehörigen Technologielieferanten strukturiert auszuwählen. Zum anderen profitieren diese Technologielieferanten von der Möglichkeit, Produkte anbieten zu können, die die im Projekt erarbeiteten Anforderungen an die Datenerfassung ganzheitlich erfüllen.

Das RAN-Projekt setzt auf die Standards von GS1 EPCglobal und nutzt darin festgehaltene Empfehlungen. Diese umfassen zum Beispiel Spezifikationen für die Kommunikation zwischen Transponder und Reader, Nummerierungssysteme für unternehmensübergreifende Datenstrukturen von Objekten auf Basis des EPC (Electronic Product Code) und die IT-Schnittstellen für den Datenaustausch. Der Datenaustausch zwischen den Unternehmen findet mittels eines standardisierten Electronic Product Code Information Services (EPCIS)-Events über mehrere verbundene EPCIS-Repositories – in RAN durch den RAN-InfoBroker repräsentiert – statt. Durch die Anbindung aller Partner einer Lieferkette an den InfoBroker können Daten effizient ausgetauscht und angebundenen Unternehmen zur weiteren Verarbeitung verfügbar gemacht werden.

Die Praktikabilität der erarbeiteten Lösung für die Industrie wurde anhand von sieben Anwendungsfällen, den sogenannten Use Cases (UC), gezeigt. Um ein möglichst breites Spektrum an Fällen abzudecken und damit auch das Potenzial des Lösungsansatzes aufzuzeigen, wurden in der Evaluierung verschiedene Prozesse und Stufen einer Lieferkette betrachtet. Die Untersuchungen reichten dabei von einer langen Lieferkette, die vom Motorenwerk in Deutschland bis zur Montage in den USA reicht, über Behältermanagement zur genauen Abschätzung von Beständen bei Partnern bis hin zur intelligenten Auftragssteuerung am Beispiel von Nutzfahrzeugsitzen bei sequenzgenauen Belieferungen.

Im RAN-Projekt wurden erstmals unter der Einbeziehung aller an der Wertschöpfung beteiligten Unternehmen die Voraussetzungen für eine branchenweite Einigung auf standardisierte Methoden erarbeitet und validiert. Die dafür notwendigen Kompetenzen lieferte ein kompetentes Konsortium aus namhaften Unternehmen der Automobilfertigung, der Zulieferindustrie, der Logistikdienstleistung, der IT- und Technologiebranche sowie aus Instituten der Forschung (siehe Abbildung 1).

Die im Projekt erarbeiteten Leitfäden bzw. Spezifikationen ermöglichen Automobilherstellern und -zulieferern, sich auf die Einhaltung effizienter Logistikabwicklungen im Sinne einer Zertifizierung hin zu überprüfen. Sie werden damit befähigt, den Wertschöpfungsprozess effizienter, schneller und kostengünstiger zu gestalten. Diese Ergebnisse stehen auch kleineren und mittleren Unternehmen (KMU) für eine effektive und schnelle Einführung von RFID-basierten Logistik- und Produktionsprozessen zur Verfügung. Unter www.biba.uni-bremen.de/ran.html können interessierte Leser die Ergebnisdokumente des Projektes abrufen. Durch das Engagement des Projektkonsortiums und des Bundesministeriums für Wirtschaft und Technologie wurde ein sichtbarer Wettbewerbsvorteil der deutschen Automobilindustrie im internationalen Vergleich erzielt.

Im vorliegenden Buch werden die wichtigsten Ergebnisse bzw. Erkenntnisse aus dem Forschungsprojekt RAN zusammengefasst. Das Buch soll potenziellen Anwendern als Einstieg dienen und den technisch interessierten Lesern Verweise zu vertiefenden Informationen des RAN-Projekts bereitstellen. Abschnitt 1 des Buchs gibt einen kompakten Überblick über den im Projekt verfolgten Lösungsansatz, die betrachteten industriellen Anwendungsfälle in der Automobilindustrie sowie das methodische Vorgehen zur Aufnahme eines neuen Partners in ein RAN-Netzwerk. Abschnitt 2 richtet sich an technologisch interessierte Leser. Hier werden die einzelnen im Projekt bearbeiteten technische Fragestellungen näher beleuchtet.

Abbildung 1 Das RAN-Projektkonsortium (Quelle: RAN-Projekt, 2011)

2 Motivation – Das Projekt „RFID-based Automotive Network“

Rolf Schröder

2.1 Transparenz in Logistiknetzwerken der Automobilindustrie

Bei Projektstart von RAN wird die informatorische Verbindung zwischen den Akteuren der Automotive Supply Chain vorrangig durch Electronic Data Interchange (EDI)-Nachrichten bestimmt. Sie bilden das Auftrags- und Abrufverhalten der Kunden sowie das Ankündigen der Lieferung für Waren oder auch Leergut durch Lieferanten und externe Dienstleister (EDL) mittels Advance Shipping Notice (ASN) ab. Darüber hinaus werden vorzugsweise Statusmeldungen der Auftragssteuerung mit dem EDL ausgetauscht. Diese werden jedoch bilateral implementiert und stellen keinen allgemein verständlichen Standard dar. Abbildung 2 zeigt in diesem Zusammenhang, dass ein generelles Tracking des Materialstromes bzw. die Erfassung des Gesamtzustandes der Supply Chain entweder gar nicht oder nur schwach ausgeprägt vorhanden ist. Die Intransparenz in den Materialbewegungen bewirkt Verluste, die in Abbildung 3 mit einigen Beispielen gezeigt werden. Erwähnt seien unnötige Warenbestände und Umlaufbestände für Ladungsträger oder lange Durchlaufzeiten für

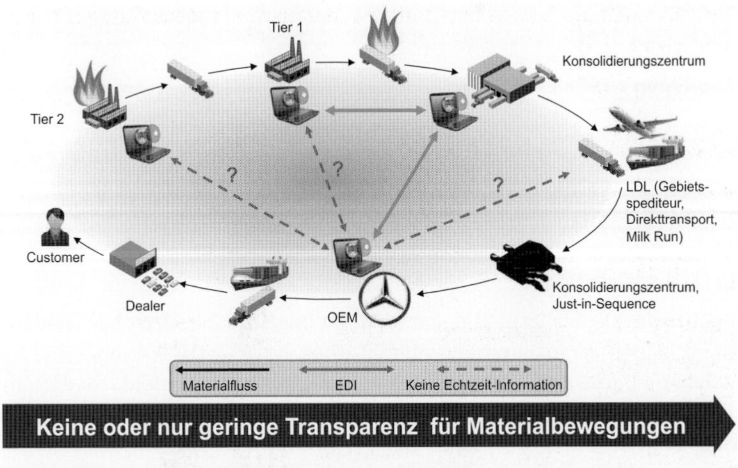

Abbildung 2 Aktueller Informationsaustausch zwischen den Akteuren der Automobilindustrie

Abbildung 3 Beispiele für Verschwendungen in der Supply Chain (Quelle: RAN-Projekt, 2011)

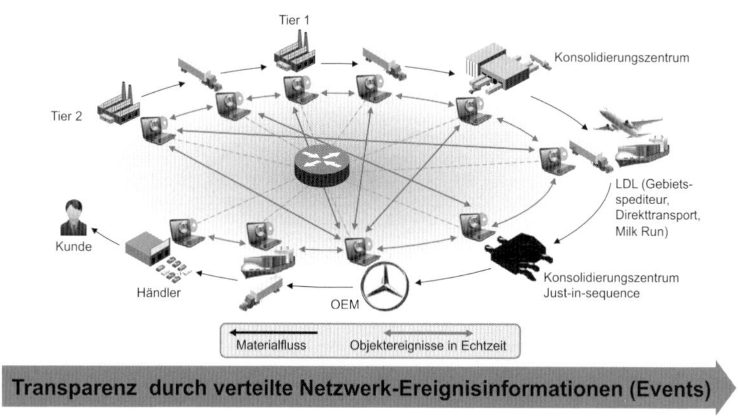

Abbildung 4 Die RAN-Vision

das Vollgut sowie schlechte Rückverfolgbarkeiten. Die Vision für das Projekt besteht in der vollständigen Transparenz mittels Ereignisinformationen (Events) im Netzwerk, wie Abbildung 4 zeigt. Die dort dargestellte Datenaustauschplattform soll in diesem Buch dann kurz als InfoBroker bezeichnet werden.

Somit startete das Projekt dann auch mit der Aufgabe, den eher weitläufigen Begriff „Transparenz in einem Automotive-Netzwerk“ operabel zu machen. Dafür war es zuerst einmal wichtig, das Umfeld zu diesem Thema zu erfassen. Es lässt sich im Wesentlichen durch zwei „Bewegungen“ abgrenzen:

1. Im operativen Kurzfristbereich besteht durchaus ein weitgehend automatisierter Informationsaustausch zwischen den Automo-

tive-Akteuren, basierend auf den Verband der Automobilindustrie (VDA)-Empfehlungen 4905 und 4915/16 sowie der Verwendung von EDI. Zum Materialabruf auf der Kundenseite gehört zumeist die vorausschauende Avisierung des Lieferanten. In Einzelfällen gibt es zwischen Herstellern und Lieferanten bilateral verbundene IT-Systeme, die z. B. auf Bestände bezogen die dispositiven Abläufe unterstützen.

2. Im Mittelfristbereich versuchen die Firmen mit Instrumenten und Informationen zum Kapazitätsabgleich aufwendige Engpasskoordinationen für den Kurzfristbereich der Auftragssteuerung zu verhindern. Neben den IT-gestützten Systemen kann hier auch auf vertragliche Instrumente [Wilke 2012] für das Design einer optimalen Supply Chain zurückgegriffen werden. In diesen Zusammenhang fällt auch das Minimieren des Bullwhip-Effektes.

Das Vorgehen in RAN wird sich ausschließlich auf Punkt 1 für den operativen Kurzfristbereich beziehen. Die Planungen für den Materialfluss sind somit bearbeitet und es geht jetzt darum, eine effiziente Steuerung und später dann auch Mittel für eine Absicherung der Steuerung durch eine Regelung zu konzipieren. Als prägender Begriff für RAN wird sich der Begriff „Material im Zufluss" herausstellen. Darunter soll im Wesentlichen verstanden werden, dass die Planungen und Beschaffungsvorgänge abgeschlossen sind und dass das Material „auf der Straße" ist. Ab diesem Zeitpunkt geht es dann darum, das Material effizient an seinen Zielort zu steuern. Dabei wird der Ablauf zum einen von internen Störungen und zum anderen von sich kurzfristig ändernden Kundenanforderungen, (z. B. Programmänderungen) zumeist negativ beeinflusst. Mit RAN sollen Vorgehensweisen und Tools bereitgestellt werden, mit denen der Disponent eine effiziente Steuerung zum Kunden im gestörten Umfeld bewältigen kann. Der Kunde kann dabei durchaus von einem Lieferanten, von einem EDL, von einem Herstellerwerk sowie vom Endverbraucher wahrgenommen werden.

Der Begriff Transparenz soll hier stellvertretend für Informationen über relevante Ereignisse im Materialfluss stehen, die von den Akteuren der Supply Chain untereinander abonniert werden können. Als Beispiel sei hier das Vereinnahmungsevent erwähnt, das verständlicherweise im Prozess Vereinnahmung beschrieben wird. Damit kann dem Kommunikationspartner die buchungstechnische Vereinnahmung in das ERP-System während des Entladevorganges übermittelt werden. Mit dem Aufbau des RAN-Prozessbaukastens werden diese Ereignisse für die Materialflussprozesse definiert. Auf die Prozesse wird in Kapitel 4, auf die datenseitige Spezifikation in Kapitel 5 eingegangen. Diese Ereignisse werden hier für ihren Verwendungszweck grob in zwei Gruppen eingeteilt.

1. Bei kurzen verbrauchsgesteuerten Prozessketten oder Just-in-Sequence-(JIS)-Anwendungen soll unmittelbar auf Ereignisse möglichst automatisiert reagiert werden bzw. die Auftragssteuerung

soll die aktuellen Ereignisse verarbeiten können. Stellvertretend seien hier aktuelle Verbrauchsinformationen (Kanban-Event) aus der Produktion des Kunden gemeint, die in Echtzeit dem Lieferanten zur Verfügung gestellt werden. Als Beispiel sei hier die Konzeption für eine wirtschaftlichere Lager-/Transportstrategie als neue Steuerstrategie erwähnt, die sich mit diesen neuen Informationen realisieren lässt.

2. Bei langen Prozessketten kommt ein Störfaktor stärker zum Tragen als bei den kurzen Ketten. Bei Störungen muss hier eine gezielte Fahndung eingeleitet werden können, die zumeist mit der Frage beginnt, wo sich ein Teil oder Ladungsträger befindet, nachdem es/er zu geplantem Zeitpunkt und Zielort nicht angekommen ist. Anschließend wird mittels dieser Informationen nach dispositiven Alternativen gesucht, um diesen Prozessverlust möglichst gering zu halten.

In beiden Fällen gilt es, Ereignisinformationen zwischen den Akteuren der Supply Chain auszutauschen. An dieser Stelle soll diese Information als EPCIS-Event skizziert werden (Abbildung 5). Dabei geht es vorrangig um die Gestaltung der vier Attribute eines Events:

1. Was: Was wird bewegt?
2. Wo: An welchem Ckeckpunkt ist das Objekt angekommen?
3. Wann: Zu welchem Zeitpunkt ist das Objekt angekommen?
4. Warum: Wie sieht der Prozesskontext zu dieser Bewegung aus?

Eine detaillierte Erklärung zu den Attributen eines RAN-Events erfolgt in Kapitel 5.

Da der größte Teil der Automotive-Akteure untereinander jeweils die gleichen Lieferanten, Original Equipment Manufacturer (OEM), Spediteure, Reeder, die Bahn, Flugzeuge und externe Dienstleister (EDL) hat, ist es sehr naheliegend, die oben angesprochen Prozessereignisse in einer ein-

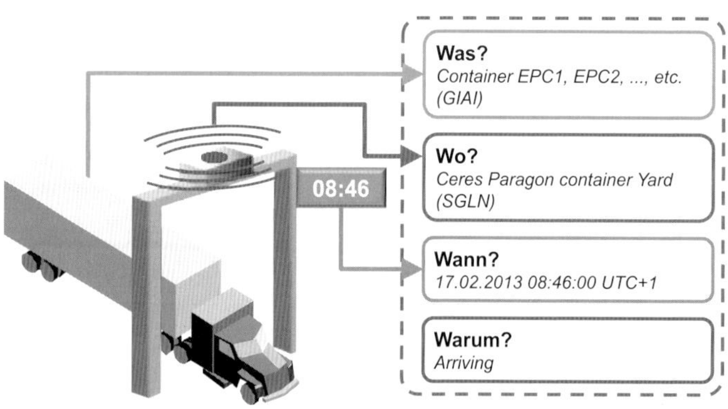

Abbildung 5 Das EPCIS-Event (Quelle: GS1, 2014; Repec, 2014)

zigen gemeinsam verständlichen Sprache zu entwickeln (Kapitel 5). Wir werden diese Sprache später als Automotive Business Vocabulary (ABV) bezeichnen. Es handelt sich dabei um einen Standard zur Erfassung von Informationen über Materialbewegungen und deren Verteilung im Netzwerk. Näheres ist hierzu in Kapitel 2.4 zu finden.

2.2 RFID bei RAN

Zwei technologisch orientierte Ziele wurden mit dem RAN-Projekt verknüpft:

1. Eine getestete Datenaustauschinfrastruktur für die unternehmensübergreifende Ereigniskommunikation, wie im Kapitel 2.1 beschrieben.
2. Eine Bereitstellung bzw. Spezifikation (Leitfaden) für eine effiziente Art der Datenerfassung für eindeutige Materialbewegungen von Teilen, Komponenten, Ladungsträgern und Fertigfahrzeugen.

Für den zweiten Punkt stellt RFID (Radio Frequency Identification) eine geeignete Technologie dar. Der Grund liegt darin, dass der zukünftig zu erwartenden Mehrdatenerfassung eine möglichst automatisierende Technologie zur Verfügung gestellt wird, um Mehraufwände zu verhindern. Das funkbasierende Einlesen der auf den Transpondern gespeicherten Identifikationsinformationen stellt dafür den wesentlichen Mechanismus zur Verfügung.

Die Ausrichtung auf RFID bedeutet jedoch nicht den Verzicht auf die Verwendung anderer feldnaher Auto-ID-Technologien wie den bekannten Barcode oder Data Matrix Code. Auch die Integration firmeneigener IT-Systeme wird durchaus empfohlen, wenn Bewegungsdaten vorhanden sind (z. B. Ableitungen aus Buchungen heraus). Für die Erstellung des Leitfadens wird sich RAN ausschließlich auf die RFID-Technologie stützen.

Data on Net und Data on Tag

Durch die Verwendung von speicherführenden Transpondern ist im RAN-Konsortium verschiedentlich die Diskussion aufgekommen, wie mit den Daten auf dem Transponder hinsichtlich eines RAN-Standards umzugehen ist.

Die RAN-Vorgehensweise lässt sich folgendermaßen zusammenfassen:

1. Die RAN-Ereignisdatenstruktur ist als Standard für die deutsche Automobilindustrie zu verwenden. Sie kann stellvertretend für Data On Net angesehen werden. Aus welcher Datenquelle diese Datenstruktur gespeist wird (RFID, Barcode, weitere IT-Systeme), ist dafür egal. Diese Datenstruktur liegt bei Projektende als erste Version vor. Mögliche neue Ereignisse werden über den VDA zukünftig weiter spezifiziert.

2. Die RAN-Partner haben erklärt, dass der Transponder quasi als „Informationsaufpunkt“ als eineindeutiges Erkennungsmerkmal des Objektes (ID) zu nutzen ist. Applikationsseitige Daten zu den Objekten werden dann mittels Capturing-Programmen der ERP-Systeme gewonnen.
3. Über die Vorteile oder Nachteile bei der Verwendung des Transponders als Datenträger für Prozess- und Produktdaten (Data on Tag) macht RAN keine Angaben und gibt diesbezüglich auch keine abschließende Beurteilung zu diesem Thema ab. Diskutiert wurden im Konsortium naheliegende Vorteile bei Gebrauch des Transponders im ERP-freien Fabrikbereich, die allerdings mit erheblichen Sicherheitsrisiken verbunden sind. Falls sich zwei Akteure dazu entschließen sollten, einen Datenaustausch mittels Transponderdaten zu organisieren, gibt es von RAN dafür eine Gebrauchsempfehlung [RAN-Konsortium 2012c]. Sie geht dabei insbesondere auf die effiziente Organisation des Datenspeichers ein. Sie erhebt im Vergleich zu Punkt 1 aber keinen Standardisierungsanspruch.

2.3 RAN-Assistenzsysteme

Kapitel 2.1 geht bereits kurz auf die Verwendung der Ereignisdaten bei kurzen und langen Prozessketten ein. Liegen die Daten im EPCIS-Format zuerst einmal vor, müssen sie in geeigneter Weise aufbereitet werden, um den originären Steuerungsablauf aufgrund einer nicht geplanten Aktualität gezielt beeinflussen zu können. Diese Aufgabe übernehmen zumeist sogenannte logistische Assistenzsysteme (LAS). Dazu wurde innerhalb des RAN-Projektes die AG Assistenzsysteme gegründet.

2.3.1 Was sind RAN-Assistenzsysteme?

RAN-Assistenzsysteme sind IT-Systeme oder Funktionen von IT-Systemen, welche aktuelle Auto-ID-Daten aus der RAN-Infrastruktur (InfoBroker) verwenden und diese gegebenenfalls ins Verhältnis zu Daten aus Backend-Systemen setzen, um logistische oder produktionstechnische Netzwerke effizient zu planen oder zu steuern (Abbildung 6).

Das Anwendungsspektrum reicht vom reinen Anzeigen der Informationen über die Planungsunterstützung bis hin zur Ausführung von Aktionen (Steuerung) auf IT-Backend-Systemen oder auf realen Objekten (Maschinen, Prozesselemente etc.).

RAN-Assistenzsysteme können für unterschiedlichste Planungs- und Steuerungsaufgaben konzipiert sein und kommunizieren entweder mit einem Anwender (User-Interface) oder sind als autonome Systeme in eine IT-Infrastruktur integriert.

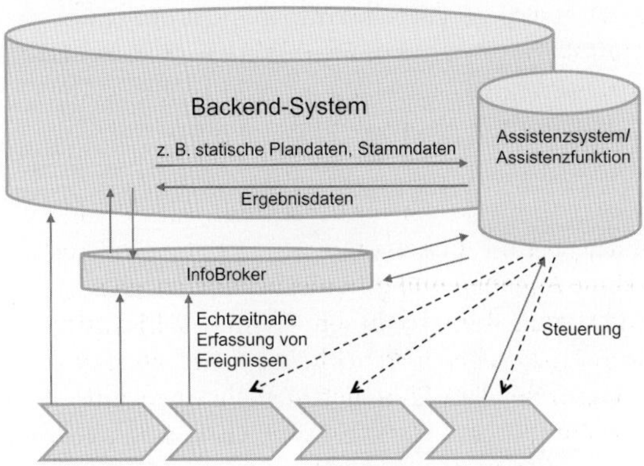

Abbildung 6 Positionierung des logistischen Assistenzsystems (LAS)

2.3.2 Ein Stufenkonzept zur Entwicklung von logistischen Assistenzsystemen

Das finale Ziel der Use Cases (UCs) von RAN wird mit der prototypischen Umsetzung eines Regel-/Steuerungsmechanismus' bei den kurzen, eher verbrauchsgesteuerten Logistikketten erreicht. Bei den langen interkontinentalen Abwicklungen steht das Spezifizieren und Umsetzen einer übergreifenden Transparenz in Logistiknetzwerken im Vordergrund.

Den Fahrplan von einer einfachen Transparenz im Logistiknetzwerk hin zu einem integrierten Steuerungsmechanismus hat die AG Assistenzsysteme mit Hilfe einer Roadmap beschrieben, die in Kapitel 3.5.5 vorgestellt wird.

2.4 Standardisierung

Um in einem globalen Netzwerk mit unterschiedlichen Prozesspartnern (OEM, Zulieferer, Logistikpartner) effizient zusammenzuarbeiten, müssen industrielle Standards zur Optimierung der übergreifenden Auftragssteuerung generiert werden. Das gilt in besonderem Maße auch für RAN, da die zu spezifizierenden Netzwerkinformationen von allen Automotive-Partnern erkannt und in eigenen ERP-Systemen verarbeitet werden müssen. Abbildung 7 gibt eine Übersicht über die vier Standardisierungskategorien von RAN.

Prozesse

Die materialbewegenden Prozesse (innerbetrieblicher Transport, Einlagerung, Auslagerung u. a.) werden beschrieben, um den Prozesskontext zu den Ereignisdaten (Events) zu erkennen. Es entsteht ein modularer

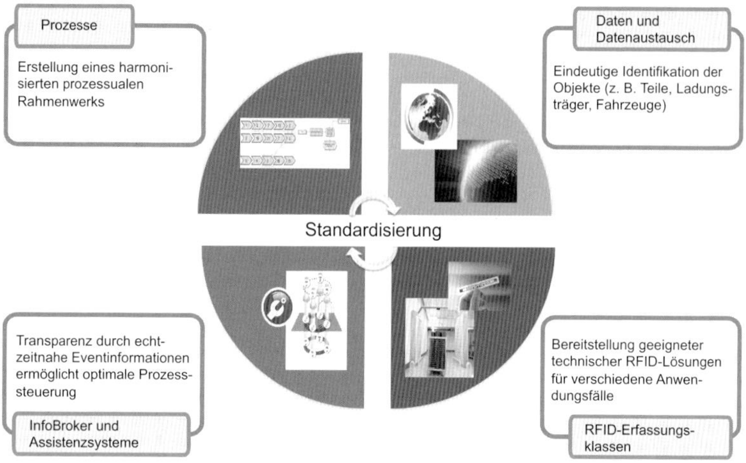

Abbildung 7 Standardisierung bei RAN

Prozessbaukasten. Er wird später mit der VDA-Empfehlung 5510 „RFID zur Verfolgung von Teilen und Baugruppen in der Automobilindustrie“ verknüpft.

Daten und Datenaustausch

Die Ereignisinformationen müssen standardisiert beschrieben werden. Dies wird durch Abstimmung im RAN-Konsortium und anschließenden Antrag in die EPCglobal-Organisation erreicht.

InfoBroker und Assistenzsysteme

Es werden herstellerneutrale Spezifikationen für den InfoBroker erstellt, um IT-Systemherstellern einen schnellen Entwicklungszugang zu ermöglichen. Dies gilt in gleichem Maße für die logistischen Assistenzsysteme.

RFID-Erfassungsklassen

Es werden herstellerneutrale Spezifikationen für RFID-Erfassungsklassen erstellt. Als Beispiele seien hier das RFID-Gate oder ein RFID-Regal erwähnt.

Um diese Ziele zu erreichen sowie die erarbeiteten Methoden ausreichend zu testen, wurde für die Projektdurchführung eine Matrixorganisation aus APs und UCs gebildet. Sie wird im folgenden Abschnitt erläutert.

2.5 Die RAN-Matrixorganisation: Arbeitspakete (APs) und Use Cases (UCs)

RAN benötigte sieben UCs um die gesamte Automotive Supply Chain zu überdecken. Diese UCs wurden von der Konzeption bis zu Umsetzung und Test jeweils mit zwei RAN-Partnern im Rahmen einer Kunden-Lieferanten-Beziehung durchgeführt. Um die Komplexität im Griff zu behalten, wurde der Scope der Supply Chain vom Warenausgang des Tier 2 bis zum Fahrzeugeingang des Händlers abgegrenzt. Die sieben UCs werden im Einzelnen noch innerhalb dieses Kapitels vorgestellt, eine namentliche Übersicht der UCs ist Abbildung 8 zu entnehmen.

Die Arbeitspakete (APs), die personell mit den Technologiefirmen und Forschungseinrichtungen ausgerüstet wurden, erarbeiten gemeinsam die Lösungskonzepte, die in den UCs verprobt wurden. Die daraus entstehende Matrixorganisation aus APs und UCs wird kompakt in Abbildung 8 aufgezeichnet.

Das gesamte RAN-Lösungskonzept stellt eine Vereinigung der Ergebnisleistungen der fünf APs dar. AP 1 beschreibt den Prozessbaukasten mit den darin vorkommenden Ereignisinformationen, AP 2 spezifiziert dann genau diese Ereignisse, AP 3 macht diese Ereignisse übergreifend austauschbar, AP 4 beschreibt die RFID-basierte Datenerfassung und AP5 beschreibt eine Methodik, wie dieses Vorgehen in einem UC berechnet werden soll. Neben der klassischen Wirtschaftlichkeit werden auch Umwelteffekte aufgrund der Verminderung des Kohlenstoffdioxid (CO_2)-Ausstoßes bewertet.

Dieses Vorgehen wird im RAN-Integrationskonzept, das als Leitfaden dienen soll, kompakt zusammengefasst. Es wird in Kapitel 3 beschrieben.

Auf die organisatorischen Aspekte des RAN-Projektes wird in diesem Zusammenhang nicht weiter eingegangen. Die Ergebnisse der Arbeits-

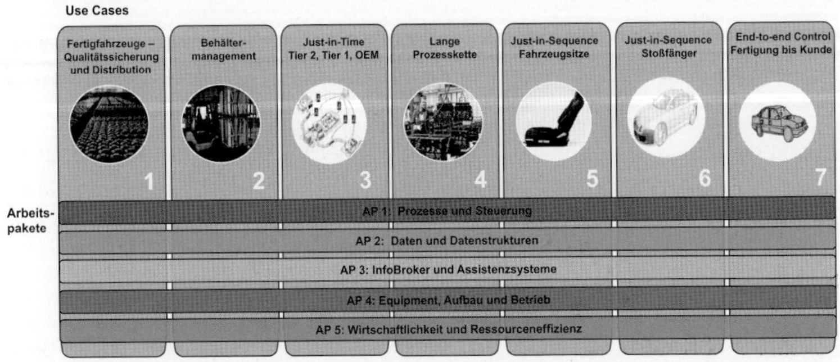

Abbildung 8 Organisation der Arbeitspakete und Use Cases

pakete werden im Detail in den Kapiteln 4 bis 8 beschrieben. Die APs entwickeln dabei gezielte Leitfäden, um zukünftige RAN-Supply-Chain-Projekte standardisiert ablaufen zu lassen.

2.6 Die RAN UCs

Im Folgenden beschreiben die Use-Case-Leiter die sieben UCs der RAN Partner. Zusätzlich wird jedem UC eine Kurzübersicht hinzugefügt, die das technische Ziel und den Nutzen beschreibt. Der von Bosch geführte UC 3 „Tier 2 – Tier 1 – OEM" im Rahmen einer übergreifenden durchgängigen Verbrauchssteuerung wird in diesem Kapitel nur mittels Kurzübersicht erwähnt. Auf die Umsetzung dieses UC wird in Kapitel 9 ausführlich eingegangen. Eine erste Übersicht über die UCs bietet zudem der Autonomik-Leitfaden „Neue Lösungen für die Automobilindustrie", der über die Webadresse www.autonomik.de zu finden ist.

2.6.1 UC 1: Fertigfahrzeuge, Qualitätssicherung und Distribution – BLG/Daimler

Use-Case-Leitung: Wolf Lampe, BLG LOGISTICS GROUP AG & Co. KG

Der UC „Fertigfahrzeuge Qualitätssicherung und Distribution" betrachtete die gesamte Fahrzeugdistribution, ausgehend vom Werk des Automobilherstellers (OEM) über den Logistikdienstleister (LDL) bis hin zum

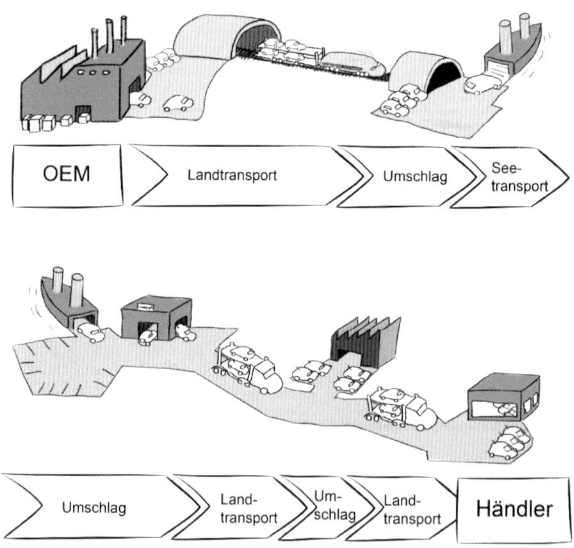

Abbildung 9 Prozesskette im Use Case Fertigfahrzeuge – Qualitätssicherung und Distribution (Quelle: Ruthenbeck et al., 2010)

Händler (Abbildung 9) [Ruthenbeck et al. 2010]. Einen Schwerpunkt bildeten die Aktivitäten beim Logistikdienstleister BLG LOGISTICS, der u. a. auch technische Nacharbeiten für den OEM durchführt.

Ziel des UC war der Nachweis, dass alle relevanten Positions- und Statusveränderungen „online“ erfasst und kommuniziert werden und dass Fahrzeuge auf dem Weg zum Kunden mit Hilfe der RFID-Technologie noch wirtschaftlicher identifiziert und lokalisiert werden können. Die jeweils relevanten Statusdaten sollten über den InfoBroker allen Prozessteilnehmern zur Verfügung stehen.

In Verbindung mit dem „smarten“ Distributionslabel wurden im UC RFID-Gates zur Identifikation von Fahrzeugen und LKWs sowie ein Wearable-Computing System (eine entsprechend präparierte Weste) und ein stationäres Ortungssystem zur automatischen Lokalisierung von Fahrzeugbewegungen getestet (Abbildung 10).

Exemplarisch für alle Distributionsprozesse erfolgte die prototypische Umsetzung innerhalb der mehrere Kontinente überspannenden Transportkette vom Fahrzeugwerk der Daimler AG in Tuscaloosa (USA) über das Autoterminal der BLG LOGISTICS in Bremerhaven bis hin zum Händler in Deutschland. Die Betrachtung begann im Werk Tuscaloosa an der Arbeitsstation, an der der Motor des Fahrzeuges zum ersten Mal gestartet wird. Letzte Produktionsprozesse einschließlich Nacharbeit sowie die Übergabe an den Versand waren Bestandteil der untersuchten Prozessschritte, gefolgt von Transport, Umschlag, Lagerung sowie technischen Dienstleistungen auf dem Gelände der BLG LOGISTICS in Bremerhaven. Um ein ganzheitliches Bild des Distributionsprozesses zu erhal-

Abbildung 10 Assistenzsystem easyTracing (Quelle: BIBA, 2012)

ten, wurde die Übergabe an den Händler als abschließender Schritt betrachtet. Entscheidender Bestandteil zur Optimierung der gesamten Lieferkette waren die Schnittstellen zwischen den Prozessbeteiligten.

Das für die Ortung von Fertigfahrzeugen im Nacharbeitsbereich bestimmte Mojix-System (System zur Identifikation passiver Ultra High Frequency (UHF)-Transponder) wurde für diesen Anwendungsfall erfolgreich mit 53 Fahrzeugen überprüft. Alle 53 Fahrzeuge konnten problemlos erfasst und die Events bis in den InfoBroker weitergeleitet werden. Auch die Erzeugung und Verteilung aller Events erfolgte sehr zuverlässig.

Sämtliche Erfahrungen im UC zeigen deutlich, wie leistungsfähig die heutige RFID-Technologie ist. Den physikalischen Herausforderungen von RFID kann durch entsprechende Voruntersuchungen und darauf aufbauende Optimierungen der Soft- und Hardwarekonfigurationen mit minimalem Hardwareaufwand begegnet werden.

Kurzübersicht: Qualitätssicherung Fertigfahrzeuge

Technisches Ziel:

- Verfolgung von Fertigfahrzeugen in den Qualitätssicherungsbereichen
- Verbesserung der Steuerung der Qualitätssicherungsprozesse
- Implementierung eines Assistenzsystems zur Festlegung der Bearbeitungsreihenfolgen

Nutzen:

- Effiziente Kapazitätsplanung (Mitarbeiter, Stellflächen)
- Reduzierung von Suchaufwand (Fahrzeuge)
- Präzisere Fahrzeugsteuerung auf freie Stellplätze
- Bereitstellung von Managementinformationen (Transparenz)
- Minimierung von manuellem Steuerungsaufwand (An- und Abmelden)
- Automatische Verwaltung der Überlaufflächen

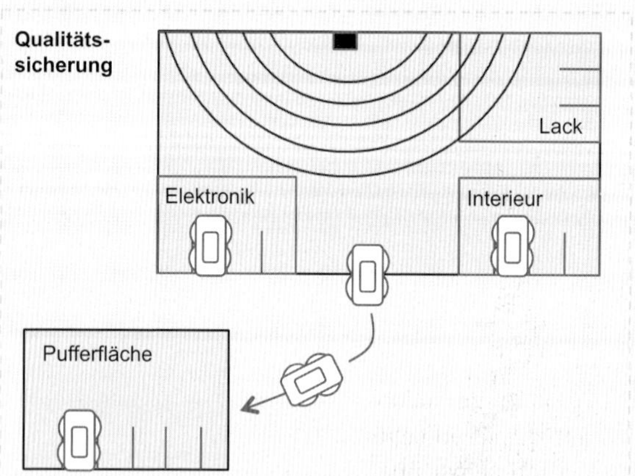

Steuerung der Qualitätssicherung mit Ortungssystem

Kurzübersicht: Distribution Fertigfahrzeuge

Technisches Ziel:

- Durchgängige Verfolgung von Fertigfahrzeugen in der Prozesskette
- Schaffung von Transparenz
- Reaktive Nutzung unterschiedlicher Distributionskanäle, Bearbeitungsstationen und Stellflächen bei Kapazitätsengpässen
- Einsatz von RFID zur Identifikation sowie eines Ortungssystems zur Standortbestimmung der Fertigfahrzeuge

Nutzen:

- Reaktionsfähigkeit auf dynamische Umweltbedingungen im operativen Prozess
- Minimierung der Suchzeiten
- Verringerung der Durchlaufzeit im Fahrzeug-Compound, geringere Bestände
- Bessere Planbarkeit der Ressourcen in den technischen Bearbeitungen

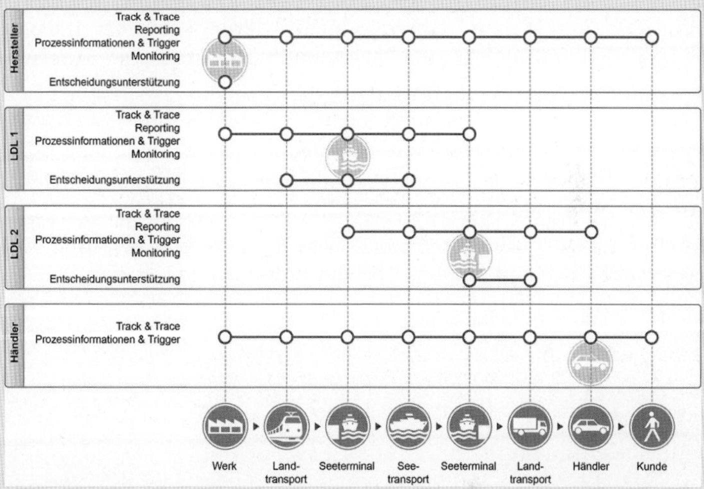

Darstellung der Steuerungsreichweite der Assistenzsystemfunktionalitäten in der Fahrzeugdistribution (Quelle: BIBA, 2012)

Umsetzung der Standardisierungsarbeit

Die wünschenswerte Standardisierung des Anbringungsortes des RFID-Tags am Fahrzeug steht in Konkurrenz zu Anforderungen unternehmensspezifischer RFID-Anwendungen. So beabsichtigt beispielsweise die Daimler AG, RFID-Transponder im Rückspiegel im Innenraum des Fahrzeuges anzubringen, um darüber die Qualitätssicherung ortungsgestützt steuern zu können. Die Adam Opel AG setzt bereits am Beginn der Produktion an: RFID-Transponder sollen so früh wie möglich im Produktionsprozess am Träger der Frontschürze des Fahrzeuges angebracht werden, um die Produktion selbst über die Daten auf dem RFID-Transponder zu steuern.

Einen Normierungsansatz bietet die Empfehlung 5520 „SFVR – Standardisierung von Fahrzeug-Versand-Informationen für den RFID-Einsatz“ des Verbandes der Automobilindustrie. Darin wird empfohlen, die Transponder „an der hinteren Seitenscheibe der Fahrerseite“ anzubringen, wobei die Anbringung sowohl von innen als auch von außen erfolgen kann. De facto würde so das gebräuchliche Versandlabel durch ein Smart Label abgelöst. Lesetests ergaben, dass ein Auslesen an allen betrachteten Anbringungsorten möglich ist. Dies würde jedoch zu einem höheren Investitionsbedarf führen.

Zur Identifikation einzelner Fahrzeuge ist die Zuordnung einer Identifikationsnummer notwendig, die auf den Transpondern codiert wird. Da für jedes hergestellte Fahrzeuge bereits eine eindeutige und international standardisierte Nummer vom OEM vergeben wird, ist es sinnvoll, die Fahrgestellnummer bzw. Fahrzeug-Identifizierungsnummer (FIN) für den Identifikationsprozess im RAN-Kontext zu verwenden. Alternativ dazu wurden die ISO-Codierung nach der VDA-Empfehlung 5520 sowie die Codierung gemäß Serialized Global Trade Item Number (SGTIN)-198 umgesetzt. Bei Vorbeifahrt eines Fahrzeuges mit Transponder (Abbildung 11) wurde gezeigt, dass das mobile RFID-Gate automatisch die Art der Codierung erkennt und die gespeicherten Zeichen in die korrekte FIN umwandeln kann. Damit zeigte sich, dass mehrere Codierungsalgorithmen in der RFID-Middleware hinterlegt werden können, so dass jede herstellerspezifische FIN auslesbar ist.

Abbildung 11 Praxistests des mobilen RFID-Gates an der Schiffsentladung (Quelle: BIBA, 2012)

2.6.2 UC 2: Behältermanagement – BMW/DHL

Use-Case-Leitung: Benedikt Schmidbauer, BMW AG

Dieser UC befasste sich mit den partnerübergreifenden Behälterbewegungen entlang der Wertschöpfungskette. Ziel war der Nachweis, dass mit Hilfe der RFID-Technologie die partnerübergreifenden Behälterbewegungen transparent gemacht werden können. Durch die erfassten Daten werden zu jeder Zeit die Bestände bei den verschiedenen Prozesspartnern abgebildet. Somit wird eine proaktive Prozesssteuerung und Absiche-

Kurzübersicht: Behältermanagement

Technisches Ziel:

- Unternehmensübergreifende Transparenz der Behälterflüsse vom Zulieferer über den Transportdienstleister inklusive aller Umschlagplätze bis in das Verbauwerk und zurück zum Lieferanten
- RFID-unterstütztes Abbilden der Behälterbestände

Nutzen:

- Ermittlung der Durchlauf-, Verweil- und Standzeiten für die Behälter
- Reibungslose Produktion durch bedarfsgerechte Bereitstellung von Behältern
- Effiziente Versand- und Transportabwicklung durch rechtzeitige Informationen
- Bessere Bestandssteuerung durch genauere und echtzeitnahe Verbrauchssignale
- Hohe Prozesssicherheit in der Versandabwicklung durch RFID-Unterstützung
- Automatisierung der Datenerfassung, minimaler Aufwand für Prüf- und Dokumentationsvorgänge im Behälterfluss durch RFID-Unterstützung

Mojix-System zur Überwachung von 21 Verladetoren bei der DHL in Unterschleißheim

rung der Behälterströme möglich. Weiterführend sollen diese Daten für die Prozessplanung und -optimierung verwendet werden.

Im Rahmen des Projekts erfolgte die Umsetzung anhand eines Referenzprozesses für die Voll- und Leergutströme. Entlang der partnerübergreifenden Lieferkette wurden bei einem OEM, den verschiedenen Stationen eines Logistikdienstleisters sowie in einem zweiten Schritt bei Lieferanten die RFID-Erfassungspunkte installiert (Abbildung 12). Durch die an den Behältern angebrachten RFID-Tags wurden die Bewegungen der Behälter abgebildet (Track & Trace). Es wurden die Erfassungsevents, deren Datenverarbeitung und der Informationsaustausch zwischen den beteiligten Partnern im realen Produktions- und Prozessumfeld getestet.

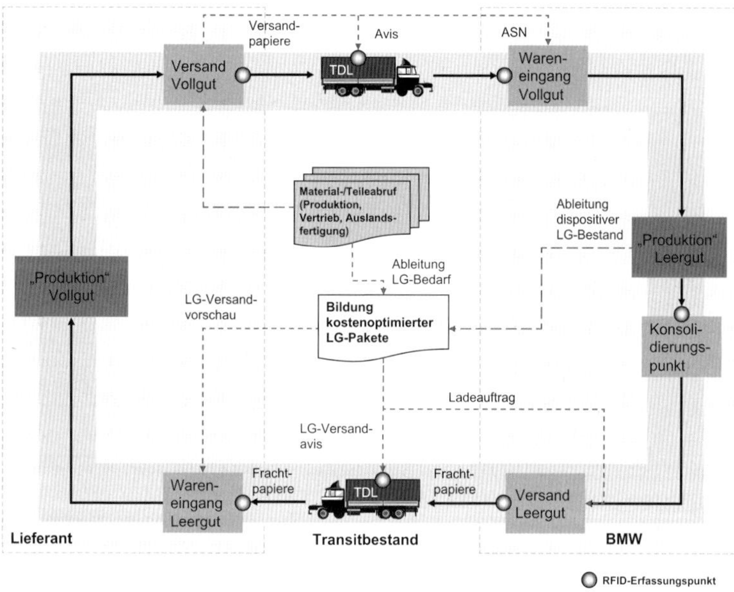

Abbildung 12 Behältermanagement (Quelle: BMW, 2010)

In diesem Prozess können die Behälter beim Lieferanten bei der Befüllung, beim Transport durch den Logistikdienstleister bis hin zum Werk beim Automobilhersteller identifiziert werden. Idealerweise sollte der Rückschluss der Behälterflüsse auf die Materialflüsse zunehmend schlankere und nahezu lager- und pufferfreie Lieferketten sowie optimal gesteuerte Leergutrückflüsse ergeben.

Des Weiteren sollte die genaue und weitestgehend automatisierte Identifizierung der Behälter zu einer erheblichen Reduzierung der Aufwände für Inventuren (Erfassung), Behältersteuerung und schließlich den notwendigen Behälterinvest führen.

Ergebnisse

Für alle Prozesse beim OEM und Logistikdienstleister sowie für die wichtigsten Prozesse bei den Lieferanten wurden detaillierte Prozessbeschreibungen abgeleitet und für jeden Prozess ereignisgesteuerte Prozessketten (EPK) erarbeitet. So konnten die notwendigen Lesestellen abgeleitet werden, die für die Erhöhung der Transparenz der Behälterbewegungen benötigt werden. Letztendlich wurden so Standardprozesse für alle relevanten Logistikprozesse einer unternehmensübergreifenden Behälterverfolgung definiert.

Die Auswertungen der gesammelten Events ermöglichen eine Vielzahl an Rückschlüssen auf den Behälterkreislauf, da durch die automatisierte Erfassung permanent der Behälterfluss im Voll- und Leergut erfasst wird. Die im UC betrachteten und umgesetzten Assistenzsystem-Potenziale betreffen im Wesentlichen das Track & Trace sowie in Teilen das Reporting der Voll- und Leergutströme. Dabei ist jedoch anzumerken, dass Track & Trace die Grundlage für alle weiteren umsetzbaren Potenziale darstellt. Durch die im Event gespeicherten Informationen (Erfassungszeit, Business Location sowie Business Step) ist es möglich, Auswertungen über verschiedene Prozesskennzahlen zu ermitteln. Weiterhin ist es möglich, nahezu in Echtzeit den jeweiligen Standort eines jeden Behälters des Produktivsystems zu ermitteln. Eine solche prozessübergreifende Transparenz vom OEM über den Logistikdienstleister bis hin zum Lieferanten kann mit den aktuellen Produktivsystemen nicht erreicht werden. Auf Basis dieser gewonnen Daten ist es nun möglich, vergangenheitsbezogene Auswertungen für den betrachteten Behälterkreislauf zu erstellen.

Im Wesentlichen sind dies:

- Durchlaufzeiten der Behälter
- Verweil- und Standzeiten der Behälter in den einzelnen Stufen der Wertschöpfungskette, beispielsweise Lieferant, Logistikdienstleister (LDL), OEM

Das Track & Trace ermöglicht weiterhin die Zuordnung der sich im Umlauf befindlichen Behälter zu den jeweiligen Prozesspartnern. Diese Transparenz befähigt den OEM zur direkten Verrechnung bei Schwundbeständen mit dem jeweiligen Partner. D. h. in diesem Fall ist BMW in der Lage, die letzte Destination eines jeden Behälters zu erfassen und kann somit einen möglichen Schwund beim jeweiligen Partner verrechnen.

Bei einer mittel- bis langfristigen Planung könnten auch Aussagen über die historische Entwicklung der Behälterbestände in den einzelnen Stufen der Wertschöpfungskette erarbeitet werden. Dies erfordert jedoch einen Soll-/Ist-Vergleich und das systemseitige Vorliegen eines Soll-Bestandes innerhalb der jeweiligen Lagerstufen. Durch die geschaffene Transparenz in den einzelnen Prozessstufen und einem darauf basierenden Abgleich der Soll-/Ist-Bestände könnten frühzeitig Engpässe erkannt und durch dementsprechende Steuerung vermieden werden. Folglich könnten kostenintensive Notfallprozesse wie Sonderfahrten vermieden werden.

Das wesentliche Potenzial bei der Implementierung einer RFID-Infrastruktur bildet jedoch die automatisierte Abarbeitung von Geschäftsvorfällen wie zum Beispiel der „Vereinnahmung“ der empfangenen Behälter. Innerhalb dieses Prozesses laufen zahlreiche manuelle Scan- und Prüfvorgänge ab, die ein RFID-System ersetzen und somit Kosteneinsparungen bewirken könnten.

2.6.3 UC 3: Lieferkette vom Tier 2 über Tier 1 bis zum OEM, verbrauchsgesteuert – Bosch

Use-Case-Leitung: Andreas Müller, Robert Bosch GmbH

Kurzübersicht: Verbrauchsgesteuerte Lieferkette

Technisches Ziel:

- Durchgängige, verbrauchsgesteuerte Lieferkette über Unternehmensgrenzen hinweg
- Echtzeitnahe Übermittlung von Verbrauchssignalen an Lieferkette
- Überwachung von Eingriffsgrenzen zur Reaktion auf Störungen und Abweichungen im Verbrauchs- und Belieferungsprozess
- Konsequente RFID-Unterstützung in allen Materialflussabläufen

Nutzen:

- Effiziente Engpasskoordination
- Weniger Lieferverzug, Sonderfahrten und Bestand

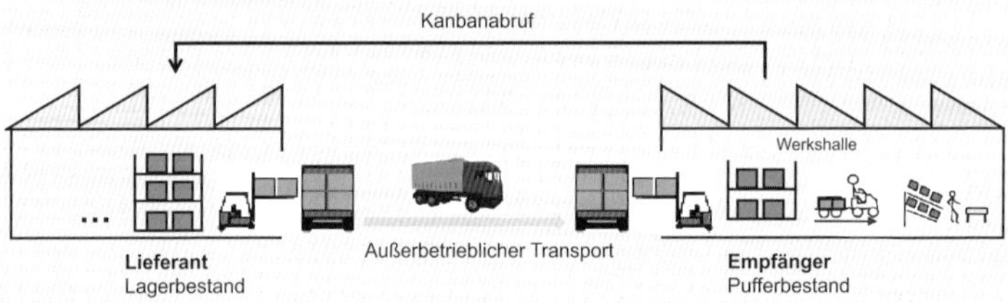

Kanban-Prinzip

Use Case 3 geht besonders auf durchgängige, verbrauchsgesteuerte Lieferketten ein und wird detailliert im Kapitel 9 beschrieben.

2.6.4 UC 4: Lange Prozesskette – Daimler/BLG

Use-Case-Leitung: Christian Reh, Daimler AG

Kurzübersicht: Lange Prozesskette

Technisches Ziel:

- Durchgängige Transparenz bezüglich Objektbewegungen und Beständen im Netzwerk
- Transparenz über Durchlauf- und Liegezeiten
- Bewertung von Transportalternativen, Entscheidungsunterstützung

Nutzen:

- Weniger Sonderaktionen (Sonderschichten/-fahrten)
- Weniger Umlaufbestand bei Vollgut
- Weniger Suchaufwand, weniger Schwund bei Ladungsträgern (LT)
- Erhöhen des LT-Umlauffaktors und Reduzierung des Mittelbedarfs für LT
- Flexibles Umsteuern der Teile im Produktionsverbund bei Programmänderung

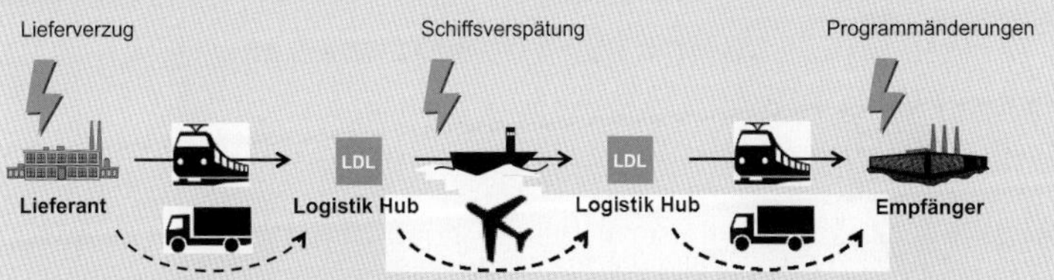

Lange interkontinentale Prozesskette

In diesem UC sollte eine RFID-unterstützte logistische und informatorische, lange Prozesskette von Deutschland nach USA und zurück aufgebaut werden. An der langen Prozesskette waren unterschiedliche Geschäftspartner beteiligt: Motorenlieferanten, Logistikdienstleister, Spediteure (Schiene, Straße, Schiff) bis hin zum PKW-Aufbauwerk (Abbildung 13). Zielsetzung war es, zu zeigen, dass eine partnerübergreifende Transparenz auf einer physisch langen Prozesskette umsetzbar ist.

Über die gesamte Supply Chain hinweg sollte dazu die für einen RFID-Einsatz benötigte Hardware und Infrastruktur standardisiert werden. Außerdem sollte der für einen durchgängigen, partnerübergreifenden, internationalen, standardisierten Informationsfluss gemeinsam genutzte InfoBroker eingeführt und genutzt werden.

In der Umsetzung des UC wurden zunächst nur die Motorenladungsträger durch den Einsatz von RFID und des InfoBroker in der Prozesskette lokalisiert (Tracking) und verfolgt (Tracing). In weiteren Schritten sollte dann die Einführung RFID-gestützter Prozesse auf das Leergutmanagement bzw. die Motoren selbst ausgeweitet werden.

Durch die Verfolgung der Motoren und Motorenladungsträger in diesem geschlossenen Kreislauf sollten Kennzahlen zu Durchlaufzeiten, Beständen und Prozessabweichungen ermittelt und somit Transparenz im Logistikprozess geschaffen werden. So sollte auch die Möglichkeit entstehen,

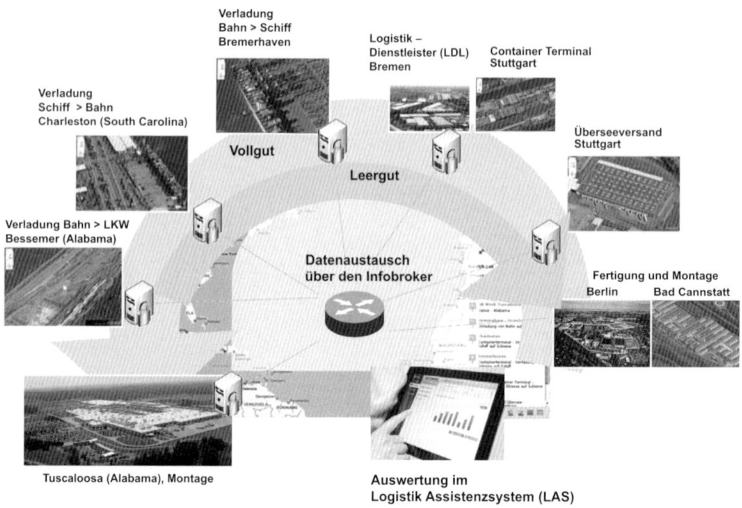

Abbildung 13 Vision des Use Case 4 (Quelle: Daimler, 2010)

diesen Prozess anhand der ermittelten Daten und gegebener Planwerte zu steuern.

Der Einsatz von RFID in der langen Prozesskette sollte zum einen ermöglichen, die Bestände an Motoren und Ladungsträgern an den verschiedenen Stellen der Lieferketten (bei den verschiedenen Werken, beim Spediteur, im Wareneingang sowie in der Fertigung und Montage) automatisch zu erfassen. Dazu sollten der Suchaufwand reduziert, eine präzisere Logistiksteuerung möglich gemacht werden und unnötig gefahrene Strecken möglichst entfallen. Zudem sollten der manuelle Steuerungsaufwand minimiert und die Bewegungen von Motoren und Ladungsträgern zwischen diesen Beständen nachvollzogen werden können. Insbesondere wurden die sich in Transport zwischen dem liefernden Werk und dem Zielwerk befindlichen Bestände durch den RFID-Einsatz genauer verfolgt.

Die höhere Transparenz und die zusätzlichen Information sollten so eine flexible Ablaufplanung in der Supply Chain sowie eine bedarfsorientierte Steuerung von Lieferungen, die sich bereits auf dem Transportweg befinden, ermöglichen.

Ergebnisse

Insgesamt wurden rund 33.000 Ladungsträger der Daimler AG mit Transpondern getaggt (Abbildung 14). Die Transponder wurden in unbeschriebenem Zustand angebracht und nach und nach mit IDs beschrieben.

Die Erfassungspunkte in Untertürkheim laufen seit einem halben Jahr zuverlässig, nahezu alle geplanten RFID-Erfassungspunkte des internen Gesamtprozesses sind bestückt und liefern Events an die Repositories.

Abbildung 14 Getaggte Motorladungsträger

Ab August 2012 war Daimler in der Lage, zuverlässige Aussagen über die Erfassungsraten zu machen. Alle Daimler-internen Ereignisquellen (basierend auf den SAP-InfoBroker-Systemen in Deutschland und den USA) wurden mit den OER (SAP, Object Event Repository) verbunden und liefern Ergebnisse gemäß des erwarteten Umfangs.

2.6.5 UC 5: Fahrzeugsitze, Just-in-Sequence (JIS) – Johnson Controls

Use-Case-Leitung: Bernd Schäfer, Johnson Controls

Kurzübersicht: Just-in-Sequence-Fahrzeugsitze

Technisches Ziel:

- Unternehmensübergreifende Steuerung der Produktion (Fertigung, Montage, Demontage, Qualitätssicherung (QS)) unter Verwendung von produkt- und auftragsspezifischen Informationen (Events)
- Aufbau von Produktionsassistenzsystemen (PAS), hierdurch mehr Flexibilität in der Produktion durch Mechanismen zur reaktiven Umplanung von Produktionssequenzen
- Konsequente RFID-Unterstützung in allen Produktionsabläufen (RFID-basierte, hybride Steuerungsarchitektur)

Nutzen:

- Weniger kostenintensive Umplanungen in der Produktion
- Effizientes Flexibilitäts-Potenzial in der Auftragssteuerung der Produktion
- Direktes überbetriebliches Ansteuern bzw. Triggern von Produktionsprozessen

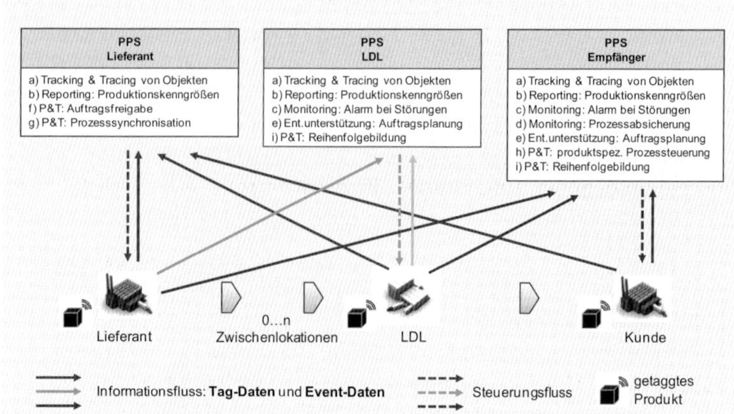

Informations- und Steuerungsfluss in der Produktionssteuerung von P1

Der UC Fahrzeugsitze befasste sich mit der Entwicklung und Erprobung einer intelligenten RFID-gestützten Auftragssteuerung am Beispiel von Nutzfahrzeugsitzen. Als UC wurde bewusst ein für Johnson Controls als Sitzhersteller für Fahrzeuge noch junges Anwendungsfeld ausgewählt, um vielfältige RFID-Potenziale gleichzeitig zu erschließen. Johnson Controls nimmt hierbei die Rolle eines 1st Tier ein. Besonderheiten im Nutzfahrzeugbereich sind zum Beispiel die hohe Varianz (Einzelsitze mit spezifischer Konfiguration) bei kleiner Losgröße oder auch die Kombination aus händischer, teilautomatisierter und automatisierter Fertigung, welche eine Speicherung von Prozessdaten auf Bauteilebene zur optimierten Fertigungssteuerung sinnvoll macht.

Die auch in anderen Bereichen immer weiter zunehmende Variantenvielfalt führt zu wachsenden logistischen Anforderungen an die gesamte Supply Chain. Der Variantenreichtum ist zudem ein Kostentreiber in allen Unternehmensbereichen, angefangen von der Entwicklung, über die Produktion bis hin zur unternehmensübergreifenden Logistik. Durch den steigenden Kostendruck in der Branche ist es für die Zukunft elementar, dass durch den Variantenreichtum die Wirtschaftlichkeit nicht auf der Strecke bleibt. Hier versprach sich Johnson Controls durch die konsequente Nutzung der RFID-Technologie in Verbindung mit neuen Möglichkeiten der Prozesssteuerung und -optimierung, Kosten entlang der Wertschöpfungskette einzusparen. Dies sollte im Rahmen des Vorhabens untersucht und gezeigt werden.

Erhöhte Anforderungen ergeben sich auch durch die Just-in-Sequence-Produktion (JIS). Die Prozesssteuerung und die gegenseitigen Abhängigkeiten in der Supply Chain werden bei der JIS-Produktion mit großer Variantenvielfalt deutlich komplexer. Denn es müssen die benötigten Module nicht nur rechtzeitig, sondern auch in der richtigen Reihenfolge angeliefert werden. Die sortierte Bereitstellung der angelieferten Module erfordert einen zusätzlichen Abstimmungs- und Kontrollaufwand, der durch die RFID-Nutzung optimiert werden soll. Ein weiterer Aspekt ist die Verfügbarkeit von Produktionsanlagen, die bei JIS-Prozessen besonders ins Gewicht fällt. Damit ist eine systematische, durch automatisch generierte Entscheidungshilfen unterstützte Prozesskontrolle erforderlich, auch unter Berücksichtigung vor- und nachgeschalteter Prozesse.

Für den Bereich der Auftrags- und Aufgabendisposition gibt es ebenfalls Optimierungsvorschläge. Möglichkeiten sind zum Beispiel, ausgehend von produktbezogenen RFID-Informationen, die automatische Erstellung von Auftragsbögen, die Generierung von Workflows unter Berücksichtigung der tatsächlichen Voraussetzungen (z. B. Verfügbarkeit Vorprodukt, Maschinendaten) und die anschließende Dokumentation. Durch die Verknüpfung mit übergeordneten Systemen können auch externe Prozesse (z. B. Logistikdienstleister, Spediteure mit Lieferzeiten und eventuellen Lieferschwierigkeiten) in die eigene Planung der Fertigungs- und Montageprozesse einbezogen werden. Darüber hinaus gibt es sicherlich auch noch Optimierungspotenzial im Bereich eines intelligenten Wartungs- und Störfallmanagements, nicht nur aufgrund verkürzter Reaktionszeiten, sondern auch in Bezug auf die optimierte Fehleridentifizierung und -beseitigung im Produktionsprozess durch Auswertung produktbezogener RFID-Informationen.

Ergebnisse

UC 5, Teil A

In diesem Teil ging es um Entwicklung, Evaluierung und Implementierung eines RFID-basierten hybriden Konzepts zur unternehmensinternen Auftrags- und Prozesssteuerung.

Der Vergleich hat ergeben, dass sich beim Einsatz der RFID-basierten, hybriden Auftragssteuerung die Tagesproduktion um ca. 25% steigern lässt. Der zeitmäßige Umlaufbestand konnte hierbei modellübergreifend auf einem konstanten Niveau gehalten werden.

Insgesamt konnten alle ursprünglich definierten Anforderungen an ein RFID-basiertes, hybrides Konzept zur Auftragssteuerung in einem Simulationsmodell abgebildet werden. Die Simulation konnte die Potenziale, insbesondere zur ablauforientierten Optimierung hinsichtlich der logistischen Zielgrößen, aufzeigen.

Für den Open- und Closed-Loop-Einsatz wurden geeignete RFID-Transponder identifiziert und deren Anbringung an Sitz und Lehne sowie die Anbringung der Antennen an der Montagelinie definiert (Abbildung 15). Die Lehnenstruktur des Sitzes wurde hinsichtlich der maximalen Lese-/Schreibreichweite des RFID-Transponders (Schlitzantenne) im Open-

Abbildung 15 RFID-gestützte Sitzproduktion bei Keiper/Johnson Controls (Quelle: Johnson Controls, 2010)

Loop-Einsatz angepasst. Die Interaktion der für das Steuerungskonzept notwendigen Hard- und Softwarekomponenten konnte verbessert werden. Auf Basis dieser Ergebnisse wurde die RFID-Einbindung mit Lieferanten von speicherprogrammierbaren Steuerungen,- MES- und Anlagen erfolgreich geprüft und abgestimmt. Die Prüfung der Serienumsetzung läuft aktuell.

UC 5, Teil B

Dieser Teil betraf die überbetriebliche Erweiterung des Steuerungskonzepts im Rahmen der abgesicherten JIS-Belieferung eines OEMs.

Grundlage der Implementierung einer RFID-basierten Steuerung und ereignisbasierten Absicherung der Wertschöpfungskette war die Integration mehrerer RFID-Readpoints in für die Auftragsabwicklung relevante Produktionsabläufe. Im Rahmen des UC wurden fünf Readpoints entlang der Wertschöpfungskette installiert, der erste im Bereich der finalen Montage- bzw. Qualitätssicherungsstation für die Fahrzeugsitze bei Johnson Controls. Der RFID-Transponder des Sitzes war bereits zuvor im Rahmen einer Blendenmontage, an den rechten Vordersitz angebracht worden.

Nach Abschluss der finalen Qualitätssicherung erfolgte, angetriggert durch das Scannen eines produktspezifischen Labels am Fahrzeugsitz, die Initialisierung des angebrachten RFID-Transponders. Neben der Identifikationsnummer konnten sowohl organisatorische (z. B. Produktionsdatum) als auch prozessuale, produktspezifische Daten (z. B. Drehmoment) dezentral gespeichert werden. Da der Speicherplatz auf dem Transponder stark begrenzt ist, wurde eine Datenstruktur entwickelt, die zu speichernde Attribute platzsparend codiert und einen schnellen Datenzugriff gewährleistet. Darüber hinaus wurden an dieser Stelle qualitative Ereignisinformationen generiert, die bestimmte Informationen (z. B. Zeitpunkt) zum erfolgreichen Abschluss der Fahrzeugsitzmontage zusammenfassten. Durch den zuvor beschriebenen Standard konnten diese Informationen echtzeitnah entlang der Wertschöpfungskette ausgetauscht werden.

Ein weiterer Readpoint wurde im Bereich der Montagestation bei Opel installiert, an der der Fahrzeugsitz in das Fahrzeug verbaut wird. Die Fahrzeuge sind ebenfalls mit Transpondern ausgestattet. Dieser Readpoint wurde mit zwei Antennen und einem Reader ausgestattet, da eine Antenne den Sitztransponder und die andere den Fahrzeugtransponder lesen sollte. Aus den zusammengeführten Daten wurde ein Ereignis generiert, welches die zeitlich bestimmte Information enthielt, dass der Fahrzeugsitz im Fahrzeug verbaut wurde. Darüber hinaus speicherte das Ereignis, dem oben beschriebenen Datenmodell folgend, das produktspezifische Drehmoment und den Drehwinkel der Montage als quantitative Informationen, sodass eine ereignisbasierte Abbildung des Produktzustandes realisiert wurde. Diese Informationen wurden zusätzlich auf dem Transponder des intelligenten Fahrzeugsitzes gespeichert und somit dezentral am Fahrzeug mitgeführt.

Die prototypische Umsetzung des Test-Cases und die erfolgreiche Generierung und Bereitstellung von qualitativen und quantitativen Ereignisinformationen entlang einer automobilen Wertschöpfungskette zeigten die technische Realisierbarkeit der Datengrundlage für die ereignisbasierte Absicherung von Produktionsabläufen. Darüber hinaus schufen die dezentrale Speicherung und Kommunikation von produktspezifischen Informationen am intelligenten Produkt, wie in diesem Fall dem Fahrzeugsitz, die technische Voraussetzung für eine situative Produktionssteuerung.

2.6.6 UC 6: Stoßfänger, JIS – REHAU/Daimler

Use-Case-Leitung: Frank Pohlmann, REHAU-Gruppe

Kurzübersicht: Just-in-Sequence-Stoßfänger

Technisches Ziel:

- Robuste JIS-Anlieferung mittels InfoBroker bei kritischen Randbedingungen (z. B. längere Strecke über öffentliche Straßen etc.)
- Echtzeitnahe Information bei Abweichungen in der Lieferkette
- Monitoring der Fertigungsaufträge innerhalb der Lieferkette
- Soll-Ist-Abgleich der Teile bei Sequenzierung und Verbau mittels RFID

Nutzen:

- Frühzeitiges Auslösen von Gegenmaßnahmen (z. B. Sonderfahrten)
- Effiziente Engpasskoordination, Vermeidung von Sonderfahrten
- Reduzierung der Pufferbestände auf Minimum
- Vermeidung von Falschverbau

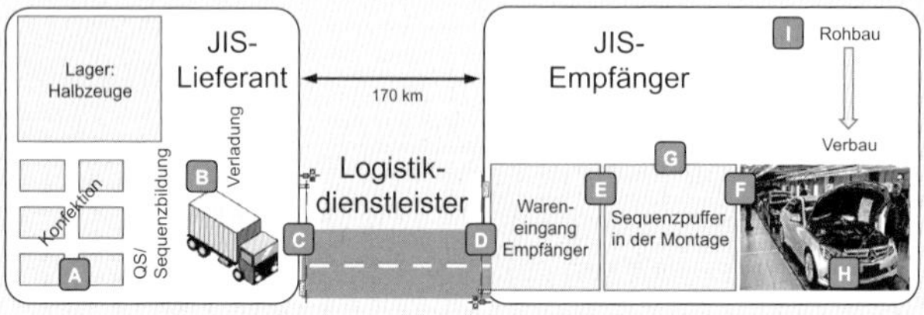

A: Letzte Arbeitsstation/Endkontrolle
B: Verladung Lieferant (Erfassung Bauteile)
C: Werkstor Lieferant (Erfassung LKW)
D: EingangTraileryard-Empfänger
E: Eingang Sequenzpuffer Empfänger (Erfassung LKW)
F: Ausgang Sequenzpuffer
G: Sequenzüberwachung
H: Erfassung Bauteile amVerbauort
I: Statusmeldungen bzgl. Fahrzeugstatus während der Produktion

Informationspunkte in der RAN-gestützten JIS-Steuerung

Der Herstellungs- und Distributionsprozess polymerer Großformteile für den Automobil-Außenanbau stellt die betroffenen Zulieferer (i.d.R. Tier 1) insbesondere aufgrund der hohen Variantenvielfalt vor erhebliche prozesssteuerungstechnische Herausforderungen. Betrachtet man beispielsweise die Herstellung einer Stoßfängerverkleidung für ein typisches Fahrzeugmodell der gehobenen Mittelklasse, so multiplizieren sich im Rahmen des Herstellprozesses etwa zwei Formteilvarianten (z. B. Standard und Sportoptik) mit etwa 15 Lackvarianten und etwa 15 Konfektionsvarianten (z. B. Park-Distance-Control, Anhängerkupplung, Chrom-Applikationen, etc.) zu einer Vielfalt von insgesamt rund 450 Bauteilvarianten. Um diese stets rechtzeitig und verwechslungsfrei – Just-in-Sequence – an das Band des OEM zu liefern, sind extreme Anforderungen an die Steuerung und Überwachung des Gesamtprozesses zu erfüllen (Abbildung 16 und Abbildung 17). Ziel des UC war die durchgängige Steuerung und Überwachung des gesamten Fertigungsprozesses mittels einer RFID-basierten (hybriden) Steuerungsarchitektur. Diese Durchgängigkeit war von besonderer Bedeutung, da nur so Aussagen zur Stabilität und Zuverlässigkeit der entwickelten Steuerungsarchitektur unter Serienbedingungen möglich wird.

Ergebnisse

Zum Transport der Stoßfänger wurden die Ladungsträger zwischen dem Fertigungswerk und dem Montage- und Logistikzentrum mit „On-Metal“-Transpondern (EPCIS-konform beschrieben) bestückt. Weiterhin wurde ein Prozess aufgesetzt, der die informationstechnische „Verheiratung“ der Bauteiltransponder mit den Ladungsträgertranspondern durch einen manuellen Scanvorgang sicherstellt. Zur Erfassung des Wareneingangs (der betreffenden Paletten) im Montage- und Logistikzentrum wurde das RFID-Gate weiter optimiert und der Gesamtprozess des RFID-gestützten Warenaus- und -eingangs unter serienähnlichen Bedingungen getestet.

Sehr erfolgreich verlief die Installation verschiedener Single-Read-Points im Bereich der Bauteilmontage und Kontrolle. Hier erfolgte die RFID-

Abbildung 16 Stoßfänger-Identifizierung per RFID-Scanner beim Systemlieferanten REHAU (Quelle: REHAU, 2010)

Abbildung 17 RFID-gestützte Überwachung und Steuerung der Stoßfängerlieferungen (Quelle: REHAU, 2010)

basierte Generierung entsprechender Events nahezu fehlerfrei. Im Bereich Kommissionierung muss der Werker vor jeder Entnahme des jeweiligen Bauteils aus einem Regal das entsprechende Fach scannen (Barcode). Durch ein automatisiertes Verfahren sollte dieses zeitintensive Scannen entfallen und eine Reduzierung von Fehlentnahmen erreicht werden. Damit wäre eine Steigerung der Prozesszuverlässigkeit möglich. Erste Versuche wurden mit einem RFID-Handschuh durchgeführt. In der Handinnenfläche ist eine Antenne integriert, die wiederum per Kabel mit einem Wireless Local Area Network (WLAN)-Empfänger verbunden ist, der am Unterarm befestigt wird. Es zeigte sich, dass der Handschuh in der Praxis ungeeignet war, da die Werker die Hände frei haben müssen (z. B. für das Abtasten und Überprüfen der Oberfläche). In der weiteren Entwicklung zusammen mit dem Fraunhofer IFF wurde aus dem Handschuh ein Armband, das den Werker bei seiner Arbeit nicht mehr behindert, aber dennoch die notwendige Performance für fehlerfreie Lesungen der Transponder liefert. Abbildung 18 verdeutlicht das automatisierte Quittieren des Greifbereichs.

Die Event-Repositories bei der REHAU AG + Co wurden bei REHAU entwickelt. Es handelte sich um eine Eigenentwicklung, die auf Anforderungen bei REHAU abgestimmt wurde. Die Ereignisinformationen waren für den Testbetrieb nur an dem Standort verfügbar, an dem sie auch erzeugt wurden. Da es standortübergreifende Produktions- und Logistikprozesse gibt, entstanden bei REHAU ähnliche Anforderungen für eine InfoBroker-Lösung wie in der Supply Chain der Automobilindustrie. Deshalb wurde im Rahmen des UC ein Prototyp eines REHAU-internen InfoBroker entwickelt. Die aktuelle Version ist ein System, das sich am EPCIS-Standard und am RAN-InfoBroker orientiert. Ein Assistenzsystem überwacht dabei die Abfahrts- und Ankunftszeiten und warnt bei Unregelmäßigkeiten.

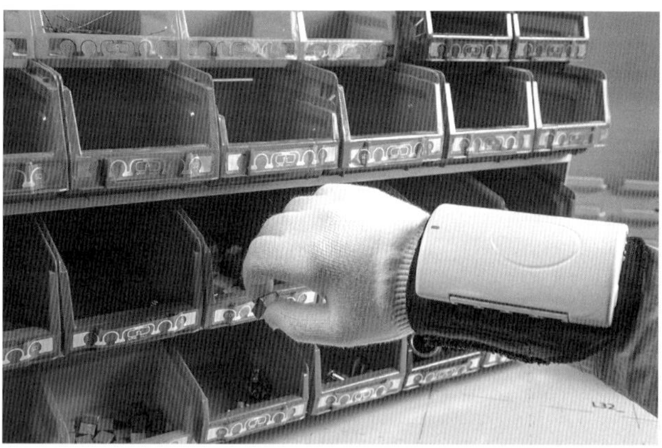

Abbildung 18 Automatische Quittierung des Greifbereichs mittels RFID-Armband (Quelle: Dirk Mahler/Fraunhofer IFF, 2013)

Ein unternehmensübergreifendes Steuerungsszenario wurde in diesem UC gemeinsam mit Daimler anhand der Stoßfängerlieferung aufgesetzt. Hierbei erfolgt zunächst eine Beschränkung auf die Teilprozesse zum Warenausgang in Sindelfingen mit dem Ziel, bei Lieferverzögerungen steuernd einzugreifen.

2.6.7 UC 7: Von der Fertigung bis zum Kunden, End-to-End Control, Opel

Use-Case-Leitung: Olaf Schütze, Adam Opel AG

Die qualitätsrelevanten Aspekte der Produktion spielten in diesem UC eine wesentliche Rolle, sodass sie hier auch mit einer eigenen Kurzübersicht beschrieben werden. Der ganze UC ging aber darüber hinaus und verfolgte das Ziel einer durchgängigen Transpondernutzung (End-to-End Control) und die Integration der dadurch gewonnenen Daten ins RAN-InfoBroker-Netzwerk.

Kurzübersicht: Qualitätssicherung Produktion

Technisches Ziel:

- Konzept für die Verfolgung und Nutzung von Produktionsdaten sowie Verbauinformationen
- Erfassung und Bereitstellung qualitäts- und produktionsrelevanter Daten aus der Fahrzeugproduktion mittels RFID
- Übermittlung von Produktdaten der Einbauteile

Nutzen:

- Verbesserte Rückverfolgbarkeit, Reduzierung des Aufwandes bei Nacharbeitsprozessen und Rückrufaktionen
- Effiziente Qualitätssicherung durch permanenten Zugriff auf Teileinformationen bei Qualitätsproblemen
- Geringere Fehlerfolgekosten

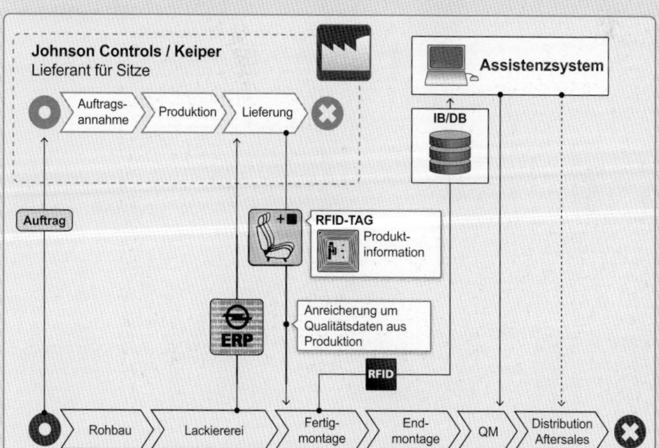

Darstellung der Qualitätssicherung am Beispiel Sitzeinbau

Ziel des Gesamtvorhabens RAN ist die Optimierung von unternehmensübergreifenden Prozessen in der Automobilindustrie durch den Einsatz moderner Konzepte und Technologien, vor allem der Auto-ID-Technologie. Durch die informationstechnische Vernetzung der Partnerunternehmen im Produktions- und Logistiknetzwerk soll eine bessere Transparenz in den Lieferketten und im Materialfluss erreicht werden. Die im Rahmen der Lieferkette generierten Informationen werden über eine „Informationsdrehscheibe“, das RAN-InfoBroker-Netzwerk, einfach den beteiligten Partnern zur Verfügung gestellt, sodass der Informationsfluss optimiert genutzt werden kann (Abbildung 19).

Weiterhin werden die entstehenden Signale und Impulse zur ständigen Prozessverbesserung gemessen und bewertet. Die zeitnahe Verfolgung der Prozessperformance und die hieraus gewonnenen Erkenntnisse werden für den ständigen Verbesserungsprozess als Treiber eingesetzt. Um eine möglichst gute Abdeckung der unterschiedlichen Prozesse in der Automobilindustrie zu haben und gleichzeitig die Akzeptanz der angestrebten VDA-Standards zu verbessern, wurden im Gesamtvorhaben RAN mehrere OEMs eingebunden. Nach Daimler und BMW beteiligte sich auch die Adam Opel AG mit einem übergreifenden UC am RAN-Projekt. Dabei sollen mit dem UC der Adam Opel AG auch ergänzende und übergreifende Prozessbetrachtungen über den gesamten Produktlebenszyklus des Fahrzeugs möglich werden.

Somit wird zu der bisherigen Prozessabdeckung im Projekt RAN bis hin zum Händler (UC 1 von Daimler und BLG) nun auch der Endkunde in der After-Sales-Betrachtung adressiert.

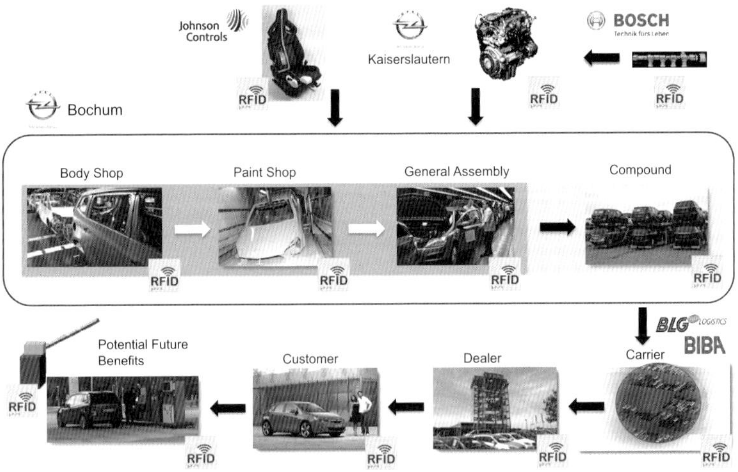

Abbildung 19 RFID-Integration von der Fertigung bis zum Kunden (Quelle: Adam Opel AG, 2011)

Es soll mit diesem UC geprüft werden, ob sich die Produktions- und Serviceprozesse der Fahrzeuge bis zum End-/Drittkunden und die Betreuung von Händlern und End-/Drittkunden durch die einheitliche Auto-ID- bzw. RFID-gestützte Kommunikationsinfrastruktur optimieren lassen und welche Vorteile durch den Einsatz der Technologie auch beim Endkunden „ankommen".

Ergebnisse

Das langfristige Ziel ist es, den RFID-Transponder nicht ausschließlich in den Produktions- und Logistikprozessen zu nutzen. Vielmehr sollen dem Kunden nach Fahrzeugübergabe Mehrwertdienstleistungen, zum Beispiel ein verbessertes Serviceangebot in Werkstätten, angeboten werden können. Die besondere Herausforderung war es daher, geeignete Transponder und Positionen am Fahrzeug zu finden, die eine Funktionsfähigkeit bis zum Ende des Fahrzeuglebenszyklus gewährleisten können. Hier wurden unter anderem mit dem Bremer Institut für Produktion und Logistik GmbH (BIBA) mögliche Transponder und deren Positionierung geprüft und daraus Empfehlungen abgeleitet.

Sowohl in der Produktion als auch in der Fahrzeugdistribution müssen Fahrzeuge und deren Bauteile dynamisch identifiziert werden. Um eine sichere Identifikation von sich bewegenden Objekten zu gewährleisten, wurden Hochgeschwindigkeitstests im Opel Test-Center Dudenhofen durchgeführt. Ziel der Untersuchung war es, den Einfluss von Leseabstand, Transpondertyp und -position am Fahrzeug und vor allem die Auswirkung von Geschwindigkeit auf die Identifikation zu messen. Ergebnis der Untersuchung war, dass eine sichere Identifikation – je nach Transponderposition – auch bei einer Geschwindigkeit von 260 km/h und mit 5 Metern Leseabstand möglich ist.

Wenn ein Transponder am Fahrzeug durch den Kunden genutzt werden soll, dann muss es den gleichen besonderen Anforderungen genügen wie jedes andere elektronische Steuergerät. Aus diesem Grunde wurden erste grundlegende Tests zu elektromagnetischer Verträglichkeit (EMV)) im relevanten Frequenzbereich am Transponder (EMV-Komponententests) sowie auch am Fahrzeug durchgeführt. Opel legt die Prüfbedingungen und Feldbeanspruchungen ebenso deutlich über die Grenzwerte der gesetzlichen CE Vorschriften, wie einige andere Fahrzeughersteller. Die Transponder überstanden selbst überhöhte Prüffelder (> 250 V/m) ohne Beanstandungen.

Um einen ersten Eindruck von der Dauerhaltbarkeit einiger Transponder zu bekommen, wurden diese im Test-Center Dudenhofen an einem neuen Zafira Tourer montiert, für den ein Fahrzeuglebenszyklus mit Korrosionsbeanspruchung anstand. Es zeigten sich bisher keine Veränderungen der Funkkommunikation mit den RFID-Transpondern an einer fest verbauten Lesestelle. Auch diese Lesestelle ist etwas Besonderes. Es werden im Boden verbaute Spezialantennen vor einer Ausfahrtsschranke verwendet. Die Antennen sind dadurch besonders geschützt und können nicht durch Räumfahrzeuge etc. beschädigt werden.

Nach Übernahme der Fertigfahrzeuge durch die BLG LOGISTICS müssen diese im Autoterminal Hamburg identifiziert werden können. Die besondere Herausforderung ist es, unabhängig von der Transponderposition an Fahrzeugen der Adam Opel AG auch Fahrzeuge anderer Hersteller wie etwa der Daimler AG automatisch über RFID verarbeiten zu können. Unabhängig von der herstellerspezifischen Transponderposition beschreibt die VDA-Empfehlung 5520 die Anbringung von Fahrzeug-RFID-Versandlabeln. Es wird empfohlen, diese auf der hinteren Seitenscheibe auf der Fahrerseite anzubringen – entweder von innen oder von außen. Da eine Applikation von außen mit geringerem Aufwand automatisiert werden kann, müssen die eingesetzten RFID-Label dahingehend geprüft werden, ob sie resistent gegen die wirkenden Transport- und Witterungsbedingungen sind.

Zusätzlich werden im Autoterminal Dienstleistungen wie Waschen und Endkonservieren der Fahrzeuge angeboten. Diese mechanischen und chemischen Einflüsse dürfen die Funktionstüchtigkeit der RFID-Label nicht einschränken. Die hierzu in der Wasch- und Endkonservierungsanlage des Autoterminals durchgeführten Untersuchungen zeigten, dass alle getesteten Transponder den Anforderungen genügen: sowohl die Klebeigenschaft der Label als auch eine sichere Kommunikation bleiben nach den Technikdienstleistungen erhalten.

2.7 Die RAN-Demonstrationsplattformen

Beim Fraunhofer Institut für Materialfluss und Logistik (IML) in Dortmund, dem BIBA in Bremen sowie im Rahmen einer Kooperation zwischen Siemens und dem Institut für Werkzeugmaschinen und Betriebswissenschaften (iwb) der Technischen Universität München wurden RAN-Demonstrationsplattformen aufgebaut, um den RAN-Kerngedanken für den interessierten Anwender schnell erlebbar zu machen oder auch Lern- und Schulungskonzepte zu realisieren. Die vier Plattformen werden im Folgenden vorgestellt.

2.7.1 RAN-Referenzanlage bei Siemens

Die RAN-Referenzanlage am Siemens-Standort Moorenbrunn bildet zusammen mit den Forschungsanlagen von Siemens in Karlsruhe und der Technischen Universität München in Garching ein Testszenario (Abbildung 20) mit dem Ziel, die Projektergebnisse aus den RAN-APS zu verifizieren [Reinhart et al. 2011]. Sie soll das Potenzial einer transparen-

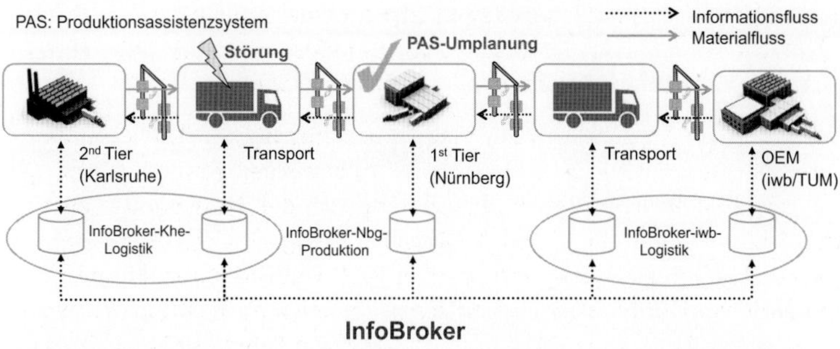

Abbildung 20 Lieferkette der RAN-Referenzanlage (Quelle: Siemens AG, 2011)

ten Lieferkette für den reibungslosen Ablauf der Produktion verdeutlichen.

Wie in den RAN-Prozessbausteinen definiert, werden im Testszenario an wichtigen Prozessschnittstellen RAN-Events generiert und an den InfoBroker übermittelt. Während die RAN-Events entlang der Lieferkette simulativ mit Hilfe von Tecnomatix Plant Simulation generiert werden, wurden in der RAN-Referenzanlage in Moorenbrunn (Abbildung 21) drei der in RAN definierten Erfassungsklassen (RFID-Gate, Handerfassung, Single Read-Point) prototypisch umgesetzt und mittels selbst entwickelter EPCIS Capturing Applications an den InfoBroker angebunden.

Die zur Auftragssteuerung eingesetzte MES-(Manufacturing Execution System)-Lösung Simatic IT wurde hierbei um eine InfoBroker-Anbindung erweitert, so dass RAN-Events nun direkt aus der Produktion heraus erzeugt werden können. Zur Absicherung der Produktion wird in der RAN-Referenzanlage eine lieferkettenübergreifende Überwachung des Materialflusses mittels eines Produktionsassistenzsystems (PAS) durchgeführt. Aufgrund einer direkten MES- und InfoBroker-Kopplung erkennt das PAS frühzeitig für die Produktion kritische Störungen (z. B. Sequenzverletzung) und unterbreitet Vorschläge zur Behebung der Störung (z. B. Umplanung gefährdeter Fertigungsaufträge) [Lepratti et al. 2012].

Die in der RAN-Referenzanlage eingesetzten InfoBroker-Repositories basieren auf dem Traceability Server von IBM (ITS) inklusive der in RAN entwickelten Erweiterungen.

Mit Abschluss der Projektarbeiten waren in der RAN-Referenzanlage drei (verteilte und) vernetzte InfoBroker-Repositories im Einsatz. Dies spiegelt die Realität mit mehreren Unternehmen innerhalb einer Lieferkette wider.

Parallel dazu wurde auch ein mobiler RAN-Demonstrator auf Basis des InfoBroker entwickelt, der die im UC 5 behandelte Sitz-fertigung angelehnt ist (Abbildung 22). Dieser Demonstrator verdeutlicht die effektive Zusammenarbeit des bestehenden Siemens MES-Produkts Simatic IT mit

Abbildung 21 RAN-Referenzanlage Moorenbrunn mit erweiterter RFID-Hardware (Quelle: Siemens AG, 2012)

Abbildung 22 Mobiler RAN-Demonstrator „Sitzefertigung“ (Quelle: Siemens AG, 2012)

dem in RAN entwickelten Produktionsassistenzsystem. Es war zusammen mit dem RAN-RFID-Gate auf der RAN-Abschlussveranstaltung am 12. Dezember 2012 im IBM-Forum Ehningen zu sehen. Einen Eindruck der RAN-Referenzanlage bzw. des RAN-Demonstrators geben Videos auf Youtube (http://www.youtube.com/ranautomotive).

2.7.2 iwb-Referenzanlage

Am Institut für Werkzeugmaschinen und Betriebswissenschaften (iwb) der Technischen Universität München wurde zur prototypischen Implementierung und Validierung der im Rahmen des Projektes RAN entwickelten Steuerungsarchitektur eine Demonstrationsplattform errichtet. Drei Modellfabriken sowie ein Warenlager bilden die jeweiligen Stufen eines Produktionsnetzwerkes ab und tragen zur Herstellung eines Getriebes in einer hohen Variantenzahl bei. Diese Modellfabriken wurden über fahrerlose Transportsysteme (FTS) miteinander verknüpft. Sie verfügen über Werkzeugmaschinen sowie manuelle Montagestationen und wurden mit RFID-Systemen wie beispielsweise High-Frequency-Single Read Points und UHF-Gates ausgestattet. Die Implementierung eines InfoBroker ermöglicht den Austausch auftragsspezifischer Informationen zwischen den Partnern im Wertschöpfungsnetzwerk. Auf der Fertigungs- und Unternehmensleitebene verfügen die einzelnen Modellfabriken jeweils über ein ERP- und MES-System zur Planung und Steuerung von Produktions- und Logistikabläufen [Reinhart et al. 2012] (siehe Abbildung 23).

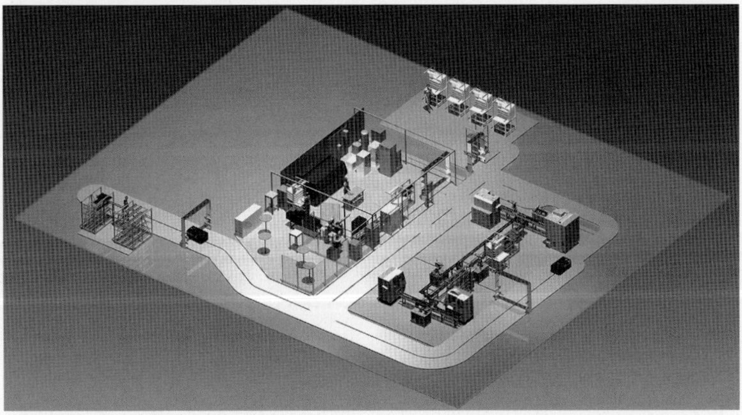

Abbildung 23 RAN-Demonstrationsplattform am iwb (Quelle: iwb, 2011)

Zur Validierung der Potenziale der RFID-basierten hybriden Steuerungsarchitektur wurden die Planungs- und Steuerungssysteme um geeignete Funktionen erweitert. Über ein System zur Auftragsverfolgung wird die gezielte Suche nach Aufträgen ermöglicht und der jeweilige Auftragsstatus visualisiert. Ein weiteres IT-System erlaubt die frühzeitige Identifikation von Störungen innerhalb des Produktionsnetzwerkes. Es können zeitnah Gegenmaßnahmen zur Absicherung nachfolgender Prozesse eingeleitet werden. Darüber hinaus können die Verfahren zur Auftragsfreigabe auf Basis von RFID-Leseereignissen vorgenommen und lokale Reihenfolgebildungen mit Hilfe organisatorischer produktspezifischer Daten (z. B. Lieferdatum) automatisiert durchgeführt werden. Zudem konnte an der Demonstrationsplattform die entwickelte Methode zur ganzheitlichen Bewertung des Einsatzes von RFID in der Wertschöpfungskette beispielhaft angewandt werden. Ganzheitlich bedeutet dabei, dass neben der Wirtschaftlichkeit auch die Ressourceneffizienz der RFID-gesteuerten Prozesse beurteilt werden sollte, da der Verbrauch von Energie und Materialien sowie entstehende Umweltbelastungen bei größeren Investitionsentscheidungen zunehmend eine Rolle spielen [Reinhart et. al 2011, 2012].

2.7.3 RAN-Demonstrationsplattform am Fraunhofer IML

Das Fraunhofer IML (Institut für Materialfluss und Logistik) hat einen Demonstrator zur visuellen Veranschaulichung der RAN-Konzepte entwickelt. Der Demonstrator zielt darauf ab, das „big picture“ von RAN für interessierte Unternehmen außerhalb des RAN-Konsortiums anschaulich darzustellen. Es entstand eine Animation eines typischen, fiktiven RAN-Anwendungsfalls, die insbesondere für die Präsentation auf Messen genutzt wird. Hardwaretechnisch werden für die Nutzung des Demonstrators ein Full-HD-Monitor mit Touch-Funktion und integriertem PC, ein RFID-Lesegerät mit USB-Anschluss sowie ein Tablet (z. B. iPad) benötigt.

Der für diesen Demonstrator entwickelte Animationsfilm teilt sich in vier Hauptsequenzen [Fraunhofer IML]. Er beginnt mit der Motivation des Projektes und der Vorstellung des Konsortiums. Es wird die Ausgangssituation in einem typischen Wertschöpfungsnetzwerk der Automobilindustrie beschrieben, indem eine lange Lieferkette gezeigt wird und die damit verbundenen Risiken erläutert werden. Durch die Anzahl und Vielfalt von Ereignissen und Transporten wird die Herausforderung deutlich, alle Elemente einer langen Lieferkette zu erfassen und verarbeiten zu können.

In der darauf folgenden Sequenz wird erläutert, wie RAN-Ereignisse durch Kombination von RFID- und anderen Daten entstehen und in ein standardisiertes Extensible Markup Language (XML)-Format überführt

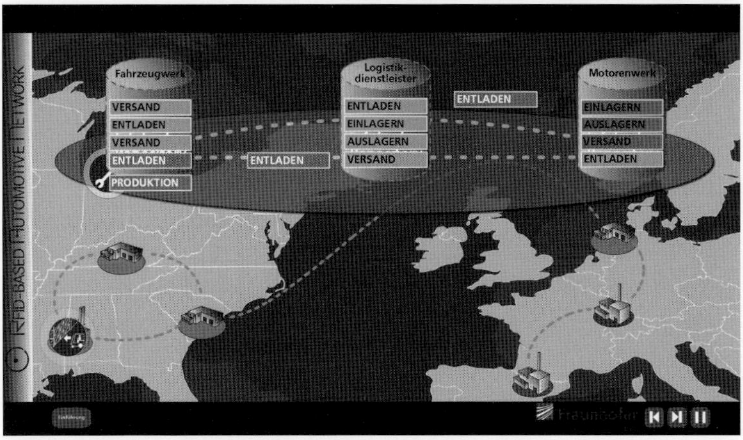

Abbildung 24 Lieferkette und ausgetauschte RAN-Events im Demonstrator des Fraunhofer IML (Quelle: Fraunhofer IML, 2012)

werden. Der Austausch dieser Daten über das InfoBroker-Konzept sowie die Schnittstellen, mit denen die KMU-Integration ermöglicht wird, werden ebenfalls beschrieben. Dieses Konzept wird in der anschließenden Animation visualisiert (Abbildung 24). Bei einem 2nd-Tier-KMU-Zulieferer wird ein RAN-Event durch einen Barcode-Scan erzeugt und in dem InfoBroker-Repository des Zulieferers gespeichert. Anschließend finden Transporte und weitere Ereignisse entlang der Lieferkette über 1st-Tier-Zulieferer, Hafen, Distributionszentrum und OEM statt. Auch hier werden Ereignisse in den Repositories gespeichert und gegebenenfalls ausgetauscht.

Nach dieser Animation wird in der dritten Sequenz die Verwendung von Assistenzsystemen motiviert. Die Nutzung großer Mengen von Ereignisdaten führt erst durch die Verwendung geeigneter IT-Werkzeuge zu einem Mehrwert in der Steuerung von Materialflussprozessen. Der Grad des möglichen Leistungsumfangs der Assistenzsysteme wird durch die Erläuterung der aufeinander aufbauenden Assistenzsystemstufen veranschaulicht.

Der letzte Teil des Animationsfilms zeigt die Möglichkeit zur Ermittlung von Auswirkungen von Ereignissen in der Zukunft, indem RAN-Assistenzsysteme mit Simulations-Werkzeugen kombiniert werden (Abbildung 25). Dies wird durch eine typische logistische Fragestellung in langen, interkontinentalen Lieferketten, nämlich die Verzögerung beim Seetransport, motiviert und veranschaulicht. Anschließend werden das Vorgehen und eine exemplarische Nutzung der Simulation erläutert. Die Simulation ermöglicht es, die Auswirkungen von Ereignissen bzw. Handlungsalternativen auf den Lagerbestand im Empfangswerk zu bestimmen.

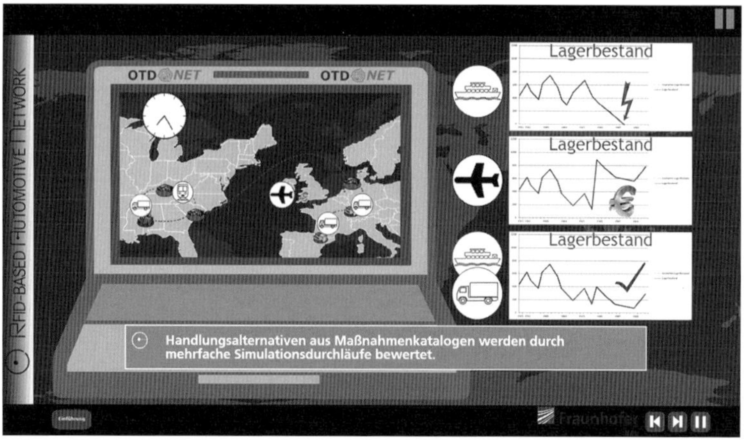

Abbildung 25 Demonstration der Analyse von Handlungsalternativen mit Hilfe von RAN-Assistenzsystemen (Quelle: Fraunhofer IML, 2012)

2.7.4 RAN-Demonstrationsplattform am BIBA

Im Verlauf des Projektes wurde ein Demonstrations-, Informations- und Schulungszentrum (DIS) am BIBA geplant und aufgebaut [Scholz-Reiter 2012a]. Dabei standen folgende Zielsetzungen im Vordergrund:

- Darstellung des RAN-Gesamtkonzeptes
- Einführung in die Nutzung der RFID-Technologie
- Darstellung des unternehmensübergreifenden, eventbasierten Datenaustausches mit Hilfe des InfoBroker auf Basis der EPCglobal-Architektur
- Demonstration des von der BLG LOGISTICS und dem BIBA entwickelten easyTracing Systems (eTS)

Die zur Umsetzung der Ziele entwickelten Demonstratoren vermitteln einerseits interessierten Besuchern auf Fachmessen und Kongressen einen Einblick über die Möglichkeiten von RAN. Andererseits können sie zur Schulung von Mitarbeitern neuer Partner, die an RAN partizipieren wollen, genutzt werden. Alle Demonstratoren des DIS sind transportabel und können somit ortsunabhängig zum Einsatz kommen. Im Detail handelt es sich um folgende Demonstratoren, welche im Verlauf des Projektes RAN am BIBA entwickelt wurden:

- RAN-Modell und Animation
- RAN-Lernspiel
- eVIN-Demonstrator
- eTS-Demonstrator

Die einzelnen Demonstratoren adressieren dabei auf unterschiedliche Weise die Ziele. Mit Hilfe des RAN-Modells und der zugehörigen Animation ist es möglich, das RAN-Gesamtkonzept im Allgemeinen sowie den unternehmensübergreifenden, eventbasierten Datenaustausch im Speziellen zu visualisieren. Dies erfolgt anhand der in RAN untersuchten Fertigfahrzeugdistribution, deren Prozesse am Modell erlebbar gemacht werden. Unterstützt durch eine Animation wird der unternehmensübergreifende Datenaustausch verdeutlicht und so die Funktionsweise des InfoBroker verständlich. Das RAN-Lernspiel verdeutlicht darüber hinaus die Möglichkeiten, die der InfoBroker für die Interaktion der Supply-Chain-Partner bietet. Erlebbar wird dies durch das gemeinsame Spiel mehrerer Teilnehmer mit Tablet-Computern. Dabei sollen alle Fahrzeuge im Distributionsprozess über intermodale Verkehrsträger an den Kunden geliefert werden. Der eVIN-Demonstrator gibt eine Einführung in das Konzept der sogenannten eVIN mit der Möglichkeit, die Fahrzeugidentifikationsnummer auf einem RFID-Transponder zu codieren. Hier können spielerisch verschiedene RFID-Transponder eingelesen und deren Codes visualisiert werden. In Vitrinen auf dem Stand wird sowohl das eTS im Gesamtkonzept erklärt als auch die einzelnen Komponenten des Systems dargestellt. In einer Animation am eTS-Demonstrator wird außerdem die Unterstützung der Prozesse auf dem Automobilterminal durch das System veranschaulicht.

In seiner Gesamtheit ist das DIS in Abbildung 26 zu sehen.

Abbildung 26 Demonstrations-, Informations- und Schulungszentrum des BIBA in Bremen (Quelle: BIBA, 2011)

3 Von der Idee zur Umsetzung – ein Leitfaden

Dirk Werthmann, Matthias Bender,
Philipp Engelhardt, Matthes Winkler,
Matthias Parlings, Saskia Reinhardt

3.1 Einleitung

Die folgenden Kapitel erläutern dem Leser den Umgang mit dem Integrationskonzept des RAN-Projekts. Hierzu wird zunächst die Zielsetzung des Dokuments erläutert. Anschließend wird die Zusammenfassung aller erforderlichen APs für die erfolgreiche Integration eines neuen RAN-Partners dargestellt. Mit einem neuen RAN-Partner ist dabei die Integration eines (neuen) Automotive-Partners in ein bereits bestehendes RAN-Netzwerk gemeint.

3.1.1 Zielsetzung des RAN-Integrationskonzepts

Mit dem RAN-Integrationskonzept [RAN-Konsortium 2013b] wird neuen RAN-Partnern ein Leitfaden zur Seite gestellt, welcher sie bei der Integration in das RAN-Netzwerk unterstützt. Das RAN-Integrationskonzept gibt dem neuen RAN-Partner die Möglichkeit, sich einen Überblick über die notwendigen Schritte für eine erfolgreiche Integration in RAN zu verschaffen. Sechs Arbeitspakte sind dafür erforderlich und werden im Folgenden kurz aufgezählt. Jedes einzelne Paket adressiert dabei einen anderen Arbeitsbereich mit notwendigen Aktivitäten zur RAN-Integration:

- Steuerungsszenario: beschreibt anhand von bestimmten Szenarios, welche Vorteile eine RAN-Integration bietet.
- Prozessbaukasten: beschreibt generisch die wichtigsten Prozessabläufe, um die Vorteile einer RAN-Integration zu erzielen. Außerdem wird die Lösungskonzeption erläutert.
- Daten & Datenstrukturen: beschreibt den Aufbau sowie die Struktur der notwendigen Daten, um einen standardisierten Informationsaustausch zu ermöglichen.
- InfoBroker: beschreibt den Aufbau der zum Datenaustausch benötigten IT-Architektur.

- Radio Frequency Identification (RFID)-Hardware: beschreibt die zur Datenerfassung einsetzbare Hardware.
- Wirtschaftlichkeit: beschreibt das Vorgehen zur Untersuchung der Wirtschaftlichkeit im Rahmen einer RAN-Integration.

Teilweise haben die aufgezeigten APs Schnittstellen zueinander. Die einzelnen APs werden jedoch nicht nacheinander, sondern vielmehr parallel bzw. gleichzeitig abgearbeitet. Der Ablauf in den einzelnen APs kann dem folgenden Kapitel 3.1.2 entnommen werden.

3.1.2 Ablaufdiagramm der RAN-Partnerintegration

In diesem Kapitel wird anhand der Abbildungen 27 und 28 der zeitliche Ablauf der RAN-Integration innerhalb der einzelnen APs veranschaulicht. Die Integration ist hierbei in fünf Phasen gegliedert. Beginnend mit der Vorphase schließen die Phasen Analyse, Konzeption und Realisierung sowie als letzte Phase die Einführung an. Die Schritte innerhalb der einzelnen APs werden den zuvor beschriebenen Phasen zugeordnet.

Ergänzend zu den explizit aufgeführten Schritten in den einzelnen APs sollte im Laufe der RAN-Integration eine regelmäßige Evaluation der Zwischenergebnisse stattfinden. Hierbei ist zu überprüfen, ob die erzielten

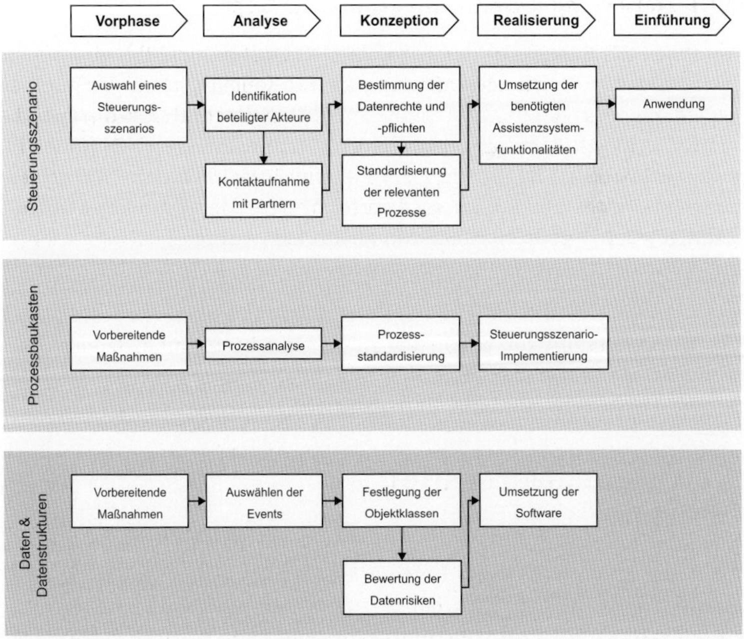

Abbildung 27 Ablauf der Integration eines neuen RAN-Partners, Teil 1

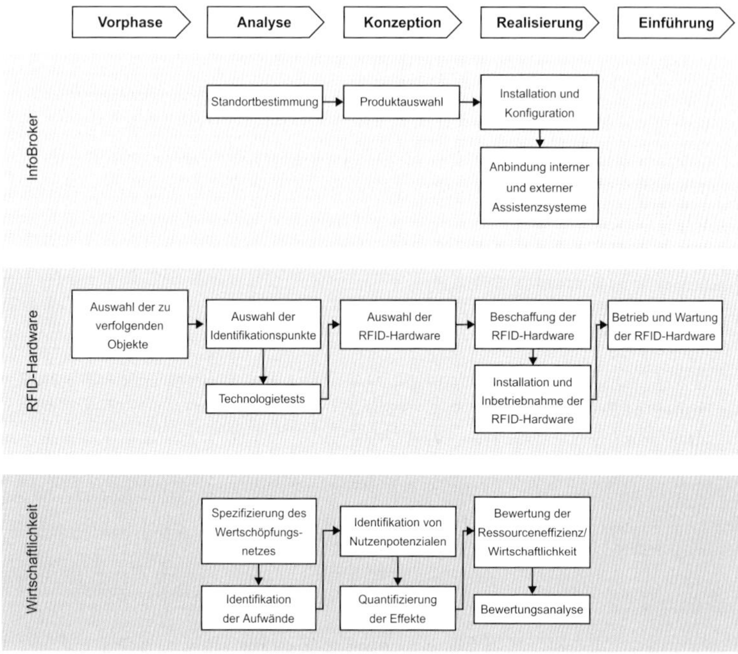

Abbildung 28 Ablauf der Integration eines neuen RAN-Partners, Teil 2

Ergebnisse und insbesondere deren Implementierungen richtig und effizient sind. Eine solche Überprüfung kann beispielsweise in Form einer regelmäßig durchgeführten Fehlermöglichkeits- und Einflussanalyse (FMEA) erfolgen. Nach der erfolgreichen Implementierung empfiehlt es sich, auch bei den RAN-Komponenten einen kontinuierlichen Verbesserungsprozess (KVP) zu implementieren. Basierend auf den Erfahrungen könnten weitere Effizienzsteigerungen erzielt werden.

In den Kapiteln zu den einzelnen APs wird der Ablauf der Integration für das konkrete AP anhand einer Abbildung noch einmal dargestellt. Die einzelnen Abbildungen sind dabei zu den entsprechenden Teilen in den Abbildungen 27 und 28 identisch.

3.2 Steuerungsszenario

Das folgende Kapitel beschreibt die grundlegenden Informationen, die ein neuer RAN-Partner zum Umgang mit den RAN-Steuerungsszenarios benötigt. Es wird zunächst erläutert, was unter dem Begriff Steuerungsszenario verstanden wird und welche Steuerungsszenarios in RAN ausgearbeitet wurden.

3.2.1 Einführung des Steuerungsszenarios

Merkmale der Steuerungsszenarios

Das Ziel von RAN ist die Erstellung eines Gesamtkonzeptes für eine optimierte Steuerung einer unternehmensübergreifenden Automotive-Wertschöpfungskette unter Einsatz von InfoBroker- und RFID- (auch Auto-ID)-Technologien. Hierfür wurden im Rahmen von RAN Steuerungskonzepte erarbeitet und in Form von sogenannten Steuerungsszenarios beschrieben.

Ein Steuerungsszenario ist durch folgende Merkmale gekennzeichnet:

- Mehrere RAN-Teilnehmer, sogenannte Akteure, wirken gemeinsam auf das Erreichen eines produktionslogistischen Ziels hin, beispielsweise die effiziente Beschaffung von Material.
- Hierzu tauschen die Akteure untereinander Informationen nach einem definierten Muster in Form von standardisierten RAN-Events aus (siehe Kapitel 3.4).
- Zusätzlich können auch Daten via EDI ausgetauscht werden.
- Der Datenaustausch der RAN-Events erfolgt über den InfoBroker (siehe Kapitel 3.5).
- Darüber hinaus können produktspezifische Informationen mittels der eingesetzten RFID-Transponder ausgetauscht werden (Data-on-Tag), sofern kein Netzwerkzugang entlang der gesamten Prozesskette sichergestellt werden kann.
- Die für den Datenaustausch relevanten Prozesse sind so gestaltet, dass die erforderlichen RAN-Events generiert werden können. Die RAN-Standardprozesse (siehe Kapitel 3.3) dienen hierbei als prozessuales Rahmenwerk.
- Es werden Assistenzsysteme eingesetzt, die die ausgetauschten Daten für eine effiziente Steuerung nutzbar machen.

Hierdurch lassen sich für jedes Steuerungsszenario spezifische Potenziale realisieren, beispielsweise das Senken von Beständen oder die Verbesserung der Termintreue.

Die in RAN entwickelten Steuerungsszenarios haben Referenzcharakter und abstrahieren die Umsetzung eines UC, d. h. sie können als eine Art „Best Practice" verstanden werden und müssen in der Regel an die spezifischen Gegebenheiten des jeweiligen UC angepasst werden. Im Leitdokument „RAN-Steuerungsszenarios" [RAN-Konsortium 2013e] werden Erfahrungen aus den prototypischen Implementierungen im Rahmen des RAN-Projekts anschaulich dargestellt.

Die RAN-Steuerungsszenarios

Innerhalb von RAN wurden acht Steuerungsszenarios entwickelt. Hierbei wurde das Ziel verfolgt, die wesentlichen Steuerungsaufgaben in der automobilen Wertschöpfungskette mit Steuerungsszenarios abzubilden.

Die Steuerungsszenarios lassen sich den Bereichen Beschaffung (B), Produktion (P) und Distribution (D) zuordnen. Tabelle 1 gibt einen Überblick über alle RAN-Steuerungsszenarios.

Tabelle 1 Überblick über alle RAN-Steuerungsszenarios

Bereich	Nummer	Bezeichnung
Beschaffung	B1	JIS-Steuerung
	B2	Verbrauchssteuerung
	B3	Lieferkettensteuerung
	B4	Behältermanagement
Produktion	P1	Produktionsplanung und -steuerung
	P2	Qualitätssicherung Produktion
Distribution	D1	Fahrzeugdistribution
	D2	Qualitätssicherung Fertigfahrzeuge

Die Anwendungsbereiche der einzelnen Steuerungsszenarios werden im Folgenden kurz erläutert. Für weitere Details wird auf das Leitdokument „RAN-Steuerungsszenarios" verwiesen [RAN-Konsortium 2013e].

B1 JIS-Steuerung

Gegenstand des Steuerungsszenarios B1 ist die Materialversorgung durch eine termingerechte Just-in-Sequence-(JIS)-Anlieferung zwischen einem Lieferanten und einem Empfänger. Über den InfoBroker soll das echtzeitnahe Erkennen von Planabweichungen möglich sein, um schnell auf Störungen reagieren zu können und eine robuste JIS-Anlieferung, auch über größere Entfernungen, zu ermöglichen.

B2 Verbrauchssteuerung

Steuerungsszenario B2 behandelt die verbrauchsgesteuerte Materialversorgung über eine Kanban-Steuerung zwischen einem Lieferanten und einem Empfänger. Durch echtzeitnahe Verbrauchssignale kann die Nachversorgung des Empfängers effizient betrieben werden. Hierdurch können beispielsweise Umlaufbestände gesenkt werden. Zudem besteht die Möglichkeit, auf Verbrauchsschwankungen schnell zu reagieren.

B3 Lieferkettensteuerung

Steuerungsszenario B3 beschreibt die effiziente Steuerung einer langen, internationalen Lieferkette mit einem oder mehreren Umschlagvorgängen. Ziel ist es, durch das Schaffen von Transparenz unnötige Puffer (Bestände, zeitliche Puffer) zu reduzieren sowie Engpässe der Lieferkette zu identifizieren und zu beheben.

B4 Behältermanagement

Fokus des Steuerungsszenarios B4 ist das unternehmensübergreifende Management von Behältern in einem Mehrwegbehälterkreislauf von einem Lieferanten über einen oder mehrere Logistikdienstleister (inklusive aller Umschlagplätze) bis zu einem Empfänger und wieder zurück zum Lieferanten.

P1 Produktionsplanung und -steuerung

Im Steuerungsszenario P1 wird beschrieben, wie die unterschiedlichen Aufgaben der Produktionssteuerung unter Berücksichtigung von auftragsspezifischen und produktspezifischen Informationen ablauforientiert optimiert werden können. Darüber hinaus werden die unternehmensübergreifend ausgetauschten Informationen genutzt, um ein robustes Störungsmanagement zu ermöglichen, welches die gezielte Reaktion in der Produktionsplanung auf unerwartete Ereignisse erlaubt.

P2 Qualitätssicherung Produktion

Wesentlicher Inhalt des Steuerungsszenarios P2 ist die Sicherung von Verbau- und Qualitätsinformationen in der Produktion mit Hilfe des Einsatzes von Data-on-Tag, um im Bedarfsfall auffällige Fahrzeuge schnell und effektiv identifizieren zu können.

D1 Fahrzeugdistribution

Steuerungsszenario D1 behandelt die Distribution von Fertigfahrzeugen vom Hersteller über einen oder mehrere Logistikdienstleister bis zum Vertragshändler und Endkunden. Durch die Umsetzung des Szenarios kann die Transparenz bei der Fahrzeugdistribution gesteigert werden, um Planung und Steuerung zu verbessern.

D2 Qualitätssicherung Fertigfahrzeuge

Steuerungsszenario D2 befasst sich mit der Qualitätssicherung von Fertigfahrzeugen in der gesamten Prozesskette vom Hersteller bis zum Händler. Es wird aufgezeigt, wie eine gesteigerte Transparenz in den Qualitätssicherungsbereichen erzielt und wie diese zur Verbesserung der Planung und Steuerung in diesen Bereichen genutzt werden kann.

3.2.2 Ablauf zur Umsetzung eines Steuerungsszenarios

Zur Umsetzung eines RAN-Steuerungsszenarios sind die folgenden Schritte durchzuführen (siehe auch Abbildung 29). Eine detaillierte Beschreibung der einzelnen Schritte kann dem RAN-Integrationskonzept entnommen werden [RAN-Konsortium 2013b].

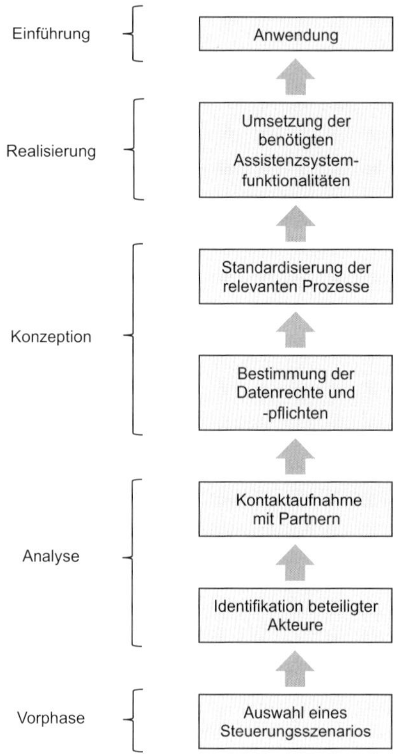

Abbildung 29 Ablauf zur Umsetzung eines Steuerungsszenarios

Auswahl eines Steuerungsszenarios

Zunächst ist zu entscheiden, welche Abläufe durch die Umsetzung eines RAN-Steuerungsszenarios primär verbessert werden sollen. Aus den oben genannten acht Steuerungsszenarios kann dann das passende Szenario ausgewählt werden.

Identifikation beteiligter Akteure

Mit Hilfe des Leitdokuments „RAN-Steuerungsszenarios" [RAN-Konsortium 2013e] können die am Szenario beteiligten Akteure identifiziert werden. Akteure werden dabei rollenspezifisch im Rahmen ihrer Funktion benannt, also z. B. Lieferanten, Logistikdienstleister, Warenempfänger oder Disponenten.

Kontaktaufnahme mit Partnern

Nach erfolgter Identifikation aller beteiligten Akteure können die Partnerunternehmen für die Umsetzung des Szenarios kontaktiert und notwendige Abstimmungen zwischen den Partnern initiiert werden.

Bestimmung der Datenrechte und -pflichten

Aus dem Leitdokument „RAN-Steuerungsszenarios" ist zu ersehen, welche RAN-Events jeder Akteur seinen Partnern zur Verfügung stellen muss und welche RAN-Events er von seinen Partnern beziehen darf [RAN-Konsortium 2013e].

Für Details hinsichtlich der RAN-Datenstruktur für die Events sei auf Kapitel 3.4 dieses Buches verwiesen.

Standardisierung der relevanten Prozesse

Diejenigen Prozesse, in denen die auszutauschenden RAN-Events ihren Ursprung haben, sind so zu gestalten, dass die erforderlichen Informationen generiert werden können. Als prozessuales Rahmenwerk hierfür dienen die im RAN-Prozessbaukasten beschriebenen RAN-Standardprozessbausteine [RAN-Konsortium 2012d].

Umsetzung der benötigten Assistenzsystemfunktionalitäten

Aus der Gesamtheit der im Leitdokument „RAN-Steuerungsszenarios" [RAN-Konsortium 2013e] beschriebenen Assistenzsystemfunktionalitäten werden – abhängig von der jeweiligen Zielsetzung – die zu realisierenden Funktionalitäten ausgewählt und implementiert (nähere Details zu den allgemeinen Funktionalitäten von Assistenzsystemen sind auch in diesem Buch in Kapitel 3.5 zu finden).

Anwendung

Das Steuerungsszenario kann dann gemeinsam mit den Partnern angewandt werden.

3.2.3 Hinweise zur Anwendung mehrerer Steuerungsszenarios

Es besteht grundsätzlich die Möglichkeit, mehrere RAN-Steuerungsszenarios parallel anzuwenden. Hierdurch können ganze Netzwerke mit Hilfe der RAN-Steuerungskonzepte abgebildet und gesteuert werden.

Möglichkeiten für die Anwendung mehrerer Szenarios werden in folgenden Bereichen gesehen:

- Kombination von Beschaffungs- und Produktionsszenarios
- Kombination von Beschaffungs- und Distributionsszenarios
- Kombination von Produktions- und Distributionsszenarios
- Einsetzen der Qualitätssicherung (P2, D2) in die Produktion (P1) bzw. Distribution (D1)

Durch die Anwendung mehrerer Szenarios kann ein Unternehmen in einer Lieferkette oder einem Netzwerk verschiedene (Akteurs-) Rollen wahrnehmen. Beispielsweise kann ein Automobilhersteller innerhalb eines Beschaffungsszenarios Empfänger eines Tier-1-Lieferanten sein und in einer späteren Stufe der logistischen Kette als Hersteller Fertigfahrzeuge im Rahmen eines Distributionsszenarios an einen Händler versenden.

3.3 Prozessbaukasten

Der vorliegende Abschnitt beschreibt den Inhalt des in RAN entwickelten Prozessbaukastens. Hierbei werden die innerbetrieblichen und außerbetrieblichen Logistikprozesse sowie die Produktions- und Qualitätsprozesse detaillierter beschrieben. Darüber hinaus erfolgt die Darstellung der Anwendung des Prozessbaukastens im Zuge einer RAN-Integration.

3.3.1 Inhalt des Prozessbaukastens

Der Prozessbaukasten stellt alle relevanten Produktions- und Logistikprozesse auf Materialflussebene dar. Dabei ist es das Ziel, sämtliche inner- und überbetrieblichen Produktions- und Logistikabläufe zu beschreiben. RAN stellt hierfür ein im RAN-Konsortium vereinbartes Abstraktionsniveau bereit. Dabei soll aufgezeigt werden, an welchen Stellen im Prozess Transponder- und Ereignisinformationen standardisiert berücksichtigt und erzeugt werden können.

Die später in Kapitel 4 ausführlich beschriebenen Prozessbausteine wurden als EPK modelliert. Sie stellen ein prozessuales Rahmenwerk dar, in welchem die Grundanforderungen der RAN-Konzepte an die jeweiligen Prozesse formuliert werden. In Abhängigkeit eines zu realisierenden Steuerungsszenarios zwischen Partnern innerhalb der Wertschöpfungskette ist einerseits definiert, welche Ereignisdaten generiert und über den InfoBroker verteilt werden müssen. Andererseits ist festgelegt, welche Daten auf dem Transponder bereitgestellt bzw. vom Transponder berücksichtigt werden können.

Die im Folgenden erläuterten inner- und überbetrieblichen Produktions- und Logistikprozesse wurden im Prozessbaukasten als Bausteine standardisiert bzw. entwickelt und werden in den definierten Steuerungsszenarios berücksichtigt. Die einzelnen Prozessbausteine werden hinsichtlich ihrer wesentlichen Aspekte vorgestellt, um einen Kurzüberblick über den jeweiligen Prozess zu gewinnen. Detaillierte Informationen gibt Kapitel 4 dieses Buches. Die Darstellung der Bausteine erfolgt dabei nach folgender Gliederung:

- Innerbetriebliche Logistikprozesse
- Außerbetriebliche Logistikprozesse
- Produktions- und Qualitätsprozesse

3.3.1.1 Innerbetriebliche Logistikprozesse

RAN Vereinnahmung

Der Prozess RAN Vereinnahmung beinhaltet die Identifikation des Frachtträgers, die automatische, RFID-basierte Erfassung der Waren bzw. der Ladungsträger sowie den Abgleich der erfassten, angelieferten Güter mit dem vorher versandten Lieferavis bzw. den Versanddaten des Verladers. Darüber hinaus erfolgt die Überprüfung der Sendungsvollständigkeit, die Prüfung auf Transportschäden sowie die kaufmännische Verbuchung des Wareneingangs.

RAN Innerbetrieblicher Transport

Der Prozess RAN Innerbetrieblicher Transport hat zwei mögliche Startereignisse (Transportauftrag liegt vor, Ware liegt bereit). Es erfolgt dabei eine RFID-gestützte Erfassung der Ware, die automatische Zuordnung bzw. Überprüfung von Ware und Transportauftrag sowie die Umbuchung der Ware bzw. der Ladungsträger nach Abschluss des Transports. Darüber hinaus sind der Ein- und Auslagerprozess in den Prozess RAN-Innerbetrieblicher Transport integriert.

RAN Verpacken

Im Prozess RAN Verpacken erfolgt eine RFID-basierte Identifikation der zu verpackenden Ladungsträger bzw. Waren sowie die IT-seitige Verknüpfung von Ladungsträgern und Unterladungsträgern bzw. Waren. Daraufhin schließt sich das physische Zusammenführen von Waren bzw. Unterladungsträgern und Ladungsträgern an. Die Erstellung der Warenbegleitpapiere sowie eines Transportauftrages erfolgt zum Abschluss des Prozesses.

RAN Verladen

Nach der Identifikation des Frachtträgers und der zu verladenden Waren bzw. Ladungsträger erfolgt der Abgleich der bereitgestellten Waren bzw.

Ladungsträger und der vorliegenden Verladeliste. Im Anschluss werden die Waren bzw. Ladungsträger auf den Frachtträger verladen, die Verladung systemseitig verbucht sowie die Vollständigkeit überprüft. Nach der Verknüpfung der Ware bzw. Ladungsträger mit dem Frachtträger erfolgt die Erstellung der Begleitdokumente des Frachtträgers.

RAN Kommissionierung

Hierbei handelt es sich um die auftragsbezogene physische Zusammenführung an einem Ort. Es erfolgt eine RFID-gestützte Überprüfung der korrekten Zusammenstellung von Waren oder Packstücken unter Einsatz des Kommissionierauftrags. Die kommissionierten Objekte können nach Abschluss des Prozesses zu einem aggregierten Objekt zusammengefasst werden.

RAN Entpacken

Dieser Prozess beschreibt die Entnahme einzelner Objekte aus einer zusammengesetzten Ladungseinheit unter Einsatz einer RFID-gestützten Erfassung der Objekte.

RAN Lagern

Dieser Prozessbaustein dient zur Modellierung einer Prozesskette auf der Ebene eines Wertschöpfungskettenmodells. Er kann als „Platzhalter“ genutzt werden, um den logischen und zeitlichen Fluss in der Prozesskette aufrechtzuerhalten.

3.3.1.2 Außerbetriebliche Logistikprozesse

RAN Außerbetrieblicher Transport

In diesem Prozess werden die Frachtträgerbegleitdokumente übernommen, die „Estimated Time of Arrival (ETA)“ des Frachtträgers berechnet sowie die Frachtträger „Gate-Out-Meldung“ erzeugt, bevor der eigentliche Transport zum Zielort durchgeführt wird. Optional werden die Überwachungsdaten dabei regelmäßig gesendet. Am Zielort erfolgt der Abgleich des Zielortes mit dem Transportauftrag und die Frachtträger „Gate-In-Meldung“ wird generiert.

3.3.1.3 Produktions- und Qualitätsprozesse

RAN Qualitätssicherung

Dieser Prozess wurde in Anlehung an die VDI-Richtlinie 2860 (1990) im Sinne des Kontrollierens erstellt. Der Prozess kann direkt als Baustein eingesetzt werden oder wird über eine Prozessschnittstelle aufgerufen.

Er ist somit kombinierbar mit der Fertigung, Montage, Demontage sowie einigen Logistikprozessen.

RAN Fertigung

Dieser Prozess wurde in Anlehnung an die DIN 8580 (Deutsches Institut für Normung e. V.) aufgebaut und umfasst alle Fertigungsverfahren aus den Hauptgruppen Urformen, Umformen, Trennen (teilweise), Beschichten und Stoffeigenschaften ändern. Die bauteilbezogene Ein- und Ausgangsbeziehung des Prozesses ist 1:1, d. h. ein Bauteil bzw. eine Baugruppe tritt in den Fertigungsprozess ein und ein Bauteil, eine Baugruppe bzw. ein Produkt verlässt den Fertigungsprozess nach der Bearbeitung. Die RAN Qualitätssicherung wurde als Prozessschnittstelle in den Ablauf integriert.

RAN Montage

Dieser Prozess wurde im Sinne einer Primärmontage in Anlehnung an die DIN 8593 erstellt. Die bauteilbezogene Ein- und Ausgangsbeziehung ist n:1, d. h. n Bauteile bzw. n Baugruppen treten in den Montageprozess ein und ein Bauteil, eine Baugruppe bzw. ein Produkt verlässt den Montageprozess nach der Bearbeitung. Die RAN Qualitätssicherung wurde als Prozessschnittstelle in den Ablauf integriert.

RAN Demontage

Dieser Prozess wurde im Sinne trennender Fertigungsverfahren im Rahmen der Primärmontage angelehnt an die DIN 8580 erstellt. Die RAN Demontage ist insbesondere zur Abbildung einer eventuell erforderlichen Nacharbeit notwendig und ist unabdingbar für einen Anwendungsfall im Bereich von „Completely Knocked Down (CKD)-“ und „Semi Knocked Down (SKD)-“ Szenarios. Die bauteilbezogene Ein- und Ausgangsbeziehung in der RAN Demontage ist 1:n. Ein Bauteil bzw. eine Baugruppe tritt in den Demontageprozess ein und n Baugruppen bzw. Bauteile verlassen den Demontageprozess nach der Bearbeitung. Die RAN Qualitätssicherung wurde als Prozessschnittstelle in den Ablauf integriert.

3.3.2 Ablauf zur Anwendung des RAN-Prozessbaukastens

Der vorliegende Abschnitt beschreibt den vierstufigen Ablauf zur Anwendung des Prozessbaukastens (vgl. Kapitel 4). Im Folgenden werden die vier Stufen dieses Ablaufs ausführlich erläutert (Abbildung 30). Gleichzeitig erfolgt ein Querverweis in die relevanten Abschnitte des vorliegenden Kapitels zum Integrationskonzept.

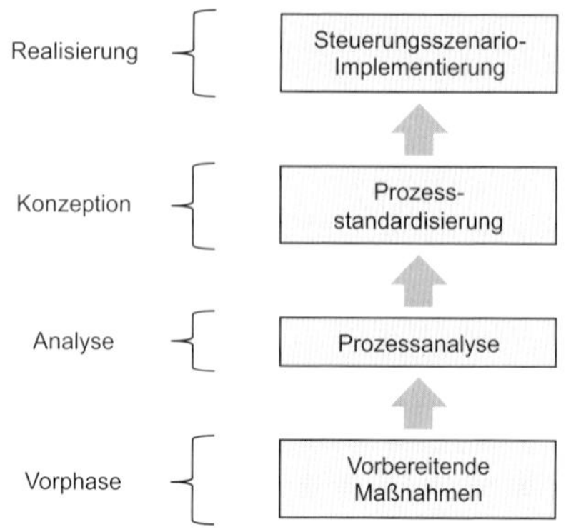

Abbildung 30 Ablauf zur Anwendung des RAN-Prozessbaukastens

3.3.2.1 Vorbereitende Maßnahmen

In einem ersten Schritt werden nach der Identifikation und Auswahl des umzusetzenden Steuerungsszenarios die zugehörigen Logistik- und Produktionsprozesse benannt. Im weiteren Ablauf kennzeichnen diese Prozesse dann die notwendigen Ereignisdaten. Ebenso können Empfehlungen zu den produktspezifischen Transponderdaten entnommen werden.

3.3.2.2 Prozessanalyse

Zur Prozessanalyse sind die im Rahmen der vorbereitenden Maßnahmen identifizierten Ist-Produktions- und -Logistikprozesse des jeweiligen Unternehmens, die dem RAN-Standard zukünftig genügen müssen, aufzunehmen und zu modellieren. Auf dieser Grundlage sollen zukünftig mit dem jeweiligen RAN-Standardprozess (Prozessbaukasten) abgeglichen werden. Der Fokus liegt hierbei sowohl auf dem Materialfluss als auch auf dem Informationsfluss. Aus diesem Abgleich folgt die Ableitung des Handlungsbedarfs hinsichtlich der Anpassung des Material- und Informationsflusses. Darüber hinaus werden an dieser Stelle Anforderungen an die Daten und Datenstrukturen, den InfoBroker und die Assistenzsysteme sowie an die notwendige RFID-Infrastruktur formuliert.

3.3.2.3 Prozessstandardisierung

Die Schrittfolge in den Produktions- und Logistikprozessen sowie die Interaktion innerhalb der Prozesse mit betrieblichen Planungs-, Informations- und Assistenzsystemen sowie dem InfoBroker muss so gestaltet werden, dass der RAN-Standard erfüllt wird. Informationen werden aus dem Materialflussprozess bzw. Wertschöpfungsprozess unter Einsatz von RFID-Transpondern generiert, wie im RAN-Standardprozess beschrieben (Ereignisgenerierung, etwaige Bereitstellung von Transponderdaten).

Die Berücksichtigung von Ereignis- bzw. Transponderinformationen erfolgt ebenfalls wie im jeweiligen RAN-Standardprozess dargestellt.

3.3.2.4 Implementierung Steuerungsszenario

RAN-standardisierte Produktions- und Logistikprozesse liefern die für die RAN-Steuerungsszenarios notwendigen Daten im geforderten Datenstandard. Auf dieser Basis kann die Einbindung in relevante Assistenzsysteme entsprechend der jeweiligen Steuerungsszenarios erfolgen.

3.4 Daten & Datenstrukturen

Dieses Kapitel leistet Hilfestellung bei der Integration neuer Partner hinsichtlich der Daten und Datenstrukturen. Bei der Beschreibung der erforderlichen Aktivitäten wird ein spezifisches Steuerungsszenario als Basis vorausgesetzt. In Kapitel 3.4.1 wird kurz auf die Besonderheiten hinsichtlich der Daten und Datenstrukturen in der Analysephase eingegangen. In Kapitel 3.4.2 wird ein Prozess zur Auswahl der erforderlichen RAN-Events dargestellt, es werden die Herausforderungen bei der Objektnummerierung beschrieben und Wege für sich aus dem spezifischen Szenario ergebende, notwendige Erweiterungen aufgezeigt. Bei der Objektnummerierung werden verschiedene Standards als Alternativen für jede Objektklasse benannt. Das RAN-Netzwerk startet bei allen Umsetzungen mit den Identen von GS1. Die hier aufgeführten Alternativen sollen allen Branchenteilnehmern einen Einstieg in das Netzwerk ermöglichen. Welche Idente nach dem Einstieg weiterverwendet werden, muss im Einzelfall geprüft werden. Es müssen dann die entsprechenden Integrationskosten den Kosten für die Umstellung der Idente gegenübergestellt werden.

3.4.1 Ablauf zur Realisierung der Daten & Datenstrukturen

Situationsanalyse

Für die Festlegung der erforderlichen Daten und Datenstrukturen müssen die Ist-Prozesse analysiert und das spezifische Szenario definiert sein. Jeder RAN-Partner hat Rechte und Pflichten bezüglich der bereitgestellten Daten. Er muss die im Standardprozess oder im Steuerungsszenario definierten RAN-Events anderen Partnern zur Verfügung stellen können.

Standardprozesse

Alle in einem Standardprozess definierten RAN-Events müssen prinzipiell anderen Partnern zur Verfügung gestellt werden können und damit auch nach den entsprechenden Vorgaben im lokalen Repository abgespeichert werden. Welche der Standardevents anderen Partnern bereitgestellt werden, wird in den auf Geschäftsbeziehungen aufbauenden Steuerungsszenarios festgelegt.

Wird zum Beispiel bei einem Lieferanten der Warenausgangsbereich in das RAN-Netzwerk integriert, müssen alle in diesem Bereich vorhandenen RAN-Events der Standardprozesse mittels Auto-ID-Ereignissen erfasst und im von RAN definierten EPCIS-Vokabular beschrieben werden. In diesem Beispiel handelt es sich mindestens um das Verpack- und das Verlade-Event. Die Teilnahme am RAN-Netzwerk setzt voraus, dass die in den Standardprozessen definierten RAN-Events ausgetauscht werden können. Bei Anpassung des Steuerungsszenarios an den jeweiligen UC kann es durchaus vorkommen, dass einzelne Standardevents nicht benötigt werden. Sie brauchen dann von den RAN-Partnern natürlich auch nicht implementiert werden.

Bei der Analyse der Standardprozesse müssen neben den Prozessen auch die Objekte, die verfolgt werden sollen, betrachtet werden. Dabei muss für jedes Objekt eine Zuordnung zu den Objektklassen erfolgen. Diese Zuordnung sollte immer eindeutig geschehen. Die zu unterscheidenden Hauptklassen mit eigenem Transponder sind:

- Produkte und Produktverpackungen
- Ladungsträger/ Behälter
- Versandeinheiten

Zusätzlich können auch noch Dokumente und Einrichtungen mit RFID-Transpondern versehen werden.

Neben den Objekten mit eigenem Transponder müssen im RAN-Netzwerk auch Objekte mit bestehenden Nummernschemata beschrieben werden können. Beispielhaft können hier Container LKW mit polizeilichem Kennzeichen, Züge, Schiffe und Flugzeuge genannt werden. RAN hat hierfür verschiedene Typen definiert und eine Beschreibungsvorschrift für jeden Typ hinterlegt. Für jedes zu beschreibende Objekt ohne einen eigenen Transponder muss eine eindeutige Zuordnung zu den festgelegten Typen gefunden werden.

Zusätzliche RAN-Events

Jeder Partner im RAN-Netzwerk kann in bilateralen Vereinbarungen über die in den Steuerungsszenarios beschriebenen RAN-Events hinaus weitere RAN-Events definieren und entsprechend austauschen. Dabei sollte die vorgegebene Struktur der Events aus dem RAN-Vokabular eingehalten werden. Zusätzliche bilaterale RAN-Events sollten dabei die bisherigen Events unterstützen bzw. bisherige Informationslücken schließen. Wenn bestimmte RAN-Events außerhalb des Standards häufig verwendet werden, sollte eine Erweiterung des Standards angestrebt werden.

Steuerungsszenarios

Zusätzlich zu den RAN-Events aus den Standardprozessen können noch steuerungsszenario-spezifische RAN-Events erforderlich sein. Diese spezifischen RAN-Events sind im jeweiligen Steuerungsszenario beschrieben und müssen zusätzlich dem Partner zur Verfügung gestellt werden. Sollte im ausgewählten Szenario das dort beschriebene Steuerungskonzept für den UC weiter spezifiziert bzw. angepasst werden, können dafür auch neue RAN-Events erforderlich sein. Dabei ist darauf zu achten, dass die grundlegenden Steuerungsprinzipien dieser Steuerung unterstützt werden, um eine einheitliche Nutzung dieser RAN-Events zu gewährleisten. Es sollte in jedem Fall eine Aufnahme in den Branchenstandard angeregt werden. Der erforderliche Prozess zur Integration neuer RAN-Events in den RAN-Standard wird im weiteren Verlauf dieses Kapitels beschrieben.

Data on Tag

Das RAN-Konzept mit dem Datenaustausch über den InfoBroker basiert komplett auf dem Data-on-Net-Ansatz. Der auf RFID basierende Transponder trägt für diesen Zweck lediglich ID-(Identifier)-bezogene Objektdaten. Zusätzlich erforderliche Daten werden dann über nachgeschaltete IT-Systeme besorgt.

Im Sinne einer ganzheitlichen Betrachtung wurde in der Arbeitsgruppe „Data on Tag“ der unternehmensübergreifende Einsatz von RFID-Tags unter Benutzung der User Memories untersucht. Dabei wurden folgende Hemmnisse für die Data-on-Tag-Nutzung gesehen:

- Sicherheit der Informationen
- Zugriffsgeschwindigkeit
- Schreibrechte (Wer darf wann wie viel auf einen Tag schreiben?)
- Verlässlichkeit der gefundenen Informationen
- Konzepte, wenn Informationen erwartet, aber im Prozess nicht mehr vorhanden sind
- Erforderliche Backupstrategien

Beispielhaft kann hier die Benutzung des User Memories (UM) eines RFID-Tags in der Logistik skizziert werden. Der Lieferant beschreibt mittels UM die Informationen zur Sendung. Dabei wird auch das Ziel des Behälters beschrieben. Zusätzlich werden noch weitere Informationen für den Besteller in den UM geschrieben. Diese benötigt der Besteller im Wareneingang. Der Spediteur möchte diese Informationen zum Zielort des Behälters vom Tag lesen und verwenden. Zusätzlich benötigt er Speicherplatz auf dem Tag zum Routen im internen Netzwerk. Die Informationen des Lieferanten für den Wareneingang des Bestellers soll er aber eigentlich nicht lesen können. Sind in der Transportkette nun mehrere Spediteure eingebunden, potenzieren sich die Akteure und die Informationen auf dem Tag. Der Besteller erwartet aber seine Informationen beim Wareneingang an einer bestimmten Stelle mit der entsprechenden Qualität. Weiterhin sind die weitere Nutzung der Daten bzw. das Löschen nicht geklärt. Der Besteller ist ja nicht der Besitzer der Daten und hat auf bestimmte Bereiche idealerweise keine Zugriffsrechte. Welche Informationen können bzw. dürfen nun gelöscht werden?

Da diese Punkte technisch konzeptionell lösbar wären, es aber weder den Bedarf noch den technischen Versuch gab, diese Probleme auszutesten bzw. umzusetzen, wurde für Objekte im Behältermanagement der Supply Chain gemäß VDA-Empfehlung 5501 keine ausdrückliche Empfehlung gegeben. Dies lag zu einem großen Teil auch daran, dass im Konsortium eine solche Empfehlung auch zum Zeitpunkt der Projektlaufzeit nicht mehrheitsfähig gewesen ist.

Hinsichtlich der Ablage von Daten auf dem Tag wurde von der Arbeitsgruppe Data on Tag bezugnehmend auf die VDA-Empfehlung 5510 für den Einsatz bei Teilen und Baugruppen der Automobilindustrie die im nächsten Absatz beschriebene Empfehlung erarbeitet. Hierfür bestehen konkrete Anwendungsfälle und somit ein Bedarf innerhalb des Konsortiums. Bei den Anwendungsfällen für Produkte und Baugruppen handelt es sich meistens nicht um Fragestellungen mit mehr als 2 Akteuren, welche sich auf bestimmte Daten im UM einigen können. Da diese RFID-Tags in der Logistik durch Umverpackung und Transport in entsprechenden Gebinden keine Rolle spielen, sind hier viele der oben angesprochenen Punkte für ein Netzwerk nicht relevant und der Einsatz trotz der noch offenen Punkte in diesen Anwendungsfällen denkbar.

Bei kleineren Datenformaten bis ca. 300 Byte ist eine Orientierung an den von VDA-Empfehlungen 5501/5510 sowie des JAIF Global RFID Item Level Standard sinnvoll, da so auf einen großen Datenoverhead verzichtet wird und ein volles Auslesen des Transponders keinen großen Zeitverlust darstellt. Aufgrund der bestehenden Empfehlung seitens VDA und JAIF ist bereits eine hohe Verbreitung in der Automobilindustrie sichergestellt, so dass bei einem geeigneten Einsatzfeld keine andere Lösung parallel betrieben werden sollte. Sofern aber die auf dem Transponder zu speichernden Datenmengen nicht mehr für den Einsatzzweck dieser Datenstruktur geeignet ist, sollte auf ein neues, zukunftsfähigeres Datenformat gesetzt werden.

Ab einer Speichergröße von 112 Byte kann das SemProM-Binärformat bereits eingesetzt werden. Empfehlenswert ist es jedoch, das Format erst ab einer Größe von mehreren hundert Bytes zu verwenden, da ab dieser Größe das Verhältnis zwischen Header-Informationen und Nutzdaten effizient ist.

Wichtig ist, dass es sich bei dem Block-Header nicht ausschließlich um Verwaltungsinformationen handelt, sondern zahlreiche Meta-Informationen über den eigentlichen Datenblock bereitgestellt werden. Eine solche semantische Beschreibung der Daten bietet keines der anderen untersuchten Formate.

Bei Transpondern ab einer Speichergröße von mehreren hundert Bytes ist es aus zeitlicher Sicht ratsam, nur die tatsachlich notwendigen Speicherbereiche auszulesen. Das gezielte „wahlfreie“ Auslesen von Informationen wird ebenfalls durch das SemProM-Format ermöglicht.

Da es sich beim SemProM-Format um ein Binärformat handelt, können auch beliebige Binärdaten ohne vorherige Konvertierung einfach und effizient abgelegt werden.

Das beschriebene Binärformat stellt quasi das „Dateisystem“ des Transponders dar. Damit ist es bereits möglich, dass mehrere Partner ihre eigenen Datenblöcke ablegen können. Sobald mehrere Partner Informationen untereinander austauschen wollen, greifen sie auf den gleichen Datenblock zu. Dies setzt voraus, dass beide Partner das Format der Nutzdaten interpretieren können. Über die Meta-Informationen des SemProM-Formats kann dazu definiert werden, um welches Nutzdatenformat es sich im Block handelt. Dazu könnte beispielsweise das Attribut Content-Typ verwendet werden.

Im Rahmen des RAN-Projekts wurde die Erfahrung gemacht, dass oftmals nur einfache Key-Value-Wert-Paare zwischen den Partnern ausgetauscht werden sollen. Da dafür kein geeignetes, freies und kompaktes Binärformat existiert, wurde im Rahmen des Testcase von Siemens ein Attribut-Block-Format erstellt und implementiert. Mit Hilfe dieses Formats lassen sich diese Key-Value-Wert-Paare typisiert innerhalb des SemProM-Formats austauschen.

Konzeption

Anhand des spezifischen Steuerungsszenarios aus der Situationsanalyse kann der Abgleich mit den RAN-Standardprozessen und den Steuerungsszenarios erfolgen. Dabei sollte bei der Zuordnung der vorliegenden Prozesse auf die Standardprozesse auch der jeweilige Zeitpunkt der Generierung eines RAN-Events im Standardprozess beachtet werden. Die Partner, die diese RAN-Events erhalten, gehen davon aus, dass der Prozess nach den Vorgaben des Standardprozesses abläuft.

Bei der Implementierung von RFID-gestützten Prozessen müssen die bestehenden Prozesse oftmals umgestaltet werden, um alle Potenziale dieser Technologie zu erschließen. Die im RAN definierten Prozesse sind genau darauf ausgelegt, die Potenziale zu erschließen.

Festlegung des Datenmanagements anhand des RAN-Vokabulars

Im folgenden Abschnitt wird davon ausgegangen, dass die Events im RAN-Branchenstandard für die Beschreibung der auszutauschenden

Daten im spezifischen Szenario ausreichen. Mögliche Erweiterungen der Datenstruktur werden in diesem Kapitel und Anpassungen bei der Identifizierung der Objekte in Kapitel 4.2.3 beschrieben.

Für die bereits definierten RAN-Events können die zu übertragenden Daten aus dem RAN-Dokument „RAN-Beschreibung der Events" [RAN-Konsortium 2012b] entnommen werden. Dabei ist jeweils das entsprechende IT-System benannt, aus dem diese Information typischerweise

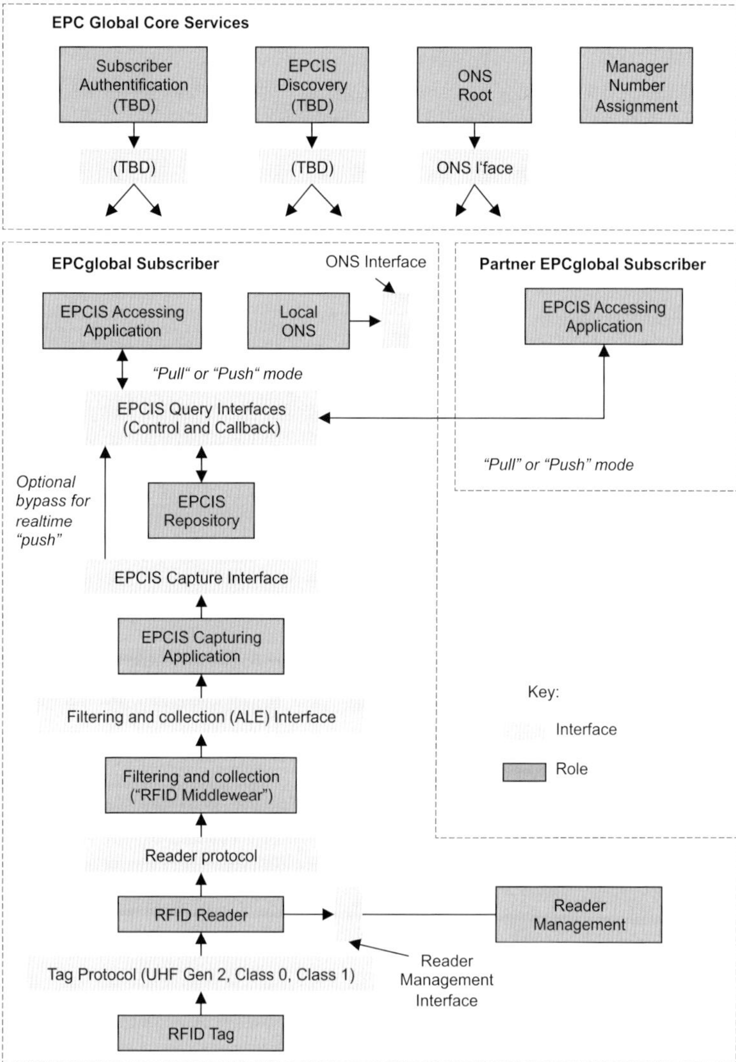

Abbildung 31 EPCglobal Architecture Framework (Quelle: EPCglobal, 2007)

entnommen wird. Oftmals ist dazu eine Schnittstelle zu diesen IT-Systemen zu implementieren. Darauf sollte bereits bei der Festlegung des spezifischen Steuerungsszenarios geachtet werden.

Abbildung 31 verdeutlicht einen möglichen Weg der Informationen in die RAN-EPCIS-Repositories. Nähere Informationen dazu finden sich in Kapitel 3.5.1 über den RAN-InfoBroker und in Kapitel 3.6 das die Erfassungsklassen beschreibt.

Für die exakte Ausgestaltung der RAN-Events sei hier auf die Dokumente RAN Beschreibung der Events, das RAN Automotive Business Vocabulary (ABV) [RAN-Konsortium 2012a] und das Core Business Vocabulary (CBV) [GS1] 2014) verwiesen. Abbildung 32 fasst die beschriebenen Aktivitäten grafisch zusammen.

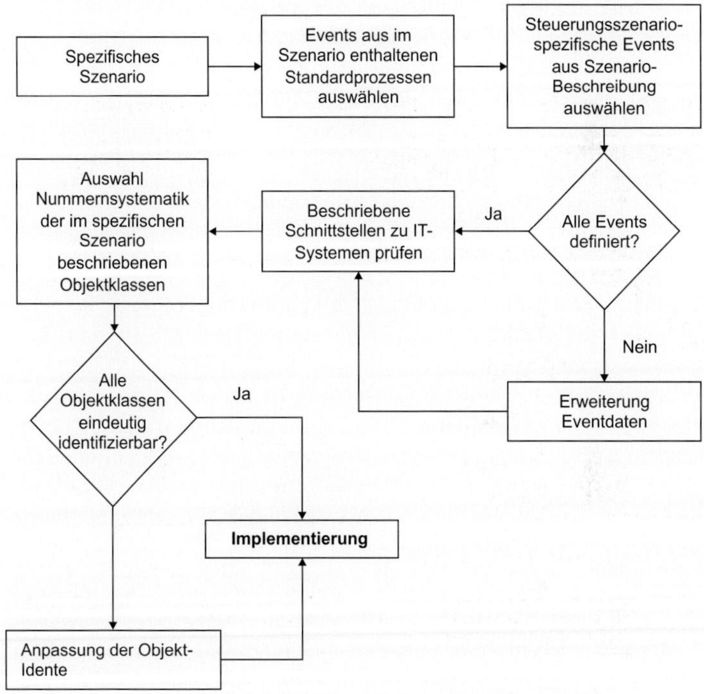

Abbildung 32 Übersicht Aktivitäten Daten und Datenstrukturen

Erweiterungen Datenstruktur

In diesem Kapitel werden die erforderlichen Schritte für eine Anpassung der Datenbeschreibungssprache (Vokabulare des EPCIS) innerhalb des RAN-Branchenstandards beschrieben.

Die Datenbeschreibungskonzepte lassen sich auf zwei grundlegende Vokabularien zurückführen. Zum einen wird die Beschreibung – wo immer möglich – mit dem CBV von EPCGlobal vorgenommen. Die Angaben im CBV in der aktuellen Version 1.0.1 sind jedoch für die Beschreibung der Sachverhalte in der Automobilindustrie nicht ausreichend. Aus diesem Grund wurden alle erforderlichen Erweiterungen im Automotive Business Vocabulary (ABV) zusammengefasst. Der Vorteil dieses industriespezifischen User-Vokabulars ist, dass die Änderungen nur in kleinerem Rahmen abgestimmt werden müssen. Es muss darauf geachtet werden, dass das ABV kompatibel zum CBV bleibt.

Änderungen in den Vokabularen müssen mit den dafür verantwortlichen Organisationen abgestimmt werden. Für die Erweiterungen des ABV, als Branchenvokabular, sind die Unternehmen der Branche, für die Erweiterung des CBV die GS1 zuständig. Als Vertretung der Automobilbranche hat sich in Deutschland der Verband der Automobilindustrie etabliert. Unter dem Dach des VDA wurde ein RFID-Expertenkreis gegründet, welcher sich mit der Prüfung und Verarbeitung der in RAN dokumentierten Ergebnisse in VDA-Empfehlungen beschäftigt. Dieser Nutzerkreis sollte auch die Veränderungen bzw. Anpassungen am ABV diskutieren und innerhalb der Branche abstimmen.

Zum besseren Verständnis der möglichen Anpassungen der Vokabulare (CBV und ABV) wird nachfolgend der im EPCIS-Standard beschriebene Erweiterungsmechanismus beschrieben.

In Tabelle 2 werden die fünf möglichen Erweiterungen genannt und in Abhängigkeit der Nutzer die Gruppe gekennzeichnet, die diese Erweiterung entsprechend vornehmen sollte. Bei RAN handelt es sich um die dritte Nutzergruppe (Industry Consortium or Private End User Group Outside EPCGlobal). Aus diesem Grund kann im Rahmen von RAN keine Anpassung des CBV erfolgen. Das im Projekt definierte ABV enthält dabei trotzdem Erweiterungen, die laut Tabelle 2 nur selten vorgenommen werden sollten. Anhand der bisherigen Erweiterungen kann dazu ein Vorgehen im Projekt beschrieben werden.

Auf dem Weg zur Gestaltung neuer Erweiterungen sollten die Prozesse bzw. Steuerungsszenarios, für die diese Erweiterungen erforderlich werden, vollständig beschrieben, entsprechend auf die einzusetzenden Technologien umgestaltet und innerhalb des RAN-Netzwerkes abgestimmt sein.

Für die Aufnahme der auszutauschenden Daten wird das Erstellen einer Tabelle in Anlehnung an das Dokument „RAN-Steuerungsszeanrios“, empfohlen. Ausgehend vom Prozess, in dem die Information entsteht, werden die Information und die dafür erforderlichen Quellen beschrieben und dem anbietenden Akteur zugeordnet. Anschließend wird für alle beteiligten Akteure geprüft, in welchem Kontext diese Information verwendet werden kann. Durch diese Übersicht können die Informations-

Tabelle 2 Extension Mechanism (Quelle: EPCglobal, 2007)

Organization Type	Extension Method					How Disseminated
	New Event Type	New Event Field	New Vocab Type	New Master Data Attr	New Vocab Element	
EPCglobal EPCIS Working Group	Yes	Yes	Yes	Occasionally	Rarely	New Version of EPCIS Spec
EPCglobal Business Action Group for a specific Industry	Rarely	Rarely	Occasionally	Yes	Yes*	Specification Document
Industry Consortium or Private End User Group outside EPCglobal	Rarely	Rarely	Occasionally	Yes	Yes*	Private Group Interoperability Specification
Individual End User	Rarely	Rarely	Rarely	Yes	Yes**	Updated Master Data via EPCIS query or other data sync

* Standard Vocabulary / ** User Vocabulary

flüsse leicht beschrieben und die Verwendung dokumentiert werden. Aufbauend auf den beschrieben Ereignissen und unter Beachtung der jeweiligen Verwendung und der für dieses RAN-Event erforderlichen Daten können nun die erforderlichen RAN-Events beschrieben werden. Dabei muss zusätzlich ein Abgleich mit bereits bestehenden RAN-Event-Definitionen erfolgen, um zu vermeiden, dass ähnliche RAN-Events mehrfach spezifiziert werden.

Nach der Spezifikation der Datenfelder und der erforderlichen Informationsinhalte der RAN-Events muss im CBV und ABV geprüft werden, ob die nötigen Beschreibungsmöglichkeiten im Vokabular bereits existieren. Ist dies nicht der Fall, ist eine entsprechende Erweiterung notwendig. Diese Erweiterung wird von den Unternehmen innerhalb des VDA-Expertenkreises oder eines Arbeitskreises des VDA gesteuert und an die erforderlichen Standardisierungsgremien (GS1, Arbeitskreise des VDA) weitergeleitet. Dabei sind sehr spezifische Vokabularerweiterungen vornehmlich in einem eigenen User-Vokabular zu definieren. Je mehr Anwender eine bestimmte Erweiterung unterstützen, desto schneller sollte die Erweiterung in allgemeingenutzten Vokabularen geschehen. Dabei stellt das CBV die allgemeinste Form dar.

Anpassung der Objekt-Idente

Das zweite Thema bei der Integration neuer Partner in das RAN-Netzwerk ist die Auswahl der zur Nummerierung verwendeten Objekt-Idente.

Dabei wird zwischen den Primäridenten unterschieden, die in Kapitel 3.4.1 als Hauptklassen beschrieben wurden.

Bei der Nummerierung von Objekten mittels RFID müssen weltweit eindeutige Nummern eingesetzt werden. Diese Nummern bestehen nach ISO 15459 (2006) aus folgenden Bestandteilen:

- IAC (Issuing Agency Code; Vergabestelle der Unternehmensnummern)
- CIN (Company Identification Code; Unternehmensnummer)
- SN (Seriennummer)

Der SN-Teil ist bei den RAN-Empfehlungen immer in IR (Item Reference; Materialnummer) und die eigentliche SN unterteilt.

Gegebenenfalls müssen noch bestimmte, nicht mit RFID-Transpondern ausgestattete Objekte identifiziert werden. Dazu gehören z. B.:

- Frachtträger (LKW, Züge, Schiffe, etc.)
- Seecontainer
- Wechselbrücken
- ...

Diese Idente werden unter dem Begriff „Integration existierender IDs" zusammengefasst.

In den folgenden Abschnitten werden für jede Objektklasse verschiedene Idente benannt.

Produkte und Produktverpackungen

Für die Nummerierung von Produkten und Produktverpackungen sind vier verschiedene Schemata vorgesehen. Die verschiedenen Schemata besitzen alle die gleichen Felder in unterschiedlichen Ausprägungen. Im Einzelnen sind dies:

- Serialised Global Trade Item Number (SGTIN) nach [GS1 EPC Tag Data Standard 1.6 Ratified Standard 9.9. 2011]
- Component/Part Identifier (CPI)/Global Parts Identification Key (GPIK) (aktuell noch in Standardisierung) nach [GS1 EPC Tag Data Standard 1.7 Ratified Standard 23.5.2013] [1]
- Data Universal Numbering System (DUNS) nach [Odette LR03, März 2010]
- Odette-Nummern nach [Odette LR03, März 2010]

[1] Der CPI wurde erst im Nachgang zum RAN-Projekt (2013) in den GS1 EPC Tag Data Standard 1.7 aufgenommen. Im Rahmen des RAN-Projekt wurde der Arbeitstitel „GPIK – Global Parts Identification Key" verwendet.

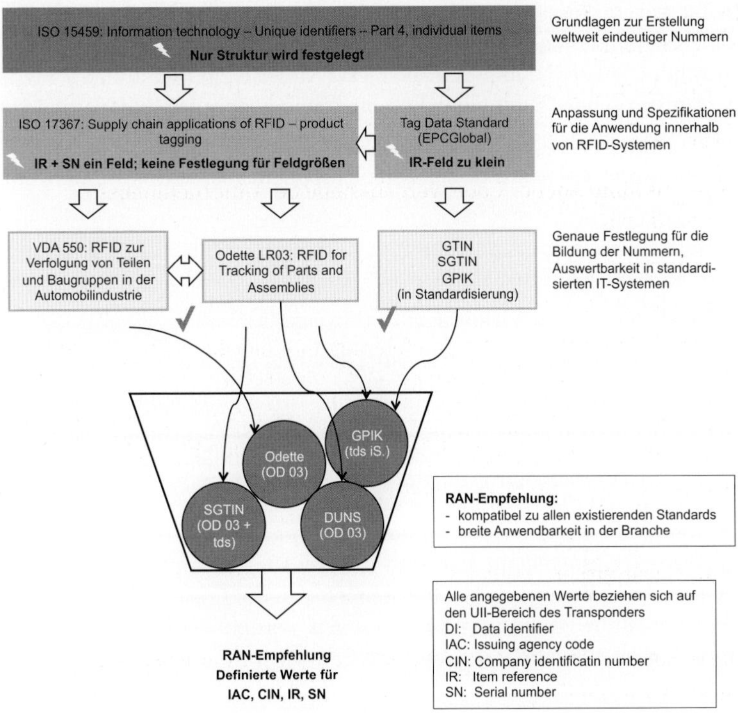

Abbildung 33 Nummerierung von Produkten und Produktverpackungen

Produkte bzw. Produktverpackungen, die für den Handel bestimmt sind, sollten mit einer SGTIN nummeriert werden. Da die SGTIN eine Global Trade Item Number (GTIN) enthält, können die im Handel standardisierten Systeme mit dieser Nummer ohne Probleme umgehen. Nachteilig an diesem Ident ist der beschränkte Bereich für die Materialnummer. In der Automobilindustrie werden dafür längere Nummern verwendet. Die Möglichkeit zur Weiterverwendung dieser bereits in vielen IT-Systemen in der Automobilindustrie genutzten Nummern auf RFID-Tags ist eine wichtige Voraussetzung für den Einsatz von RFID. Diese langen Nummern sind nur in der CPI, der DUNS- bzw. der Odette-Nummer abbildbar. Welches der drei Nummernschemata zum Einsatz kommt, sollte dabei zwischen den Partnern im jeweiligen Steuerungsszenario vereinbart werden. Abbildung 33 stellt die Zusammenhänge grafisch dar.

Ladungsträger/Behälter

Bei der Nummerierung von Behältern werden zwei Klassen unterschieden. Diese Unterscheidung wird unter anderem in der VDA-Empfehlung 5501 beschrieben.

In der ersten Klasse befinden sich alle Behälter mit eindeutigem Eigner. Dabei ist der Eigner für die Vergabe von Behältertyp und SN des Behälters zuständig. Bei der Nummerierung dieser Klasse ist nur darauf zu achten, dass die vergebene Nummer in Kombination mit der CIN weltweit eindeutig ist.

Für die Nummerierung dieser Behälterart sind folgende Nummern im RAN-Netzwerk vorgesehen:

- Global Returnable Asset Identifier (GRAI) aus dem [GS1 EPC Tag Data Standard 1.6 Ratified Standard 9.9. 2011]
- DUNS-Nummer aus [Odette LR01, November 2009]
- Odette-Nummer aus [Odette LR01, November 2009]

Welche der drei Nummernschemata zum Einsatz kommen, sollte dabei vom jeweiligen Geschäftspartner und der Unterstützung dieser Schemata in den Standardanwendungen der RFID-Hardware Lieferanten abhängen.

Bei der zweiten Klasse handelt es sich um Behälter ohne eindeutigen Eigner. Das bedeutet, dass kein eindeutiges Unternehmen diesem Behälter zugeordnet werden kann. Damit kann durch die Kombination aus Behälternummer und SN mit der Unternehmensnummer nicht mehr von weltweit eindeutigen Nummern ausgegangen werden. Diese Behälter sind typischerweise Poolbehälter, wie zum Beispiel:

- Europaletten
- VDA-Poolbehälter
- VDA-Gitterboxen

Bei den Poolbehältern müssen mit den Poolbetreibern (Gütegemeinschaft Paletten e.V. (GPAL) für Europaletten) bzw. den Normen ausgebenden Organisationen (VDA bei VDA-Behältern) entsprechende Festlegungen getroffen werden. Dies ist zum aktuellen Zeitpunkt noch nicht geschehen. Beim VDA wird dieses Thema aktuell diskutiert und in entsprechende Arbeitsgruppen gebracht. Bei der GPAL zeichnet sich eine Lösung mit dem GRAI-Ident ab. Dabei müssen nicht nur die Nummer und das Schema festgelegt werden, sondern es sind auch einheitliche Festlegungen zu den Behältertypen zu treffen.

Versandeinheiten

Bei der Nummerierung von Versandeinheiten kann im RAN-Netzwerk auf die License-Plate oder den Serial Shipping Container Code (SSCC) zurückgegriffen werden. Beide Idente können die Nummer der Versandeinheit (NVE) beschreiben. Die NVEs sind Nummern, welche nur diese eine Sendung identifizieren (Ware, Sender, Empfänger). Dies hat Vorteile beim Routen und bei der Nachverfolgbarkeit dieser Sendungen. Bei der Verfolgung von Versandeinheiten, welche mit einem Behälter mit RFID-Tag transportiert werden, kann die Versandeinheit auch über das Behälterident identifiziert werden. Die NVE könnte in diesem Fall in ein RAN-Event des Behälters als Transaktion geschrieben werden. Der Vorteil liegt in der Einsparung von Einweg-Tags an den Versandeinheiten. Nachteilig ist hierbei die kompliziertere Rückverfolgung einer Sendung, da ein Behälter mit identischem Ident mehrmals den gleichen Weg laufen kann, jedoch jeweils einer anderen NVE zugeordnet ist.

Integration existierender IDs

Bei der Integration existierender IDs in die Beschreibung der RAN-Events stehen zwei Varianten zur Wahl. Dabei wird immer über einen Typenschlüssel die Art des folgenden Objekts und damit das Schema der folgenden Nummer definiert. Diese Typen müssen von allen RAN-Partnern verwendet werden. Ist ein neuer Typ und damit ein neues Nummernschema erforderlich, ist ein neuer Typ in die Beschreibung aufzunehmen und unter den Netzwerkpartnern entsprechend den Regelungen der Folgeorganisation abzustimmen. Ist dieser Prozess nicht möglich oder konnte keine Einigung unter den Partnern geschehen, kann diese Regelung auch mit bilateral vereinbarten Typenkennzeichen erfolgen. Dabei muss darauf geachtet werden, dass keine Typen doppelt vergeben werden.

3.4.2 Ablauf zur Auswahl der erforderlichen Datenstrukturen

Abbildung 34 zeigt die verschiedenen Stufen zur Auswahl der Datenstrukturen.

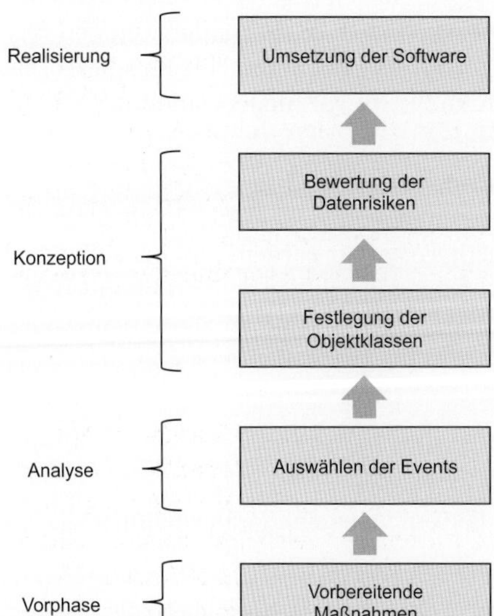

Abbildung 34 Ablauf zur Realisierung der Daten & Datenstrukturen

Vorbereitende Maßnahmen

- Analyse der Prozesse abgeschlossen
- Definition und Auswahl der Steuerungsszenarios abgeschlossen
- Überprüfen, ob alle Informationen mittels der referenzierten Events beschrieben und transportiert werden können

Als Arbeitshilfe wird innerhalb der vorbereitenden Maßnahmen die Befüllung des Templates Informationsbedarfe oder ähnlicher Übersichten empfohlen [RAN-Konsortium 2013e]. Dadurch kann sichergestellt werden, dass keine Informationen vergessen bzw. kein Kommunikationsweg angenommen wird, der in dieser Form nicht vorliegt.

Auswählen der Events

- Auswahl der Events für die beschriebenen Prozesse
- Informationstechnische Befüllung der Events klären
- Schnittstellen zu den Systemen definieren

In dieser Phase werden die Events ausgewählt bzw. erweitert (siehe Kapitel 4.2). Liegen alle benötigten Events komplett beschrieben vor, müssen die benötigten Daten für das Befüllen der Events auf Verfügbarkeit an den entsprechenden Prozesspunkten geprüft bzw. die Verfügbarkeit durch entsprechende Schnittstellen sichergestellt werden.

Festlegung der Objektklassen

- Nummernschemata für die zu identifizierenden Objekte festlegen

In dieser Phase werden für die erforderlichen Objekte in den beschriebenen Prozessen die Idente festgelegt. Dabei ist den Empfehlungen des RAN-Netzwerkes zu folgen, welche in dem Dokument zur RAN-Beschreibung der Events [RAN-Konsortium 2012b] spezifiziert sind und sich an die Empfehlungen des VDA anlehnen.

Wird für ein Objekt keine passende Nummerierung gefunden, müssen die Schritte aus Kapitel 4.2 durchlaufen und eine entsprechende Erweiterung in Abstimmung mit den Partnern erzielt werden. Tritt in den letzten beiden Schritten ein Änderungsbedarf hinsichtlich der Festlegungen des RAN-Standards auf, wird empfohlen, die Änderungen als gemeinsamen Request zu bearbeiten.

Bewertung der Datenrisiken

- Risikokataster aus den RAN-Ergebnissen prüfen
- Bewertung der aufgeführten Risiken im eigenen Unternehmen
- Auswahl der vorgeschlagenen Maßnahmen

Die vorgeschlagenen Maßnahmen sollen sicherstellen, dass alle Partner die Risiken kennen und für sich einordnen. Bei Erkennen eines Veränderungsbedarfes sollen die damit verbundenen Maßnahmen einen gleichen

Umgang mit diesen Risiken gewährleisten und so das gesamte Netzwerk sicherer gestalten.

Die Sicherheit der Datenkommunikation im InfoBroker ist dabei ein weiteres Thema und wird gesondert im nächsten Kapitel behandelt.

Umsetzung der Software

In dieser Phase werden alle Anforderungen an die Schnittstellen und die Software gesammelt und beschrieben. Jetzt kann erkannt werden, in welchen Punkten Anforderungen zusammengefasst werden können, denn die Zuordnung von bestimmten Prozessschritten erfolgt oftmals über die Referenzierung interner ERP-Aufträge.

3.5 RAN-InfoBroker und RAN-Assistenzsysteme

Dieses Kapitel beschreibt die RAN-Projektziele, um die zunehmend komplexeren und terminlich anspruchsvolleren unternehmensübergreifenden Lieferketten transparenter zu machen und mit einer geeigneten Softwarelösung zu unterstützen.

Hierzu werden die notwendigen Architekturkonzepte und prototypischen Softwarekomponenten für ein System zur Speicherung und zum Austausch von ereignisbasierten Prozessinformationen, dem RAN-InfoBroker, erläutert. Zudem wird die ebenfalls im RAN-Projekt entwickelte Nutzung dieser neuartigen, unternehmensübergreifenden Datenbasis in logistischen Assistenzsystemen beschrieben.

3.5.1 Beschreibung des RAN-InfoBroker

Der RAN-InfoBroker ist ein System zur Speicherung und zum Austausch von relevanten Prozessinformationen (Data Repository) zwischen Partnern einer Prozesskette über Unternehmensgrenzen hinweg.

Als RAN-InfoBroker wird die Instanz eines RAN-Partners bezeichnet. Jeder RAN-Partner wird über ein eigenes RAN-InfoBroker-Data-Repository verfügen.

Die einzelnen Systeme der beteiligten RAN-Partner werden in einem RAN-InfoBroker-Netzwerk integriert. Das RAN-InfoBroker-Netzwerk ist ein Verbund aus föderierten RAN-InfoBroker-Repositories.

Erst wenn mindestens zwei Partner beteiligt sind, entsteht das RAN-InfoBroker-Netzwerk, welches in Abbildung 35 veranschaulicht wird.

Die prototypische Entwicklung des RAN-InfoBroker basiert auf existierenden Standards. Zentraler Bestandteil des RAN-InfoBroker ist ein EPCIS-Repository, das im Rahmen des Projekts funktional erweitert wird.

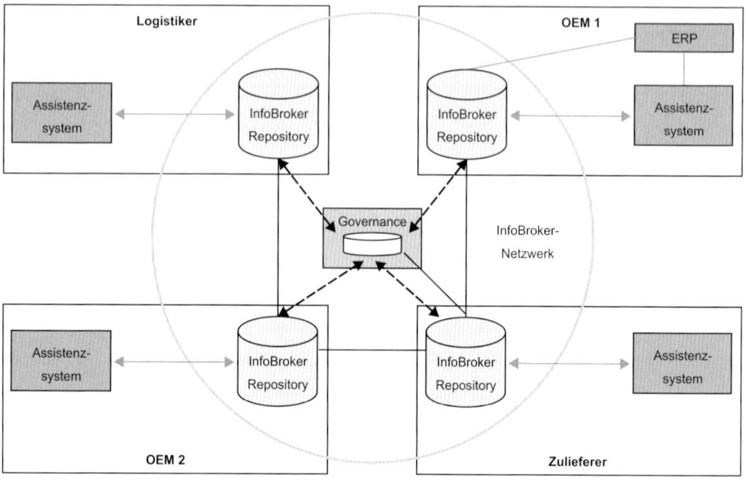

Abbildung 35 RAN-InfoBroker-Netzwerk

Das EPCIS-Repository mit den definierten Schnittstellen ist Teil des EPCglobal Architecture Frameworks (siehe auch Abbildung 31 in Kapitel 3.4.1).

In einem EPCIS-Repository werden Prozess- und Objektinformationen in Form von Ereignissen, sogenannten EPCIS-Events, unveränderbar gespeichert. Aktuell sind vier verschiedene Event-Formate im EPCIS-Standard definiert – Objekt-Event, Aggregation-Event, Transaction-Event, Quantity-Event.

Ein EPCIS-Event ist ein XML Dokument, das vereinfacht Informationen zu einem serialisierten Objekt (Was), dem Ort der Beobachtung (Wo), zu Datum und Uhrzeit (Wann) und zum Prozesszusammenhang (Warum) enthält.

Ein EPCIS-Repository ist eine Sammelstelle für EPCIS-Events. Zu einem serialisierten Objekt werden alle mit diesem Objekt in Zusammenhang stehenden und beobachteten Ereignisse über den Objektlebenszyklus gespeichert. Auf diese Weise entsteht eine elektronische Lebensakte des Objekts. Mit diesen Objektinformationen wird nun in der Prozesskette gearbeitet.

Im RAN-InfoBroker-Netzwerk werden zentrale Dienste zur Verfügung gestellt, die das Netzwerk absichern und den geregelten Datenaustausch unterstützen.

In direktem Zusammenhang mit einem RAN-InfoBroker-Repository wird auch der Begriff des Assistenzsystems genannt. Jede RAN-InfoBroker Instanz kann mit einem oder mehreren Assistenzsystemen erweitert werden. Informationen über Assistensysteme4 können dem Kapitel 3.5.3

entnommen werden.

Weiterführende Informationen zum EPCIS-Standard und zum EPCglobal Architecture Framework sind auf der Webseite von GS1 unter GS1-Standards im Internet zu finden.

Um die Vorteile des RAN-Netzwerks nutzen zu können, muss man als RAN-Partner ein RAN-InfoBroker-Repository für sein Unternehmen zur Verfügung haben.

Planungsschritte und Empfehlungen dazu sind in Kapitel 3.5.4 beschrieben. Dort werden das Vorgehen zur Umsetzung und die notwendigen Tätigkeiten zur Anbindung des Repositories dargestellt.

3.5.2 Erweiterungen des RAN-InfoBroker

Die Erweiterungen des RAN-InfoBroker zum EPCIS-Standard begründen sich in den spezifischen Anforderungen der Automobilindustrie. Wesentlicher Treiber für die Entwicklung des EPCIS-Standards war in der Vergangenheit der Handel.

Die Erweiterungen lassen sich in zwei Klassen einteilen:

1. Erweiterungen im Rahmen des EPCIS-Standards
2. Erweiterungen zum EPCIS-Standard

Erweiterungen im Rahmen des EPCIS-Standards

Es wurden die vorhandenen Standards genutzt und entsprechend den Anforderungen ergänzt. Darunter fallen die Vokabularerweiterungen und ergänzte Eventtypen, wie sie in den für RAN definierten Daten & Datenstrukturen gemäß Kapitel 3.4 definiert sind. Das Ziel war es, den Sprachschatz für die einheitliche Beschreibung von Prozessschritten in der Automobilindustrie im EPCIS-Standard widerzuspiegeln.

Ein weiteres Thema im Rahmen der Erweiterung des EPCIS-Standards sind die RAN CustomQueries. Dies sind vordefinierte Abfragen auf ein RAN-InfoBroker-Repository bzw. in Richtung des RAN-InfoBroker-Netzwerks. Hierzu wurden Templates für Abfragen, abgestimmt auf RAN-Prozessschritte erstellt, die als Antwort aus dem RAN-InfoBroker-Netzwerk eine Anzahl zur Abfrage passender EPCIS-Events zurückliefern.

Erweiterungen zum EPCIS-Standard

Hier handelt es sich um neue, zusätzliche Funktionen zum EPCIS-Standard:

- Security Features, Security Policies
- Stammdatenaustausch zwischen RAN-InfoBroker-Repositories

- Spezifikation von Ziel-Repositories bei der Datenabfrage, um gezielt Daten von InfoBroker-Repositories bekannter Geschäftspartner ziehen zu können.
- Unterstützen von Objektattributen in Custom Queries
- Kaskadierte Abfragen

Ein Teil der Erweiterungen ist unspezifisch von der Automobilindustrie und könnte als generelle Erweiterung in den Standard einfließen, z. B. Security-Features, übergreifende Suchanfragen, Erweiterungen von Standardschnittstellen zum Informationsaustausch etc.

Ein Teil der Erweiterungen ist in den lokalen Repositories implementiert, ein anderer Teil ist in zentralen, Repository-übergreifenden Diensten zu finden.

Im Rahmen des RAN-Projekts wurden auch einige zentrale Dienste für den RAN-InfoBroker definiert. So wurde ein Discovery-Service für die Suche nach zugänglichen Informationen unbekannter Netzwerkteilnehmer im RAN-Netzwerk implementiert. Auch die Vergabe von Berechtigungsnachweisen wurde als ein zentraler Dienst definiert. Die Verwaltung öffentlicher Stammdaten, wie das standardisierte Vokabular (Business Steps, Dispositions, Business Transaction Types etc.), erfolgt über einen zentralen Dienst. Ebenso die Verwaltung der Metadaten, welche beispielsweise die Formate der Events oder der Stammdatentypen beschreiben, erfolgt zentral. Für den Betrieb der lokalen RAN-InfoBroker-Repositories werden dort Replikas der Stamm- und Metadaten erzeugt. Ein weiterer zentraler Dienst übernimmt die An- und Abmeldung von Teilnehmern sowie von Komponenten des RAN-InfoBroker-Netzwerks.

3.5.3 Teilnahme am RAN-Netzwerk

Das RAN-Netzwerk bietet die Möglichkeit, Prozesse im eigenen Unternehmen und in der Zusammenarbeit mit Partnern transparenter zu machen. Die Anforderung, am RAN-Netzwerk teilzunehmen, kann aus dem eigenen Unternehmen kommen oder aber von Geschäftspartnern gefordert werden.

3.5.4 Ablauf zur Integration eines RAN-InfoBroker

Im Folgenden wird das Vorgehen zur Integration in das RAN-Netzwerk beschrieben, welches in die drei Schritte eingeteilt ist: Analyse, Konzeption, Realisierung

Das Implementierungsmodell hat zwei planerische Komponenten, die Standortbestimmung und die Produktauswahl, welche die Grundlage für die Realisierungsphase bilden.

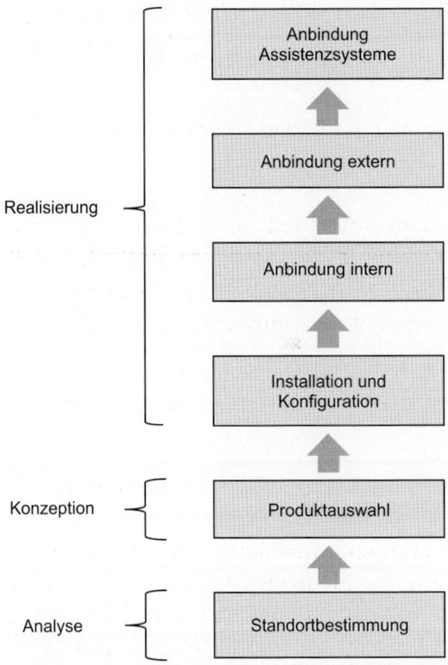

Abbildung 36 Ablauf zur Implementierung des RAN-InfoBroker

Die Realisierung greift Schritte wie Installation und Konfiguration, Anbindung an interne Systeme, externe Partner und an Assistenzsysteme auf.

Das Vorgehensmodell lässt sich auch gut in das beschriebene Phasenmodell in die Phasen eins bis drei einordnen.

Nachfolgend werden die Einzelschritte detaillierter erläutert.

Phase 1: Analyse

Die Planung der Teilnahme am RAN-Netzwerk beginnt damit, Anforderungen aufzunehmen, Soll-Szenarios und Lösungsmöglichkeiten zu erarbeiten.

Auch die Kostenseite ist zu betrachten. Idealerweise wird ein Business Case gerechnet, wie in Kapitel 3.7 beschrieben, um den finanziellen Aufwand zu belegen und positiven Nutzen dagegen zu stellen. Transparenz und eine klare Vorstellung von der Gesamtlösung sind wichtig für ein erfolgreiches Projekt.

Typische Fragestellungen in der Analyse sind:

- **Welche** Prozesse sind zu optimieren oder zu unterstützen?
- **Wie** sieht das detaillierte Anwendungs- und Nutzenszenario aus?

- **Was** ist das Ergebnis meines Business Case?
- **Wer** sind meine RAN-Partner, mit denen ich kommuniziere?

Ist die Anforderung einer RAN-konformen Unterstützung der Prozesse in Produktion und Logistik von Geschäftspartnern initiiert, bietet sich auch hier die Chance, eigene Prozesse mit RAN zu optimieren. Auch hier ist eine kritische Betrachtung der Anforderungen in der Startphase sinnvoll.

Das eigene Anwendungs- und Nutzenszenario definiert die Erwartung an die Assistenzsysteme und die Konfiguration des RAN-InfoBroker:

- Wo und in welchem Grad soll durch RAN Transparenz geschaffen werden?
- Soll ein aktiver, steuernder Eingriff in die Prozesse erfolgen oder zunächst nur die Transparenz erhöht werden?

Neben den prozessbedingten funktionalen Kriterien sind aber auch die nicht funktionalen Anforderungen zu dokumentieren.

Am Ende dieses Arbeitsschrittes steht ein Pflichtenheft als Basis für das Lösungsdesign.

Das nachfolgende Vorgehensmodell erläutert einzelne Schritte zum Aufbau und zur Integration eines RAN-InfoBroker.

Standortbestimmung

Der Begriff „Standortbestimmung“ bezieht sich nicht auf die Analyse im Sinne einer Ist-Aufnahme, sondern definiert den Standort einzelner Komponenten eines RAN-InfoBroker Systems.

Bei der Standortbestimmung wird festgelegt, wo Komponenten, wie bspw. ein lokales RAN-InfoBroker-Repository oder logistische Assistenzsysteme (LAS), physisch installiert werden. Die Basis für diese Entscheidung wurde bei der Ausarbeitung der Anforderungen gelegt. Dabei sind vor allem die Faktoren entscheidend, wo Daten aufgenommen werden:

- Örtlich betrachtet – von unterschiedlichen Gesellschaften im Unternehmen?
- Technisch betrachtet – in welchem Netzwerkbereich?

Angestrebtes Ergebnis im Sinne einer Lösungsarchitektur ist auch die Empfehlung, ein oder mehrere Repositories einzusetzen und zu bestimmen, wo diese im Sinne der Netzwerkarchitektur angesiedelt sein sollen. Der Aufbau eines Testsystems zur Erprobung ist dringend zu empfehlen. Das Testsystem kann zu einem späteren Zeitpunkt in ein Produktionssystem überführt werden.

Abbildung 37 zeigt ein Beispiel für ein einfaches, operationales Modell, wie es als Ausgangsbasis für die weiteren Planungen erstellt werden sollte.

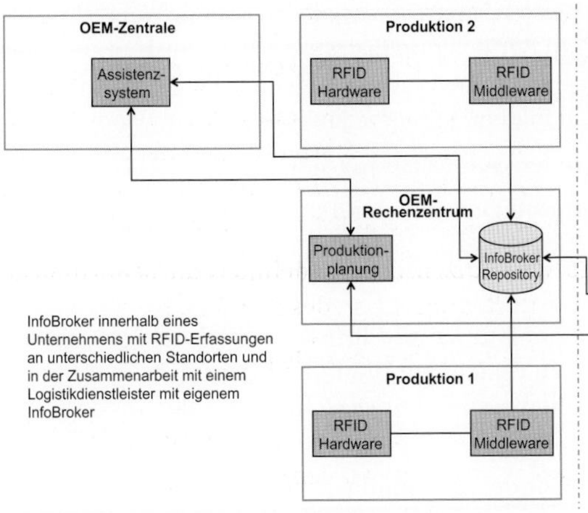

Abbildung 37 Beispiel für ein operationales Modell

Phase 2: Konzeption

Im Rahmen des Lösungsdesigns sind für das RAN-InfoBroker-Repository verschiedene Ansätze zu verfolgen und Entscheidungen zu treffen. Die erste Entscheidung ist grundlegend. Je nach Größe des Unternehmens bzw. dem Ergebnis der eigenen Analysen der Nutzenszenarios ist es sinnvoll, einen eigenen RAN-InfoBroker aufzusetzen und zu betreiben oder ein gehostetes System zu nutzen.

In diesem Kapitel wird detaillierter auf die Auswahl eines Produkts für ein RAN-InfoBroker-Repository eingegangen.

Wird die Variante verfolgt, ein System bei einem Anbieter betreiben zu lassen, ist die Auswahl eines zuverlässigen Partners wichtig. Dies geschieht über einen Katalog an Anforderungen wie Verfügbarkeit, Sicherheit, Performance etc. Zudem werden entsprechende Service Level Agreements vereinbart.

Für die Konfiguration des RAN-InfoBroker sind folgende Fragestellungen relevant:

- Welche Prozesse sollen erfasst werden?
- Mit welchen Partnern sollen Daten ausgetauscht werden?
- Wie wird die Anbindung der Erfassungstechnologie an den RAN-InfoBroker realisiert? (Eine geeignete Capturing-Application, die die Informationen aus der RFID-Hardwareschicht mit der Prozesssicht in Verbindung bringt, muss geplant werden).

Basisthemen wie Systemsicherheit, Verfügbarkeit, Betriebskonzept, etc. sind in dieser Phase ebenfalls zu betrachten.

Zweite Komponente ist das Assistenzsystem, das in idealer Weise die Prozesse unterstützen soll. In der Designphase sind alle Anforderungen der Anwender abzuwägen und in ein Pflichtenheft für die Anwendung zu überführen. Dazu sollten folgende Fragen geklärt sein:

- Welche Indikatoren sollen überwacht werden?
- Welche Prozessschritte sind entscheidend?
- Mit welchen Systemen muss oder soll das Assistenzsystem integriert werden?

Die dritte wichtige Komponente ist die Erfassungstechnologie. Details dazu sind im Kapitel 3.6 zu finden. Für die Teilnahme am RAN-Netzwerk ist die Erfassungstechnologie aus dem Gesichtspunkt der Datenquelle wichtig.

Es muss eine Verfügbarkeit der notwendigen RFID-Erfassungsgeräte an den für den Prozess relevanten Stellen gesichert sein.

Ergebnis der Konzeption (Schritt 2) ist die dokumentierte RAN-Komplettlösung.

Produktauswahl

Eine typische RAN-InfoBroker-Lösung hat drei Kernkomponenten:

- das RAN-InfoBroker-Repository
- das Assistenzsystem
- die Erfassungstechnologie

Es gibt hierbei folgende Möglichkeiten für den Aufbau eines RAN-InfoBroker-Repositories:

1. Auswahl eines am Markt verfügbaren RAN-InfoBroker
2. Aufbau eines eigenen RAN-InfoBroker auf Basis eines Standard-EPCIS-Repositories

Wie bereits eingangs erläutert, baut der RAN-InfoBroker auf einem Standard-EPCIS-System auf und wird funktional erweitert. Darauf aufsetzend ist davon auszugehen, dass jedes Standard-EPCIS-System zum RAN-InfoBroker erweitert werden kann.

Wird nun die Teilnahme am RAN-Netzwerk geplant und steht die Implementierung eines RAN-InfoBroker an, ist der Einsatz eines RAN-InfoBroker vorzuziehen, wenn noch keine EPCIS-Produkte im Unternehmen lizenziert sind.

Die Vorteile eines fertigen Produkts sind:

- Support durch den Hersteller/Integrator
- Weiterentwicklung durch das Produkthaus
- Unterstützung im Problemfall
- Garantie, Service, Wartung, etc.

Ist bereits ein EPCIS-Produkt im Unternehmen eingesetzt und lizenziert, kann es unter Umständen sinnvoll sein, eine Erweiterung des Produkts in Richtung RAN-InfoBroker vorzunehmen.

Hierbei sind verschiedene Ansätze möglich. So kann der Lieferant des EPCIS-Produktes eine RAN-InfoBroker-Erweiterung anbieten oder aber ein Drittanbieter liefert entsprechende Erweiterungen zum EPCIS-Standard. Ein anderer Weg wäre, in Eigenverantwortung mit Hilfe der eigenen Anwendungsentwicklung oder mit einem Dienstleister die RAN-InfoBroker-Erweiterungen zu programmieren. Dies kann eine Lösung sein und ist stark davon abhängig, wie weitreichend die Integration in das RAN-InfoBroker-Netzwerk sein soll. Ein Standard-EPCIS um entsprechende RAN-Vokabularerweiterungen zu ergänzen ist sicher eine weniger aufwändige Lösung. Hingegen ist vom Nachprogrammieren des Administrationsdatenmodels oder der Security Features abzuraten.

Abbildung 38 zeigt eine Möglichkeit, eine bestehende Systemarchitektur mit vorhandenem EPCIS auf eine RAN-Architektur hin zu erweitern. Hier wird ein RAN-InfoBroker-Repository in einer Demilitarized Zone (DMZ) mit einem Standard-EPCIS im Intranet gekoppelt. Die Kommunikation in das RAN-Netzwerk erfolgt dabei über das RAN-InfoBroker-Repository. Die Daten, die im RAN-Netzwerk ausgetauscht werden sollen, werden über das RAN-InfoBroker-Repository weitergeleitet.

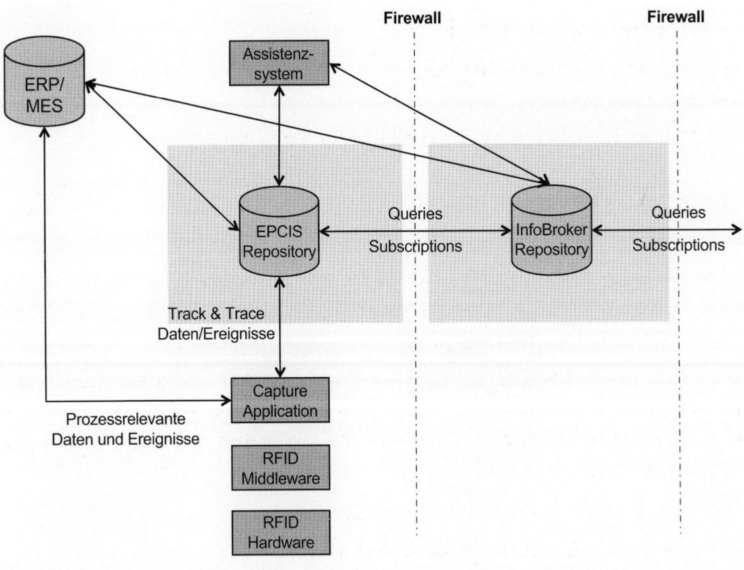

Abbildung 38 EPCIS-Repository im Intranet, InfoBroker-Repository in der DMZ

Phase 3: Realisierung

In dieser Phase werden die Einzelkomponenten des Systems entwickelt und im Rahmen eines Modultests geprüft. Die Entwicklung eines RAN-Systems unterscheidet sich nicht von der Entwicklung anderer Softwarelösungen:

- Entwicklung der Einzelkomponenten und Test der Einzelkomponenten
- Versionierung von Softwareständen
- Dokumentation der Entwicklung
- Aufbau eines Testsystems und Integrationstest
- Festlegung typischer Testfälle und Vorbereitung der Testfälle für den Anwendertest und die Abnahme
- Entwicklung eines Betriebskonzepts

Installation und Konfiguration

Die Installation des RAN-InfoBroker erfolgt entsprechend der Lösungsarchitektur und Installationsanleitung des Herstellers. Exemplarisch wird die Integration in Abbildung 39 dargestellt.

Nach der Installation erfolgt die Konfiguration der RAN-InfoBroker-Komponenten. Bei der Konfiguration sind vor allem folgende Parameter zu beachten:

- Sicherheitskonfiguration, z. B. Definition von Benutzern
- Definition von Stammdaten, z. B. Locations
- Definition des Datenaustausches

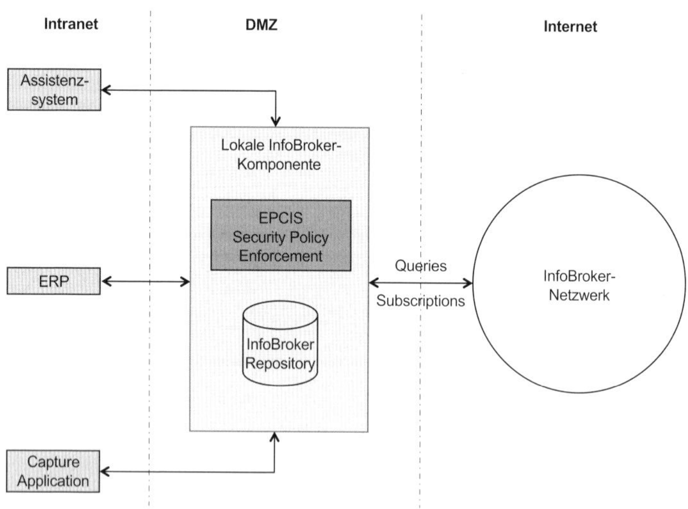

Abbildung 39 Integration des Repositories in die Unternehmensarchitektur

Für die Assistenzsysteme variiert das Vorgehen je nach Implementierung oder Produkt. Mit einer Eigenentwicklung sollte spätestens zu diesem Zeitpunkt begonnen werden.

Anbindung intern

Ist der RAN-InfoBroker und eventuell auch ein Assistenzsystem installiert, so sind die weiteren Komponenten, wie sie in der Planungsphase identifiziert wurden, anzubinden. Das sind z. B.:

- Anbindung an RFID-Hardware über Capturing-Application
  - inkl. Filterung und ggf. Ergänzung der RAN-Events
  - inkl. Schnittstelle zum RAN-InfoBroker ist das EPCIS Capture-Interface
- Anbindung von Backend-Systemen
  - Ergänzung von RAN-Events um Geschäftsinformationen wie Auftragsnummern
  - Spezifikation und Implementierung der Schnittstellen
  - technische Anbindung der Systeme

Anbindung extern

Um Informationen zwischen RAN-Partnern auszutauschen, muss das lokale RAN-InfoBroker-Repository über die Unternehmensgrenzen hinweg kommunizieren können.

Die Freischaltungen im Netzwerk und notwendigen Einträge in der Firewall des Unternehmens sind vom Netzwerkkoordinator vorzunehmen.

Der RAN-InfoBroker nutzt – wie andere Web-Anwendungen – nur standardisierte Web-Schnittstellen. Die notwendigen Freischaltungen, wie z. B. von Firewalls, sollten denen anderer Unternehmensanwendungen entsprechen.

Nach erfolgter Freischaltung muss die Anbindung des RAN-InfoBroker-Repositories intensiv mit allen Partnern getestet werden. Im ersten Schritt ist ein Stammdaten- und Administrationsdatenaustausch vorzunehmen, um alle notwendigen Stammdaten der beteiligten Partner auszutauschen und bekannt zu machen. Damit sind beispielsweise auch die Adressen der Partner-Repositories im lokalen System bekannt. Beim Integrationstest müssen alle Schnittstellen integriert werden, um zu überprüfen, ob die auszutauschenden Daten den RAN-Standards entsprechen und vom jeweiligen RAN-InfoBroker-Repository verarbeitet werden können.

Anbindung Assistenzsysteme

Das RAN-InfoBroker-Gesamtsystem kann erst dann vollständig betrieben werden, wenn das Assistenzsystem erstellt wurde und eine Anbindung erfolgt ist. Als standardisierte Schnittstelle zwischen Assistenzsystem und RAN-InfoBroker dient das Query-Interface. Mit dem Assistenzsystem ist es möglich, die ausgetauschten Daten zu visualisieren und zu analysieren und so den Erfolg des angestrebten Business Case zu überprüfen. Im folgenden Abschnitt wird das Konzept der logistischen Assistenzsysteme im Kontext von RAN näher erläutert.

3.5.5 Logistische Assistenzsysteme im Kontext von RAN

Für die Akteure in einem Logistiknetzwerk erschließt sich das Potenzial durch die verbesserte Verfügbarkeit von echtzeitnahen Prozessdaten erst in vollem Maße, wenn aus der verbesserten informatorischen Basis eine effektivere oder effizientere Steuerung der Auftragsabwicklung möglich wird. Geeignete IT-Systeme und Funktionalitäten sind deshalb zu entwickeln, um die Informationen aus dem „Internet der Events“ nutzbringend zu verwerten. Hierzu wurden im RAN-Projekt sogenannte logistische Assistenzsysteme (LAS) entwickelt, die helfen sollen, die mit Hilfe des RAN-InfoBroker zur Verfügung gestellten Daten aus dem Netzwerk zu beherrschen und zur effizienten Steuerung der Materialflüsse zu nutzen [Hegmanns, Parlings & Müller, 2013].

LAS werden als Entscheidungsunterstützungssysteme in logistischen Planungs- und Entscheidungsprozessen unter expliziter Einbindung des Erfahrungswissens der Logistikexperten und seiner Situationskenntnis verstanden [Klingebiel, Toth & Wagenitz, 2010]. Als IT-Systeme ergänzen sie existierende Supply Chain Management-(SCM)-, ERP- oder Operativsysteme um individuelle Funktionalitäten zur Erfassung von Zustands- und Operativdaten, zur Konfiguration und Bewertung von Entscheidungsalternativen sowie zur kollaborativen Entscheidungsfindung und Realisierung [ten Hompel & Hellingrath, 2007]. In Abhängigkeit ihrer Aufgabe können verschiedene Entwicklungsstufen logistischer Assistenzsysteme unterschieden werden – von der reinen Schaffung von Transparenz über Prozessdaten bis zur Situationsanalyse und Ableitung von neuen Informationen oder Steuerungsentscheidungen (vgl. Abbildung 40).

Die einfachsten Funktionalitäten fallen dabei in die Stufen I und II. Typische Aufgaben dieser Assistenzsystemstufen sind die Darstellung von Prozessinformationen, Track & Trace- sowie Reporting-Funktionalitäten. Die dritte Stufe umfasst Assistenzsystemfunktionalitäten, um durch einfache Vergleichsregeln Abweichungen zwischen Soll- und Ist-Werten zu ermitteln. Dies ist Grundlage für verschiedene Monitoring-Aufgaben, z. B. bei der Bestands- oder Lieferzeitüberwachung. Assistenzsysteme der ersten drei Entwicklungsstufen können als heutiger Schwerpunkt in der Entwicklung und Anwendung von Assistenzsystemen im Umfeld des SCM angesehen werden. Sie erfüllen damit insbesondere Funktionalitäten, die

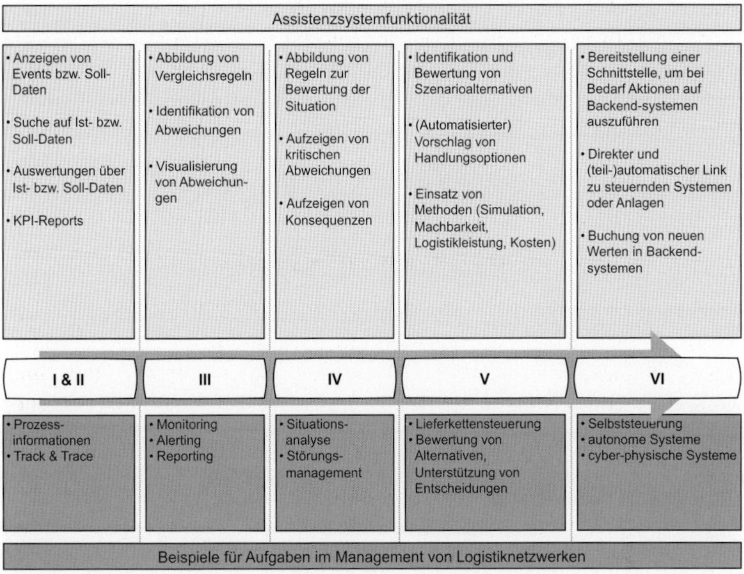

Abbildung 40 Entwicklungsstufen logistischer Assistenzsysteme (Hegmanns, Parlings & Winkler, 2012)

in den Bereich des SCM-Konzepts Supply Chain Monitoring (SCMo) fallen [Hegmanns & Toth, 2011].

Auf Stufe IV und V werden Analyse- und Bewertungsfunktionalitäten eingesetzt, die über die reine Ist-Darstellung und einfache Vergleichsregeln hinausgehen. Hier stehen die Analyse des Ist-Zustandes, die Untersuchung von Auswirkungen und die Bewertung von Handlungsalternativen mit Hilfe modellgestützter Methoden, z. B. Simulation, Optimierungs- oder anderer Entscheidungsmodelle, im Vordergrund. Noch weitreichender ist die Entwicklungsstufe VI, bei der Steuerungsentscheidungen für Aufträge oder Maschinen (teil)automatisiert getroffen werden. In diesen Bereich fallen Ansätze der Selbststeuerung oder autonomer Systeme, die als so genannte cyberphysische Systeme selbständig auf die Ist-Situation der realen Welt reagieren.

Im Rahmen von RAN wurden in allen UCs logistische Assistenzsysteme auf Basis der jeweiligen Steuerungsszenarios entwickelt. Der Schwerpunkt der Entwicklungen lag dabei auf den Entwicklungsstufen I bis IV. Auf Basis der Anforderungen aus den RAN-UCs wurden die Assistenzsystemfunktionalitäten in fünf Kategorien eingeordnet, die im jeweiligen Steuerungsszenario adressiert werden (vgl. Abbildung 41).

Im Vergleich zur evolutionär-funktionalen Einteilung in Entwicklungsstufen wurden die Kategorien in RAN aus Anwendungssicht und mit Fokus auf die Nutzung von RFID-basierten, echtzeitnahen Daten gebildet.

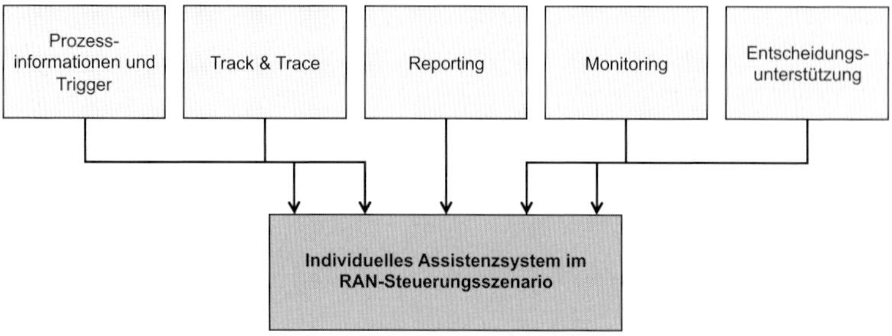

Abbildung 41 RAN-Assistenzsystemfunktionalitäten

Im Folgenden werden die einzelnen RAN-Assistenzsystemkategorien vorgestellt.

Prozessinformationen und Trigger

Zur Assistenzsystemkategorie Prozessinformationen und Trigger gehört die Auswertung von RAN-Events in operativen Planungssystemen („Event geht ins ERP"). Dabei wird der Zweck verfolgt, dem Anwender Transparenz über den aktuellen Zustand der Lieferkette und der Produktion zur Unterstützung seiner planerischen Tätigkeiten zu bieten. Ein Beispiel hierfür ist die Abfrage von Materialbeständen in einem Lager auf Basis von Einlagerevents, die als Prozessinformationen ins ERP- bzw. Lagerverwaltungssystem übertragen wurden.

Darüber hinaus fällt in diese Kategorie das automatische, regelbasierte Triggern von Folgeabläufen. Wichtig ist dabei, dass dieses Triggern ohne systemische Intelligenz erfolgt. Ein Beispiel hierfür ist das Steuern von E-Kanban-Kreisen (vgl. Kapitel 9, RAN-Umsetzung bei Bosch). Die RAN-Assistenzsysteme der Kategorie Prozessinformationen und Trigger können in die Entwicklungsstufen I und II von Assistenzsystemfunktionalitäten eingeordnet werden.

Tracking & Tracing

Tracking & Tracing sind zwei elementare Funktonalitäten zum Erzeugen von Transparenz in logistischen Netzwerken. Tracking dient der Bestimmung der aktuellen Position und des aktuellen Status von Objekten. Tracing dient der Ex-post-Rekonstruktion von Objektbewegungen und -status. Auf Grundlage von RAN-Events und der RAN-InfoBroker-Infrastruktur besteht eine ausgezeichnete Datengrundlage, um diese Assistenzsystemfunktionalitäten zu realisieren.

Fragestellungen innerhalb der Kategorie Tracking & Tracing haben einen suchenden Charakter und beziehen sich auf einzelne oder mehrere Objekte. Ein Beispiel für Tracking ist die Anfrage, wo sich ein Motor in der langen Lieferkette von Europa in die USA befindet. Beim Tracing stellt der Nutzer die Anfrage, welchen Weg dieser Motor genommen hat. Auch die RAN-Assistenzsystemkategorie Tracking & Tracing ist in die Entwicklungsstufen I und II einzuordnen.

Reporting

Unter Reporting wird das Aufbereiten von Daten vorzugsweise für die Prozessanalyse in Form von Kennzahlen und KPIs verstanden. Reporting ist vergangenheitsorientiert und basiert typischerweise auf Daten, die einen längeren Zeithorizont umfassen und eine Entwicklung abbilden. Das durch Reporting realisierbare Potenzial hat mittelfristigen Charakter. Beispiele für diese Kategorie, die in die dritte Entwicklungsstufe von Assistenzsystemfunktionalitäten eingeordnet werden kann, sind Auswertungen über die Bestandsentwicklung einer Materialnummer in einem Lager.

Monitoring

Unter der Kategorie Monitoring wird die systematische Überwachung eines Prozesses auf Abweichungen von definierten Soll-Zuständen oder Soll-Ereignissen verstanden. Im Gegensatz zum Reporting ist das Monitoring auf die Gegenwart und nicht auf die Vergangenheit orientiert. Ziel des Monitorings ist es, im Falle einer solchen Abweichung dem Anwender einen Warnhinweis zu geben und damit eine eingreifende Reaktion auszulösen. RAN-Assistenzsysteme der Kategorie Monitoring sind ebenfalls der dritten Entwicklungsstufe logistischer Assistenzsysteme zuzuordnen.

Ein Beispiel für die Kategorie Monitoring in RAN-Assistenzsystemen sind Alarmsignale (z. B. „rote Ampel), wenn ein zu erwartender Event ausbleibt. Auch können mit der Monitoring-Funktionalität Lagerbestände auf Grundlage der Auswertung von Einlager- und Auslagerevents überwacht werden. In diesem Fall erfolgt ein Signal, wenn eine Materialnummer einen vorgegebenen Mindestbestand unterschreitet.

Entscheidungsunterstützung

In die Kategorie Entscheidungsunterstützung fällt die Identifikation, das Bewerten und Vorschlagen von Handlungsalternativen, um dem Anwender in schwierigen Entscheidungssituationen Hilfestellung zu geben. Darüber hinaus wird unter Entscheidungsunterstützung auch das automatische Lösen eines Entscheidungsproblems gefasst: Es soll eine Entscheidung getroffen werden wobei Folgeabläufe angestoßen werden müssen, ohne dass menschliche Eingriffe erforderlich sind. Ein Beispiel hierfür ist, dass das Assistenzsystem einem Anwender vorschlägt, in welchem Hafen ein Schiff (z. B. Bremerhaven vs. Antwerpen) beladen werden sollte. Hierfür müssen die Szenarioalternativen zunächst identifiziert und bewertet werden, um dann einen (automatisierten) Vorschlag der besten Handlungsoption zu unterbreiten. Dabei werden Bewertungsmethoden wie Kostenrechnung, Simulation oder Logistikleistungsanalyse eingesetzt.

Damit ist diese Kategorie in die fünfte Entwicklungsstufe logistischer Assistenzsysteme einzuordnen. Es ist zu beachten, dass zur Realisierung eines Assistenzsystems zur Entscheidungsunterstützung auch Fragestellungen der vierten Entwicklungsstufe (z. B. Abbildung von Regeln zur Bewertung der Situation) zu lösen sind. Diese Entwicklungsstufe wurde in RAN jedoch nicht explizit betrachtet.

3.6 RFID-Hardware

Das Kapitel RFID-Hardware beschreibt im Rahmen des RAN-Integrationskonzepts die Vorgehensweise zur Beschaffung und Integration der benötigten RFID-Hardware, welche erforderlich ist, um Partner im RAN-Netzwerk zu werden. Hierbei ist zu beachten, dass in RAN RFID-Hardware im Frequenzbereich von UHF zum Einsatz kommt. Grund für die Fokussierung des RAN-Projekts auf den UHF-Frequenzbereich ist, dass sich dieser für die Anwendung in allen Szenarios der globalen automobilen Supply Chains eignet. Dies liegt vor allem an der variablen Lesereichweite von wenigen Zentimetern bis zu mehreren Metern. Darüber hinaus sind die Standards für UHF-RFID weltweit gültig. Auch hinsichtlich der Codestrukturen gibt es bereits weltweite Standards, wie den Electronic Product Code (EPC) oder International Standardization Organisation (ISO). Für die Automatisierung von Logistik- und Produktionsprozessen empfiehlt RAN die Verwendung passiver RFID-Transponder.

Im Kapitel 3.6.1 werden zuerst verschiedene Möglichkeiten zur Erfassung von RFID-Transpondern aufgezeigt. Diese sogenannten RAN-Erfassungsklassen unterstützen die Hardwareauswahl in der Integration. Die Vorgehensweise zur Integration der RFID-Hardware wird im Kapitel 3.6.2 beschrieben.

3.6.1 Inhalt des Dokuments „RAN RFID-Equipment, Aufbau und Betrieb“

In den folgenden Unterkapiteln werden die Erfassungsklassen aus dem Dokument „RAN RFID-Equipment, Aufbau und Betrieb“ [RAN-Konsortium 2013d] vorgestellt. Der Leitfaden kann als Entscheidungsgrundlage dienen, um die für den konkreten Anwendungsfall passende RFID-Anwendung auszuwählen. Er gibt auch dem fachfremden Leser die Möglichkeit, die dargestellten RFID-Anwendungen zu verstehen und dient als Informationsgrundlage bei der Umsetzung und für den Einsatz der RFID-Anwendung. Aus den sich anschließenden knappen Ausführungen kann auf

Basis der individuellen Prozesskenntnisse abgeleitet werden, welche im Leitfaden aufgeführten RAN-Erfassungsklassen intensiver betrachtet werden sollten.

Als RAN-Erfassungsklassen stehen RFID-Gate, Single Readpoint, Gabelstapler, JIS-Gate, Mobile Ortung, Permanente Ortung, RFID-Drucker, Handerfassungsgerät sowie RFID-Regal zur Verfügung. Darüber hinaus werden mögliche Objektklassen und dafür passende Transponder beschrieben.

RFID-Gate

Als RFID-Gate, RFID-Tor oder RFID-Portal wird eine Anordnung mehrerer RFID-Antennen bezeichnet, die mit einem RFID-Reader kommunizieren.

Die bekanntesten Anwendungen von RFID-Gates sind Verladetore, an denen geladene Güter auf Flurförderfahrzeugen während der Durchfahrt erfasst werden können. Die Erfassung (das Auslesen) der RFID-Transponderdaten erfolgt, indem gegenüberliegende parallele Antennenpaare angeschaltet werden. Die geforderte Lesereichweite, d. h. Größe des Portals (RFID-Gates), bestimmt, wie viele Antennen aufgestellt werden müssen. Standardmäßig sind vier Antennen vorgesehen.

Single Readpoint

Als Single Readpoint wird eine ortsfeste, einfache Schreib-/Leseeinheit zur Erfassung vereinzelter Objekte definierter Objektklassen verstanden.

Der Single Readpoint hat mindestens eine Antenne. Über diese Antenne können Daten vom RFID-Transponder gelesen und geschrieben werden. Die Datenverarbeitung kann während einer Bewegung oder statisch im Lesebereich erfolgen.

Im Gegensatz zum RFID-Gate werden beim Single Readpoint die RFID-Transponder in einem definierten Abstand an der Antenne vorbeigeführt. Der Single Readpoint hat die Fähigkeit zu lesen und zu schreiben.

Gabelstapler

Als Gabelstaplerlösung wird ein RFID-Aufbau verstanden, welcher sich am Gabelstapler befindet. Die RFID-Antennen und der RFID-Reader sowie erforderliches Equipment sind am Gabelstapler montiert. Es wird kein weiteres RFID-Equipment benötigt, um die Transponder zu erfassen.

Ziel des Einsatzes eines RFID-Readers für Gabelstapler ist die automatische Erkennung von Objekten und die optionale automatische Zuordnung zu einem Lagerplatz bei der Einlagerung. Daher muss das Objekt, z. B. die Palette, identifiziert werden. Zu diesem Zweck ist das Objekt mit einem RFID-Transponder gekennzeichnet. Es muss gewährleistet werden, dass dieser Transponder erkannt wird, unabhängig davon von welcher Seite der Stapler das Objekt aufnimmt.

JIS-Gate

Als JIS-Gate wird eine Anordnung mehrerer RFID-Antennen bezeichnet, welche mit einem RFID-Reader kommunizieren. Es dient neben der automatischen Erfassung von Daten während einer Bewegung durch den Lesebereich auch zur Bestimmung der relativen Position und Reihenfolge der getaggten Objekte auf einem Ladungsträger.

Unter korrekter relativer Position und Reihenfolge ist hier eine Zuordnung im Sinne von z. B. „oben, mitten oder unten auf dem Ladungsträger“ sowie „erstes, zweites oder drittes“ Objekt in der relativen Position zu verstehen. Die genaue Geokoordinate ist hier nicht von Bedeutung.

Zudem soll es auch möglich sein, die Reihenfolge und Bewegungsrichtung, z. B. Warein- und -ausgang, von Ladungsträgern zu erkennen. Hierbei erfolgt ausschließlich eine Erfassung der RFID-Daten, das Schreiben von Daten ist nicht vorgesehen.

Mobile Ortung

Die mobile Ortung zeichnet sich dadurch aus, dass mit Hilfe eines mobilen Geräts ein mit einem RFID-Transponder versehenes Objekt identifiziert und die Identifikationsdaten mit Positionsdaten verknüpft werden. Die Identifikation der überwachten Objekte und die Verknüpfung dieser Information mit Positionsdaten findet dabei nicht permanent für die überwachten Objekte statt, sondern nur, wenn das benötigte mobile Gerät in Lesereichweite des RFID-Transponders ist und ein Impuls zur Erfassung der Objekt- und Ortsinformation ausgelöst wird.

Die verknüpften Objekt- und Positionsdaten können entweder im mobilen Gerät gespeichert und weiterverarbeitet oder über eine Capturing-Application an ein Backend-System sofort kabellos oder zeitversetzt mit Hilfe einer Docking-Station übertragen werden.

Der Einsatz eines Geräts der Erfassungsklasse Mobile Ortung ermöglicht somit das vom Lesepunkt unabhängige Bestimmen und Abspeichern von Objekt- und Positionsdaten.

Permanente Ortung

Unter dem Begriff permanente Ortung wird in diesem Kontext eine dauerhafte Lokalisierung von Gegenständen und/oder Personen verstanden. Diese permanente Ortung kann mit sehr unterschiedlichen Technologien und Verfahren durchgeführt werden.

RFID-Drucker

RFID-Drucker dienen zum Bedrucken von RFID-Transpondern. Zusätzlich übernehmen sie die Funktionsprüfung und die Programmierung von Daten sowie die Kommunikation zum Netzwerk.

Handerfassungsgerät

Grundsätzlich wird zwischen kabelgebundenen Geräten und jenen, die über Funk an ein Netzwerk angeschlossen werden, unterschieden. Dabei beschränkt sich diese Erfassungsklasse auf die per WLAN angeschlossenen Handgeräte.

RFID-Regal

Hier geht es um die Identifikation und Lokalisierung von genau einem RFID-getaggten Objekt bei der Zuführung und Entnahme in Regalfächern.

Objektklassen und RFID-Transponder

In RAN werden ausschließlich passive UHF-RFID-Transponder verwendet. Unter passiven RFID-Transpondern versteht man Systeme, die die zur Kommunikation und zur Abarbeitung interner Prozesse benötigte Energie ausschließlich aus dem Feld der Schreib-/Leseeinheit beziehen. Passive Transponder benötigen keine eigene Stromversorgung.

Unter Objektklassen wird eine Strukturierung von Objekten verstanden, welche zum einen mit RFID-Transpondern ausgestattet mittels der Erfassungsklassen gelesen bzw. beschrieben werden. Zum anderen sind sie im Umfeld von RAN, z. B. für den RAN-InfoBroker, von Bedeutung.

3.6.2 Ablauf zur Implementierung von RAN-Erfassungsklassen

Im Folgenden wird der Ablauf zur Beschaffung und Integration der für einen RAN-Partner notwendigen RFID-Hardware beschrieben. Die in den Phasen erforderlichen Aktivitäten sind in Abbildung 42 dargestellt.

Auswahl der zu verfolgenden Objekte

In der Vorphase muss festgelegt werden, welche Objekte verfolgt werden sollen und in welchen Prozessen eine Identifikation der Objekte zusammen mit dem Erzeugen von RAN-Events notwendig ist. Die hierfür benötigten Informationen und das Vorgehen sind den Dokumenten „RAN-Steuerungsszenarios“ [RAN-Konsortium 2012e] und „RAN-Prozessbaukasten“ [RAN-Konsortium 2012d] zu entnehmen.

Auswahl der Identifikationspunkte

In der Analysephase werden zum einen die betroffenen Prozesse, beteiligte Personen, IT-Systeme, technische Infrastrukturen und Objekte betrachtet. Zum anderen sind eine Wirtschaftlichkeitsbetrachtung, deren Vorgehen in Kapitel 3.7 beschrieben ist, und Aussagen zur technischen Machbarkeit von Bedeutung. Die Ergebnisse der Analyse werden in Form eines Lastenhefts festgehalten und dienen der Konzeptphase als Grundlage für das weitere Vorgehen.

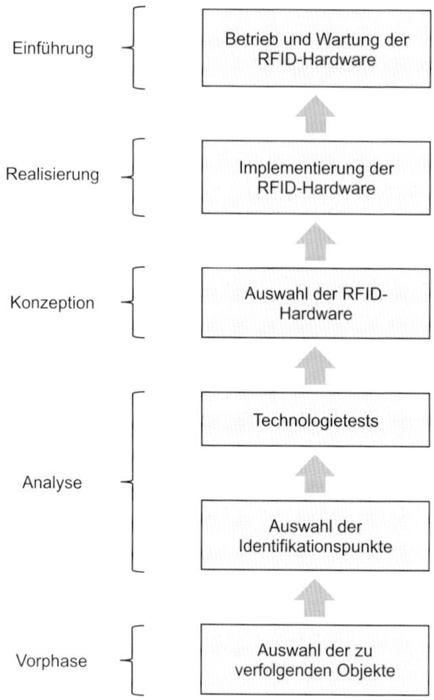

Abbildung 42 Ablauf zur Implementierung von RAN-Erfassungsklassen

Die Analyse der Geschäftsprozesse, wie sie bei der Ausarbeitung des konkreten Steuerungsszenarios in Kapitel 3.2 geschieht, bildet die Grundlage für die Anforderungen an das RFID-System. Es gilt zu klären, welche Daten auf den Transpondern gespeichert werden müssen und in welchen Zeitabständen diese benötigt werden. Hieraus ist auch abzuleiten, wo in den Prozessen RFID-Hardware implementiert werden muss, um die zu verfolgenden Objekte zu erfassen. Darüber hinaus sind die beteiligten Personen zu identifizieren, da von ihrer Akzeptanz und Unterstützung der Erfolg des Systems im Wesentlichen beeinflusst wird.

Technologietests

Eine Analyse der IT-Systeme ist wichtig, um herauszufinden, inwieweit die RFID-Technologie in diese integriert werden kann. Dies kann zusammen mit den für die Implementierung des RAN-InfoBroker erforderlichen Aktivitäten geschehen, welche in Kapitel 3.5.4 beschrieben sind. Die technische Infrastruktur sollte während einer Ortsbegehung erfasst werden, wobei auf die technischen Eigenschaften von RFID zu achten ist und mögliche Anbringungsorte für Lesegeräte festgelegt werden sollen, sofern diese nicht bereits standardisiert sind, wie z. B. in der VDA-Empfehlung 5520 für RFID in der Fahrzeugdistribution. Des Weiteren sind Umgebungseinflüsse zu untersuchen, da Flüssigkeiten oder Metall, aber auch andere Funksignale, zu Problemen führen können. Meist ist hierbei ein Technologietest in der realen Umgebung notwendig.

Auswahl der RFID-Hardware

Auf Basis des Lastenhefts, das in der Analysephase erstellt wurde, wird nun ein Lösungskonzept erarbeitet, welches abschließend in einem Pflichtenheft dokumentiert wird. Hierzu können die in Kapitel 3.6.1 beschriebenen RAN-Erfassungsklassen als Lösungskonzepte herangezogen werden. Basierend auf dem erstellten Pflichtenheft kann nun die RFID-Hardware ausgewählt werden. Des Weiteren ist zu klären, wo und wie die Transponder an den Objekten befestigt werden, wie das Layout des Gebäudes zu planen und welche RFID-Hardware notwendig ist. Darüber hinaus sollte das Pflichtenheft die RFID-gestützten Soll-Prozesse enthalten, welche basierend auf den Steuerungsszenarios und dem Prozessbaukasten, deren Anwendung in Kapitel 4 beschrieben werden, erarbeitet wurden. Ebenso beinhaltet es einen Entwurf für das Datenmanagement, Spezifikationen der neuen Informationssysteme und/oder für die Anpassung bestehender Informationssysteme. Außerdem sind unterstützende Prozesse, wie ein Transponder- und Lesegerätemanagement, einzuplanen. Besonders wichtig ist es auch, die Funktions- und Informationssicherheit sowie den Datenschutz bei der Konzeption zu berücksichtigen. Um eine durchgängige Verfügbarkeit der RFID-Hardware sicherzustellen, ist in diesem Zusammenhang ein Notfallkonzept zu erarbeiten, welches die hierfür erforderlichen Prozesse und Hardware definiert. Informationen hierzu finden sich in der technischen Richtlinie für den sicheren RFID-Einsatz im Bereich der Handelslogistik des Bundesamts für Sicherheit in der Informationstechnik TR 03126-4. Diese lassen sich auf die Automobilindustrie übertragen.

Installation und Inbetriebnahme der RFID-Hardware

In der Implementierungsphase wird nun ein betriebsfähiges System entwickelt und eingeführt. Dies umfasst die Entwicklung der hardwarenahen Software, sowie die Hardwarebeschaffung, -installation, -konfiguration und entsprechende Tests der Komponenten. Zusätzlich sind ein Projektabschlussbericht, der Verlauf und das Resultat des Projekts zu dokumentieren. Auch eine technische Systemdokumentation, sowie Schulungsunterlagen für Mitarbeiter sollten erstellt werden. Außerdem sind die Testprotokolle, die die Leistungsfähigkeit des Gesamtsystems belegen, Bestandteil des Abschlusses.

Betrieb und Wartung der RFID-Hardware

Während der Einführung geht es darum, die RFID-Systeme in den realen Betrieb zu überführen. Hier ist es besonders wichtig, den Prozess strukturiert durchzuführen. Bereits während der vorangegangenen Phasen wurde das Projektteam mit der neuen Technologie vertraut gemacht. Weitergehend gilt es nun, alle Personen, welche an den veränderten Prozessen beteiligt sind, ihren Aufgaben gemäß zu qualifizieren. Außerdem muss die RFID-Hardware in die kontinuierlichen Wartungs- und Instandhaltungsprozesse eingebunden werden. Die Strukturierung der Einführung ist anwendungsspezifisch. Beispielsweise kann das RFID-System parallel zum bestehenden Prozess als Pilotprojekt laufen oder die erste Stufe einer umfassenden Einführung sein, um bestehende Systeme zu ersetzen. In diesem Fall ist dafür zu sorgen, dass die Umstellung so erfolgt, dass der Betrieb mit minimalen Unterbrechungen fortlaufen kann. Ein Ansatz hierfür ist die Bewertung der Wirtschaftlichkeit und Ressourceneffizienz.

3.7 Wirtschaftlichkeit und Ressourceneffizienz

Die folgenden Abschnitte stellen die Bewertung der Wirtschaftlichkeit und der Ressourceneffizienz einer Implementierung von RFID und des RAN-InfoBroker dar. Hierzu wird zunächst die Zielsetzung einer solchen Bewertung beschrieben. Anschließend wird erläutert, zu welchen Zeitpunkten eine Bewertung erfolgen kann und wie bei einer Bewertung vorzugehen ist. Schließlich wird ein Softwaretool vorgestellt, das die Anwendung der Bewertung in der Praxis unterstützt.

3.7.1 Bewertung der Implementierung des RAN-Konzepts

Die folgenden Ausführungen befassen sich mit der ganzheitlichen Bewertung des Einsatzes von RFID und des RAN-InfoBroker in der Wertschöpfungskette. Ganzheitlich bedeutet dabei, dass neben einer Wirtschaftlichkeitsbewertung auch die Ressourceneffizienz der RFID-gesteuerten Prozesse beurteilt wird, da der Verbrauch von Energie und Materialien sowie entstehende Umweltbelastungen bei größeren Investitionsentscheidungen zunehmend eine Rolle spielen. Die Herausforderung bei der Bewertung beider Aspekte liegt darin, dass zum einen in der Konzeptphase von RFID-Einsatzszenarios unsicher ist, welche Wirkungen im Einzelnen durch den RFID-Einsatz erzielt werden und welche Geschäftsprozesse davon betroffen sind. Zum anderen stellt die quantitative und insbesondere monetäre Bewertung der identifizierten Wirkungen eine Herausforderung dar.

Zielsetzung der Bewertung der Wirtschaftlichkeit

Die Methode zur Bewertung der Wirtschaftlichkeit hat zum Ziel, Unternehmen die Möglichkeit zu bieten, Prozessverbesserungen den dafür notwendigen Investitionen gegenüberzustellen und somit die Vorteilhaftigkeit der Investitionen zu beurteilen. Zur Unterstützung der Bewertung kann der Anwender auf eine vordefinierte Nutzensammlung zurückgreifen, die die möglichen Nutzenpotenziale in den einzelnen Prozessbausteinen beinhaltet. Über vorgegebene, standardisierte Bewertungsformeln ist zudem eine schnelle Bewertung dieser Nutzenpotenziale möglich.

Zielsetzung der Bewertung der Ressourceneffizienz

Das Ziel der Bewertung der Ressourceneffizienz ist es, sowohl die Ressourcen-Mehraufwände als auch mögliche Ressourceneinsparungen zu erfassen. Einsparungen ergeben sich beispielsweise bei Transportprozessen durch verringerte Bestände oder auch durch papierlose Kommunikation. Zusätzlich ist es nötig, die ökologische Wirkung der Produktion und Entsorgung RFID-Transponder und des weiteren Equipments möglichst genau zu erfassen, um diese Aufwände den Prozesseinsparungen entgegen zu stellen. Eine Zielgröße zur Bewertung ist beispielsweise der CO_2-Fußabdruck. Insgesamt soll die Aufnahme der Prozessnutzen und -aufwände für Wirtschaftlichkeit und Ressourceneffizienz parallel erfolgen.

3.7.2 Einsatzzeitpunkt der Bewertung

Die Bewertung des Einsatzes der RFID-Technologie im Wertschöpfungsnetz kann zu unterschiedlichen Zeitpunkten erforderlich sein. Es werden dabei grundsätzlich drei Bewertungsphasen unterschieden, die sich aus dem Stand der Planung bzw. Umsetzung des RFID-Systems ableiten (vgl. Abbildung 43):

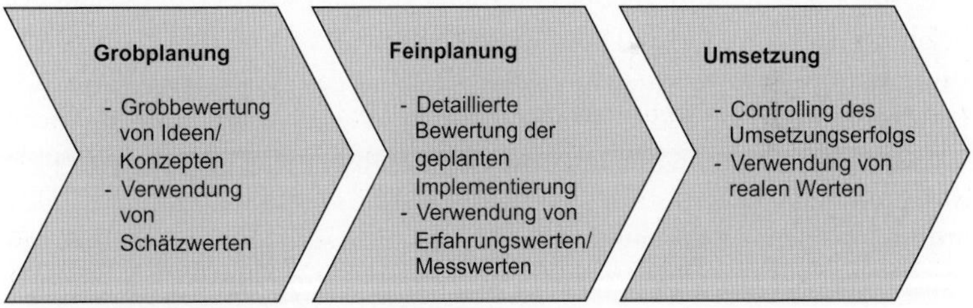

Abbildung 43 Phasen der Bewertung

- Grobplanung: Am Anfang der Planung gilt es, einzelne Umsetzungsideen oder grobe Konzepte für den Einsatz der RFID-Technologie im jeweiligen Unternehmen bzw. im Wertschöpfungsnetz festzulegen. Die Zielgruppe sind einerseits die Fertigungs- und Logistikplaner zur ersten Beurteilung der erarbeiteten Konzepte, andererseits das Management, das über die Freigabe von Mitteln für die weitere Planung entscheidet.

- Feinplanung: In der Feinplanung liegen detailliertere Informationen zur Ausgestaltung des RFID-Systems vor. Zudem werden möglicherweise bereits Pilotversuche durchgeführt, die in die Bewertung eingehen. Außerdem können aus den Ergebnissen Abschätzungen für einen erweiterten Anwendungsfall abgeleitet werden.
- Umsetzung: Wurde das RFID-System implementiert, ist es sinnvoll, für das Gesamtsystem oder einzelne Teilbereiche den Umsetzungserfolg zu überprüfen und gegebenenfalls weitere Optimierungsmaßnahmen abzuleiten.

Je nach Phase unterscheiden sich insbesondere die Detaillierung der Prozessmodellierung sowie der Quantifizierung der Nutzen und Aufwände. Je früher die Bewertung stattfindet, desto gröber wird das Wertschöpfungsnetz modelliert. Zudem basiert die Bewertung im Regelfall auf Schätzwerten, welche Aufwand und Nutzen angeben. Je weiter der Planungsprozess fortgeschritten ist, desto besser sollte die Qualität der Daten für die Quantifizierung sein. Das Umsetzungscontrolling sollte anhand von im realen Umfeld ermittelten Werten durchgeführt werden. Wichtig ist daher, zu Beginn des Bewertungsprozesses die Ziele der Bewertung sorgfältig festzulegen. Hierdurch wird insbesondere der mit der Bewertung verbundene Aufwand definiert.

3.7.3 Organisatorische Rahmenbedingungen

In jeder Bewertungsphase sind unterschiedliche unternehmensinterne Funktionen sowie externe Unternehmen in den Bewertungsprozess eingebunden (vgl. Abbildung 44). Für die Bewertung sollte ein Verantwortlicher bzw. in Abhängigkeit des Bewertungsumfangs ein verantwortliches Team bestimmt werden. Hier bieten sich aufgrund der inhaltlichen Anforderungen Mitarbeiter aus den Bereichen der Produktions- und Logistikplanung an. Gemeinsam mit dem Management sollte der Verantwortliche die Ziele der Bewertung festlegen. Ebenso sollten die Vorgaben bezüglich des zeitlichen Ablaufs sowie des zur Verfügung gestellten Budgets abgestimmt werden. Abhängig von der Zielgruppe, für die die Bewertungsergebnisse bestimmt sind, existieren in einem Unternehmen im Regelfall formale sowie inhaltliche Anforderungen an die Bewertung. Diese können beispielsweise bestimmte Kennzahlen oder Kostensätze umfassen, die in den Berechnungen zu verwenden sind. Auch dürfen möglicherweise nur bestimmte Nutzenpotenziale des RFID-Einsatzes in die Bewertung aufgenommen werden. Häufig darf beispielsweise der Entfall von Personalkosten durch die Verringerung von Arbeitszeit nur dann aufgenommen werden, wenn Mitarbeiter vollständig für andere Tätigkeiten eingesetzt werden können, und nicht, wenn nur einen Teil ihrer verfügbaren Zeit für andere Tätigkeiten frei wird. Daher ist eine frühzeitige Einbindung des Controllings ratsam, um derartige Anforderungen umfassend zu klären.

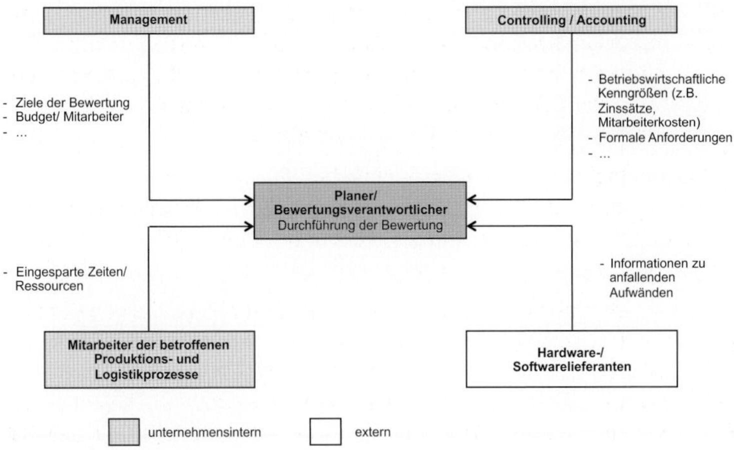

Abbildung 44 Beteiligte am Bewertungsprozess

Um die Nutzen und Aufwände des RFID-Einsatzes aufzunehmen und zu quantifizieren, benötigt der Bewertungsverantwortliche, je nach Umfang und erforderlichem Detaillierungsniveau, weitere Unterstützung. Bei der Aufnahme der Prozessaufwände, z. B. in Form von Kosten der benötigten RFID-Hardware, können mögliche Lieferanten die Bewertung unterstützen. Hierzu werden beispielsweise konkrete Angebote angefordert. Zur Quantifizierung der Nutzenpotenziale ist die Absprache mit den betroffenen Fachbereichen sinnvoll, da das Wissen der Mitarbeiter bezüglich der Ist-Prozesse sehr umfangreich ist und sie dadurch die Quantifizierung der Nutzen von RFID, beispielsweise durch die Abschätzung von Zeiteinsparungen, unterstützen können.

3.7.4 Ablauf der Bewertung

Die Bewertung der Wirtschaftlichkeit und der Ressourceneffizienz gliedert sich in sechs Schritte, wie sie in Abbildung 45 dargestellt sind.

Durch die Spezifizierung des Wertschöpfungsnetzes werden im *ersten Schritt* die Rahmenbedingungen für die spätere Bewertung der Wirtschaftlichkeit und Ressourceneffizienz von RFID festgelegt. Einerseits sind die Ziele abzustecken, die mit der Bewertung verfolgt werden sollen. Andererseits ist der zu analysierende Materialfluss mithilfe der eingeführten Prozessbausteine zu modellieren. Zusätzlich sind Organisationsprozesse zu berücksichtigen, die die indirekten Bereiche , z. B. die Disposition, betreffen.

Im *zweiten Schritt* werden die Aufwände für die Umsetzung der RFID-basierten Steuerung des Wertschöpfungsnetzes identifiziert. Grundlage

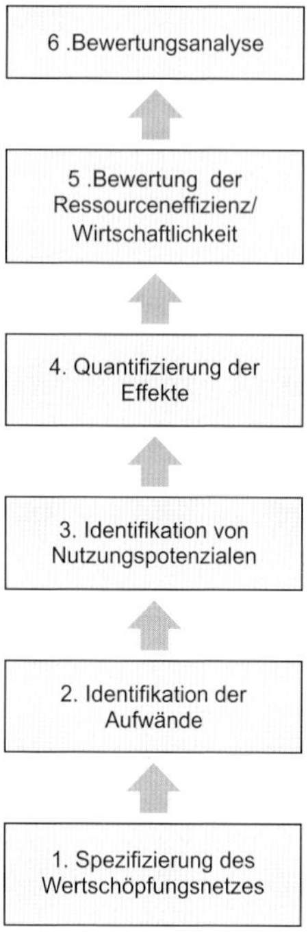

Abbildung 45 Ablauf der Bewertung

für die Identifikation von entstehenden Aufwänden bezüglich RFID-Hardware und ergänzender Software ist die Definition von Erfassungspunkten, d. h. die Fixierung der Stellen im Materialfluss, an denen Objekte erfasst werden sollen. Diese sind abhängig von den Informationen, die zur Erzeugung von Transparenz und zur effizienten Steuerung des Wertschöpfungsnetzes benötigt werden.

Die Identifikation der sich aus dem RFID-Einsatz ergebenden Nutzenpotenziale erfolgt im *dritten Schritt*. Im Rahmen eines Nutzenkatalogs [RAN-Konsortium 2013c] werden die möglichen Nutzen für jeden Prozessbaustein aufgeführt und in verschiedene Kategorien eingeteilt. Um eine zielgerichtete Auswahl der für den jeweiligen Anwendungsfall relevanten Nutzenpotenziale zu ermöglichen, werden unterschiedliche Kriterien vorgestellt, die einen Anwendungsfall bewertungsorientiert beschreiben.

Im Rahmen der Quantifizierung werden im *vierten Schritt* die identifizierten Nutzen und Aufwände in Zahlenwerte gefasst. Dies geschieht mithilfe der zur Verfügung stehenden Informationen zu den Nutzenpotenzialen und Aufwänden. Besondere Beachtung finden hierbei die Ableitung und Abschätzung der Auswirkungen möglicher Fehlerfolgen. Für die Quantifizierung der Ressourceneffekte werden Ansätze der Ökobilanzierung herangezogen.

Der *fünfte Schritt* umfasst die eigentliche Beurteilung der Wirtschaftlichkeit und der Ressourceneffizienz. Hierbei erfolgt eine Verrechnung der identifizierten und quantifizierten Nutzen und Aufwände entsprechend eines vorgegebenen Kalkulationsschemas, um die jeweilige Bewertungsgröße abzuleiten. Da die Ausprägungen der einzelnen Nutzenpotenziale und auch der Aufwände nicht eindeutig vorhergesagt werden können, werden bei der Bewertung auch unsichere Einflüsse berücksichtigt.

Um die kritischen Punkte für eine erfolgreiche Umsetzung des geplanten RFID-Projekts besser einschätzen zu können, erfolgt im *sechsten Schritt* eine Analyse der Bewertung. Hierbei wird insbesondere eine Betrachtung der Möglichkeiten einer Kombination von Einsparungen über unterschiedliche Prozessbausteine hinweg angestrebt. Weiterhin ist eine Analyse der kritischen Anzahl an Erfassungsobjekten von Interesse, ab der sich ein positives Ergebnis der Bewertung ergibt.

3.7.5 Anwendungsunterstützung bei der Bewertung

Zur Unterstützung der Anwendung der Bewertungsmethode wurde das Vorgehen in dem Bewertungstool €CO_2Calc [RAN-Konsortium 2013a]) implementiert. Wie in Abbildung 46 dargestellt, bietet das Tool die Möglichkeit, die individuellen Prozesse mit den vorgestellten Prozessbausteinen abzubilden. In den Prozessbausteinen findet eine Analyse statt, inwiefern sich der RFID-Einsatz auf den Zeit- und den Ressourceneinsatz in den einzelnen Prozessen auswirkt. Hierzu findet ein Soll-Ist-Vergleich der Abläufe im Prozess vor und nach der RFID-Implementierung statt.

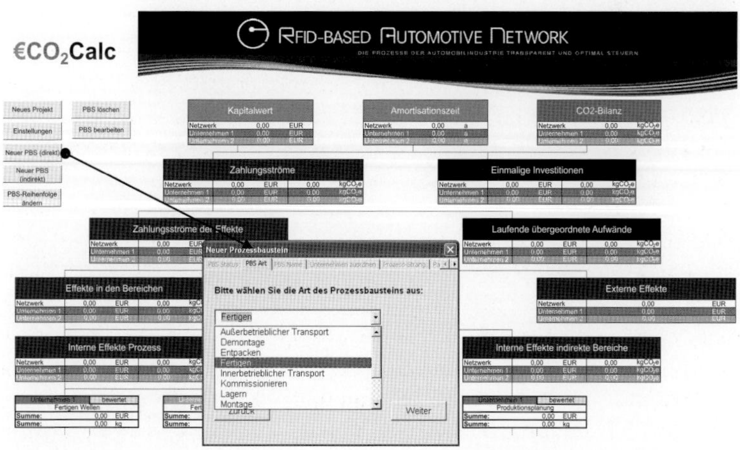

Abbildung 46 Kalkulationsstruktur und Prozessmodellierung in €CO_2Calc

Neben den positiven Effekten können in dem Bewertungstool auch Aufwände hinterlegt werden. Diese werden in der Verrechnungsstruktur (vgl. Abbildung 46) auf verschiedenen Ebenen entsprechend der Häufigkeit und dem Ort der Entstehung in die Kalkulation integriert. Die Ebenen unterscheiden zum einen, ob es sich um einmalige oder laufende Ausgaben handelt. Zum anderen wird unterschieden, ob die Aufwände direkt einzelnen Prozessen zugewiesen werden können oder übergeordnet anfallen.

Nach Eingabe der individuellen Parameter hinsichtlich des Betrachtungszeitraums, der kalkulatorischen Zinssätze und der Abschreibungsdauern kann die Bewertung für ein einzelnes Unternehmen sowie für die komplette Supply-Chain erfolgen. Als Ergebnis liefert das Tool neben den Wirtschaftlichkeitsgrößen Kapitalwert und Amortisationszeit auch eine CO_2-Bilanz. Zur Ermittlung dieser Bilanz sind dem Tool zur Unterstützung des Anwenders bereits CO_2-Äquivalente für charakteristische RFID-Komponenten und für relevante Ressourcen wie Treibstoffe, Kunststoffe und Papier hinterlegt.

Abschnitt 2

RAN IM DETAIL

4 Der RAN-Prozessbaukasten

Gunther Reinhart, Emin Genc,
Philipp Engelhardt

4.1 Einleitung

Dieses Kapitel stellt den RAN-Prozessbaukasten mit den entwickelten Prozessbausteinen dar. Das erfolgt im Wesentlichen über die ablaufbezogene Beschreibung der EPK, mittels derer die einzelnen Prozessbausteine modelliert wurden. Um die Abfolge des jeweils beschriebenen Prozesses einfacher verfolgen zu können, wird die parallele Lektüre des „RAN-Prozessbaukasten" empfohlen [RAN-Konsortium 2013d].

Dieses Kapitel vermittelt ein detailliertes Verständnis für die einzelnen RAN-Prozessbausteine und die wesentlichen Funktionen innerhalb des jeweiligen Prozesses zu erfassen. Es macht deutlich, an welchen Stellen innerhalb des Prozesses Ereignisdaten generiert bzw. verarbeitet werden und die RFID-Technologie zum Tragen kommt. Darüber hinaus liefert es eine methodische Vorgehensweise für die Integration von Ereignisdaten sowie produktspezifischen Informationen (z. B. Qualitätsdaten) in Systeme zur Auftragssteuerung. Ereignisdaten werden dabei über den in RAN entwickelten InfoBroker ausgetauscht. Produktspezifische Informationen können über den RFID-Transponder oder über konventionelle Netzwerke kommuniziert werden. Darüber hinaus werden die materialflussnahen Potenziale des in RAN entwickelten InfoBroker bzw. des RFID-Einsatzes aufgezeigt. Diese Potenziale lassen sich unmittelbar im Prozess, ohne Implementierung eines konkreten RAN-Steuerungsszenarios, heben. Bei der Entwicklung des Prozessbaukastens wurde ferner darauf geachtet, dass die in der VDA-Empfehlung 5510 (2011) definierte Track-and-Trace-Fähigkeit erhalten bleibt.

4.1.1 Modellierungsrichtlinien der Prozessbausteine

Folgende Richtlinien wurden bei der Modellierung der Prozessbausteine beachtet:

- Die Prozessbausteine sollen ein prozessuales Rahmenwerk darstellen, weshalb unternehmensspezifische Tätigkeiten nicht abgebildet werden.
- Die Prozessbausteine können in unternehmensspezifische Abläufe eingebettet werden.
- In den Prozessablauf wurden Fehlerregelkreise integriert.

- Die Ein- und Ausgangsdaten der jeweiligen Prozessbausteine können der jeweiligen EPK entnommen werden.
- In einem Prozessbaustein werden die Vorgänger- und Nachfolgerprozesse mittels Prozessschnittstellen beschrieben.

Eine EPK kann unterschiedlich ablaufen und wird entsprechend dargestellt:

- Eine Funktion wird von einem IT-System (z. B. ERP-System) unterstützt bzw. ausgeführt (Abbildung 47).

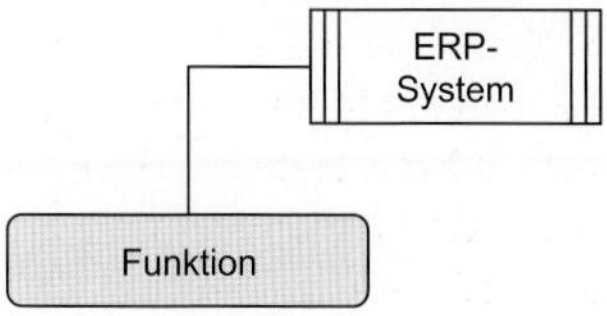

Abbildung 47 EPK, Darstellung 1

- Eine Funktion wird von einem IT-System (z. B. Middleware) unterstützt bzw. ausgeführt und erhält dabei Daten von einem anderen System (z. B. RFID-Transponder (Tag)) (Abbildung 48).

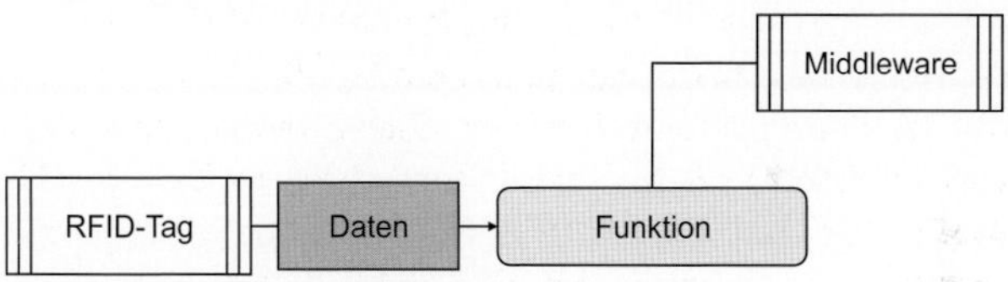

Abbildung 48 EPK, Darstellung 2

- Eine Funktion wird von einem System (z. B. ERP-System) unterstützt bzw. ausgeführt und liefert dabei Daten in ein anderes System (z. B. InfoBroker) (Abbildung 49).

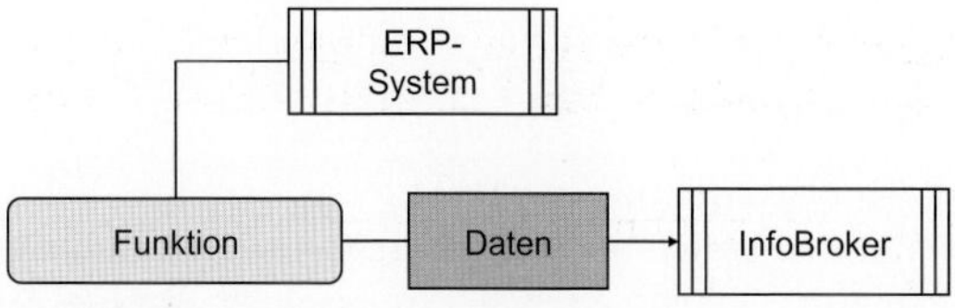

Abbildung 49 EPK, Darstellung 3

- Eine Funktion wird von einem System (z. B. ERP-System) unterstützt bzw. ausgeführt, erhält dabei Daten von einem anderen System (z. B. RFID-Transponder) und liefert Daten in ein weiteres System (z. B. Info-Broker) (vgl. Abbildung 50).

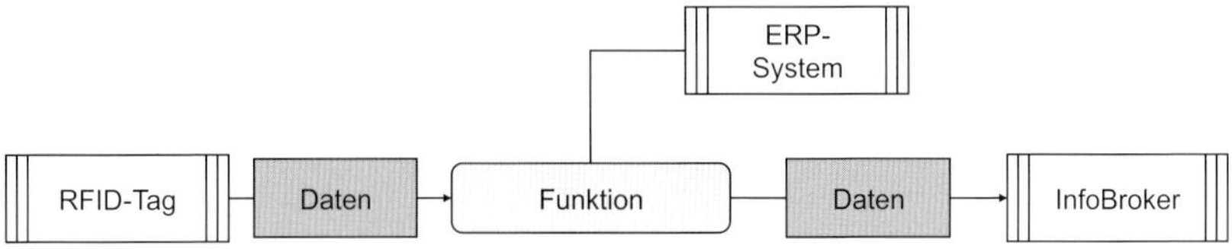

Abbildung 50 EPK, Darstellung 4

4.1.2 Relevante IT-Systeme in den Prozessmodellen

Als generische IT-Systeme werden in den Prozessbausteinen der *Tag* (RFID Transponder), die *Enterprise-IT-Systeme* (z. B. ERP-System) sowie das *IB-Repository* (z. B. EPCIS InfoBroker-Repository) definiert und verwendet.

Tag

Bei dem IT-System Tag handelt es sich um einen RFID-Transponder, der verschiedene Identifikationsdaten (z. B. Waren- bzw. Ladungsträger-ID) zur Verfügung stellen und mit zusätzlichen Informationen (z. B. produktspezifischer Bauteilstatus) beschrieben werden kann.

Enterprise-IT-Systeme

Bei Enterprise-IT-Systemen handelt es sich um jegliche Systeme, die in einem Unternehmen zur Ausführung eines bestimmten Ablaufes notwendig sind.

IB-Repository

EIn IB-Repository ist eine lokale Datenbank des im Projekt RAN entwickelten InfoBroker. In einer solchen Datenbank werden Ereignisinformationen in EPCIS-konformer Datenstruktur abgelegt; sie können überbetrieblich per InfoBroker ausgetauscht werden.

4.1.3 Voll- und Leergutprozesse

Bei der Entwicklung der Prozessmodelle wurde nicht zwischen Vollgut- und Leergutprozessen unterschieden. Die Prozesse wurden so gestaltet, dass allgemein die Begriffe „Objekt“ oder „Ladungsträger“ genutzt werden und die kausale Abfolge der Prozesse sowohl für Vollgut- als auch für

Leergutprozesse gilt bzw. anwendbar ist. Bei den Produktionsprozessen (Fertigung, Montage und Demontage) liegt der Fokus auf dem Produkt (hier: Objekt) und nicht auf dem Ladungsträger, womit ausschließlich Vollgutprozesse adressiert werden.

4.1.4 Nacharbeitsprozess

Alle Nacharbeitsprozesse lassen sich mittels des Fertigungs-, Montage- oder Demontageprozesses abbilden. Findet in einem Anwendungsfall eine Nacharbeit statt, so sollte auf die benannten Produktionsprozesse zurückgegriffen werden. Nacharbeitsprozesse wurden im Rahmen des Prozessbaukastens nicht als eigenständige Prozesse modelliert.

4.1.5 Prozessaggregationen

Der vorliegende Prozessbaukasten bündelt die Entwicklung von Prozessbausteinen, die als prozessuales Rahmenwerk zu verstehen sind und somit als sogenannte Elementarprozesse bezeichnet werden können. Diese elementaren Prozessbausteine können unternehmensspezifisch aggregiert werden. Für die Bezeichnung einer solchen Prozessaggregation macht der Prozessbaukasten keine Vorgabe. Im Folgenden sind beispielhaft zwei Prozessaggregationen aufgezeigt.

Abbildung 51 zeigt die Aggregation der Elementarprozesse RAN Vereinnahmung, RAN Innerbetrieblicher Transport und RAN Lagern zu einer Prozessaggregation „Wareneingang Tor X“, die beispielhaft die notwendigen Prozesse für einen unternehmensspezifischen Wareneingang an einem „Tor X“ eines beliebigen Unternehmens zusammenfasst.

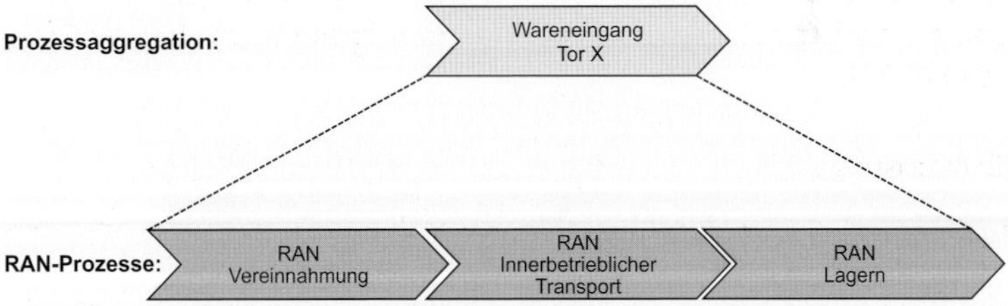

Abbildung 51 Beispielhafte Prozessaggregation Wareneingang

Abbildung 52 zeigt die Aggregation der Elementarprozesse RAN Fertigung, RAN Montage und RAN Qualitätssicherung (QS) zu einem Prozess „Produktion BG-Y“, der beispielhaft die notwendigen Produktionsprozesse für eine unternehmensspezifische Produktion einer Baugruppe „BG-Y“ eines beliebigen Unternehmens zusammenfasst.

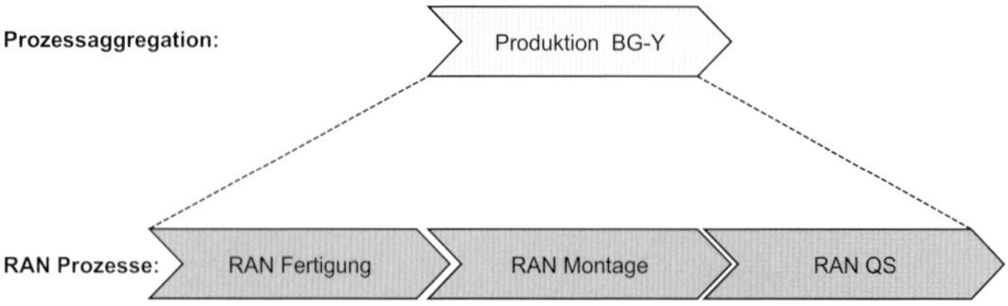

Abbildung 52 Beispielhafte Prozessaggregation Produktion

4.2 Erläuterung der Prozessbausteine

Im Folgenden werden die einzelnen in RAN entwickelten Prozessbausteine bzw. die jeweiligen EPK grundlegend vorgestellt und erläutert. Die Präsentation der Bausteine erfolgt dabei nach folgender Gliederung:

- Innerbetriebliche Logistikprozesse
- Außerbetriebliche Logistikprozesse
- Produktions- und Qualitätsprozesse

Um die Abfolge des jeweils beschriebenen Prozesses verfolgen zu können, wird die parallele Lektüre der Prozessmodelle empfohlen, die auf der Projekthomepage (Ablage der RAN Leitfäden) heruntergeladen werden können [RAN-Konsortium 2013d].

4.2.1 Innerbetriebliche Logistikprozesse

4.2.1.1 RAN Vereinnahmung

Dieser Prozessbaustein beschreibt den prozessualen Ablauf bei der Vereinnahmung von angelieferten Waren im Unternehmen. Der Baustein kann sowohl auf Waren ohne Ladungsträger als auch auf Waren, welche sich auf oder in Ladungsträgern befinden, angewendet werden.

Im Folgenden werden die einzelnen Prozessschritte erläutert.

- *Identifikation des Frachtträgers*

Der Frachtträger wird über die Frachtträger-ID als eindeutigen Kennzeichner identifiziert.

Über die Frachtträger-ID und die Sendungsbezugsnummer können die für den Empfänger bestimmten Transportaufträge identifiziert werden. Das „Sendungsempfangs-Event" wird generiert.

Die zur Entladung identifizierte Sendung lässt sich in die zu entnehmenden Waren bzw. Ladungsträger disaggregieren, vorausgesetzt ein Lieferavis steht zur Verfügung oder ein entsprechendes Aggregations-Event beim Verladevorgang wurde durch den Versender im InfoBroker abgelegt. Aus dieser Information wird die Entladeliste der an diesem Ort zu entladenden Waren bzw. Ladungsträger generiert. Die Entladeliste ist vor allem bei Teilentladungen wichtig. Bei kompletter Entladung des Frachtträgers kann diese Information entfallen.

Die nach der Identifikation des Frachtträgers durchzuführende Zuweisung des Frachtträgers zu einer Entladestelle (Rampe, Lagerfläche etc.) ist im Prozessbaustein nicht modelliert.

- *Entladung und Erfassung der Waren bzw. Ladungsträger*

Die Waren bzw. Ladungsträger werden einzeln entladen. Während der Entladung findet eine RFID-basierte Erfassung des jeweiligen Objekts (z. B. einzelnes Packstück mit identifizierbarem Ladungsträger) bzw. der jeweiligen Objekte (z. B. Ladungsträger mit getaggten Waren oder Unterladungsträgern) über die installierten Lesegeräte und angeschlossene Middleware statt. Zur Identifikation wird die auf dem Tag gespeicherte Ladungsträger- bzw. Waren-ID genutzt. Die Erfassung des jeweiligen Objekts wird als Ereignisinformation mit Zeitstempel und Ortsangabe im InfoBroker-Repository abgelegt.

Die erfassten Objekte werden mit den Soll-Lieferdaten abgeglichen. Die Soll-Lieferdaten sind entweder durch das erhaltene Lieferavis oder alternativ über die durch den InfoBroker bereitgestellten Verladedaten des Versenders repräsentiert. Der Abgleich des Objekts mit den Lieferdaten kann ggf. auch die Disaggregation des identifizierten Objekts (z. B. getaggte Palette mit Kleinladungsträgern (KLT)) erfordern. Dazu werden die zu dem Objekt im InfoBroker-Repository hinterlegten Daten des zugehörigen Aggregationsereignisses, das z. B. im Zuge eines Verpackungsprozesses oder einer Verladung generiert wurde, referenziert.

Falls ein erfasstes Objekt nicht mit den Soll-Lieferdaten übereinstimmt (z. B. Falschlieferung), setzt ein im Prozessbaustein nicht weiter modellierter unternehmensspezifischer Prozess zur Fehlerbehandlung ein.

Die Prozessschritte der Entladung eines einzelnen Objekts, der Waren- bzw. Ladungsträgererfassung und des Abgleichs mit den Soll-Lieferdaten werden wiederholt bis alle zu entladenden Objekte aus dem bzw. vom Frachtträger entnommen und erfasst wurden.

- *Prüfung Sendungsvollständigkeit und Wareneingangsbuchung*

Die Sendungsvollständigkeit wird geprüft und der Wareneingang verbucht. Etwaige festgestellte Abweichungen von den Soll-Lieferdaten werden bei der Verbuchung berücksichtigt. Bei unvollständigen Sendungen (z. B. falsche Anzahl Packstücke) setzt ein unternehmensspezifischer Prozess zur Fehlerbehandlung ein, der im Prozessbaustein Vereinnahmung nicht weiter modelliert ist.

- *Prüfung auf Transportschäden*

Neben der Erfassung und Verbuchung der Warenzugänge wird eine Sichtung auf Transportschäden durchgeführt. Die Modellierung lässt offen, ob diese Prüfung bereits während des Entladevorgangs (z. B. reine Sichtprüfung) oder als Eingangskontrolle auf der Entladefläche durchgeführt wird. Beschädigte Packstücke werden identifiziert und der jeweilige Materialstatus wird im Enterprise-IT-System, im InfoBroker und bzw. oder auf dem Tag auf „gesperrt“ gesetzt. Es schließt sich ein unternehmensspezifischer Prozess zur Fehlerbehandlung ein. Als Ergebnis dieser Fehlerbehandlung kann das Material wieder zu Verwendung freigegeben werden. Änderungen des Materialstatus werden im Enterprise-IT-System, im InfoBroker und bzw. oder auf dem Tag aktualisiert.

- *Qualitätssicherung*

Für jeden gebuchten Materialzugang ist weiterhin zu prüfen, ob eine Qualitätssicherung erforderlich ist. Entsprechende Vorgänge hierzu (z. B. Anlegen von Transportaufträgen für die Prüfmenge) sowie die Qualitätssicherung selbst sind im Prozessbaustein Vereinnahmung nicht weiter modelliert.

- *Erstellung Transportauftrag*

Ein Transportauftrag wird ggf. für den Weitertransport oder die Einlagerung der auf einer Entladefläche im Wareneingang abgestellten Objekte angelegt.

Folgende materialflussnahe Potenziale lassen sich duch den Prozessbaustein Vereinnahmung realisieren:

Materialflussnahe RFID-Potenziale

- Entfall manueller Scan- und Prüfvorgänge zur Identifizierung der Ladungsträger.
- Eliminierung papierbasierter Prüf- und Dokumentationsaufgaben.
- Vereinfachte Kommunikation von Änderungen im Materialstatus als Folge der Prüfung auf Transportschäden und der Qualitätskontrolle direkt am Produkt bzw. Ladungsträger.

Materialflussnahe InfoBroker-Potenziale

- Automatischer Abgleich der Lieferavis, Lieferscheindaten und Versanddaten des Verladers mit der tatsächlich gelieferten Ware.
- Kommunikation der Warenzugänge an nachgelagerte Prozesse und Steuerungssysteme der Wertschöpfungskette über InfoBroker.

- Kommunikation von Änderungen im Materialstatus als Folge der Prüfung auf Transportschäden und der Qualitätskontrolle.
- Kommunikation des Sendungseingangs an Logistikdienstleister und Lieferanten.

4.2.1.2 RAN Innerbetrieblicher Transport

Dieser Prozessbaustein beschreibt den Ablauf des innerbetrieblichen Transports. Die Prozessbestandteile Einlagern und Auslagern werden im RAN Innerbetrieblicher Transport mit abgebildet. Es wird von zwei möglichen Startereignissen ausgegangen: Ein spezifischer Transportauftrag liegt vor und die dazugehörige Ware wird aufgenommen und transportiert oder die Ware steht zur Abholung bereit, wird vom Transportmittel aufgenommen und einem Transportauftrag zugeordnet. In beiden Fällen findet eine RFID-gestützte Erfassung der Ware und eine automatische Zuordnung bzw. Überprüfung von Ware und Transportauftrag statt. Nach dem Transport wird eine Umbuchung der Ware bzw. Ladungsträger durchgeführt.

Im Folgenden werden die einzelnen Prozessschritte erläutert.

- *Transportauftrag übernehmen*

Diese Vorgehensweise ist eine von zwei möglichen, gleichwertigen Varianten des RAN Innerbetrieblichen Transports. Die zweite Variante wird im Anschluss an diesen Prozessbaustein dargestellt.

Der in einem vorgelagerten Prozess erzeugte und in das Enterprise-IT-System abgelegte Transportauftrag wird von einem Transportmittel übernommen.

Aufbauend auf den im Transportauftrag enthaltenen Daten bewegt sich das Transportmittel zum aktuellen Standort des zu transportierenden Objekts.

- *Identifikation des zu transportierenden Objekts*

Die zu transportierenden Objekte werden über einen eindeutigen Kennzeichner, die Ladungsträger- bzw. Waren-ID (z. B. Ladungsträgernummer) identifiziert. Dies findet z. B. durch die am Transportmittel installierten Lesegeräte statt, welche die entsprechenden Ereignisdaten an die Middleware übermitteln.

Die erfassten Objekte werden mit dem Transportauftrag abgeglichen. Die hierzu notwendigen Daten aus dem Transportauftrag werden durch das Enterprise-IT-System zur Verfügung gestellt und mit den Daten des zu transportierenden Objekts aus der Middleware abgeglichen.

Falls ein erfasstes Objekt nicht mit den Transportauftragsdaten übereinstimmt (z. B. falscher Standort), setzt ein unternehmensspezifischer Prozess zur Fehlerbehandlung ein, der im Prozessbaustein nicht weiter modelliert ist.

- *Ladungsträger bzw. Ware steht bereit*

Dies ist die zweite mögliche Variante zum Beginn eines RAN Innerbetrieblichen Transports.

Das zu transportierende Objekt steht bereit und wartet auf den Weitertransport. Ein expliziter Transportauftrag ist in diesem Fall nicht nötig, da der Werker einen dauerhaften Arbeitsauftrag besitzt, der besagt, dass er die bereitgestellten Objekte transportieren soll.

- *Identifikation des zu transportierenden Objekts*

Die zu transportierenden Objekte werden über einen eindeutigen Kennzeichner, die Ladungsträger- bzw. Waren-ID, identifiziert. Dies findet durch die am Transportmittel installierten Lesegeräte statt, welche ihre Informationen an die Middleware übermitteln.

Zu den erfassten Objekten, deren Daten in der Middleware zwischengespeichert wurden, wird ein Transportauftrag aus dem Enterprise-IT-System abgerufen.

Der Transportauftrag wird anschließend automatisch oder manuell durch den Werker bestätigt. Ferner wird diese Information an das Enterprise-IT-System übermittelt.

- *Objekt auslagern*

Beim Auslagervorgang wird der Lagerort, an dem sich das zu transportierende Objekt befindet, automatisch identifiziert. Diese Identifizierung findet über am Transportmittel installierte Hardwarekomponenten statt (z. B. RFID-Reader).

Zur erfassten Ladungsträger- bzw. Waren-ID wird ein Auslager-Event über die Middleware erzeugt. Dieses Auslager-Event ist beispielsweise netzwerkrelevant, wenn es sich um Materialentnahmen aus einem Konsignationslager oder einem Supermarkt mit verbrauchsgesteuerter Nachversorgung handelt. Die Verbuchung der Auslagerung findet über das lokale Enterprise IT- bzw. Lagerverwaltungssystem statt.

- *Transport*

Das zu transportierende Objekt wird vom bisherigen Lagerort zu einem neuen Lagerort verfahren.

- *Objekt einlagern*

Bevor der neue Lagerort des Objekts im Enterprise-IT-System abschließend verbucht wird, erfolgt ein Abgleich zwischen der Ist-Position und der im Transportauftrag genannten Soll-Position.

Der neue Lagerort wird hierzu automatisch identifiziert. Diese Identifizierung findet über am Transportmittel installierte Hardwarekomponenten statt (z. B. RFID-Reader).

Falls der erfasste Lagerort nicht mit den Transportauftragsdaten übereinstimmt, setzt ein im Prozessbaustein nicht weiter modellierter unternehmensspezifischer Prozess zur Fehlerbehandlung ein.

Die Verbuchung der Einlagerung im Enterprise-IT-System und im InfoBroker findet im Anschluss an die korrekte physische Einlagerung statt. Hierzu werden die Ladungsträger- bzw. Waren-ID und die Lagerplatz-ID benötigt. Bei der Generierung des Einlager-Events gilt es, je nach Anwendungsfall das Event zu spezifizieren.

Folgende materialflussnahe Potenziale lassen sich duch den Prozessbaustein Innerbetrieblicher Transport realisieren:

Materialflussnahe RFID-Potenziale

- Verwechslungssichere Zuordnung von Transportgut und Transportauftrag.
- Automatische Erfassung des Transportguts und somit Wegfall einer manuellen Überprüfung bzw. von Scanvorgängen.

Materialflussnahe InfoBroker-Potenziale

- Automatische Zuordnung des Transportguts zum neuen Lagerort.
- Übermittlung von Verbrauchsinformationen (z. B. Materialentnahme aus Konsignationslager oder Supermarkt) an Lieferanten.

4.2.1.3 RAN Verpacken

Der Prozessbaustein RAN Verpacken beinhaltet das Zusammenführen und die buchungstechnische Zusammenfassung von Ladungsträger und Material bzw. Ladungsträger und Unterladungsträgern zu einem Packstück bzw. einer Transporteinheit. Die Erfassung von Ladungsträgern bzw. Waren erfolgt RFID-gestützt. Die systemische Zusammenführung erfolgt automatisch. Anschließend wird der Ladungsträger wieder eingelagert oder weitertransportiert.

Im Folgenden werden die einzelnen Prozessschritte erläutert.

- *Identifikation des Ladungsträgers*

Mittels Unterstützung durch Enterprise-IT-Systeme oder Middleware werden die Ladungsträger-ID bzw. Waren-ID erfasst.

- *Zusammenführung von Ware und Ladungsträger*

Mit dem unmittelbaren Zusammenstellen von Ladungsträger und Waren bzw. Ladungsträger und Unterladungsträgern (physische Verknüpfung) muss auch die IT-seitige Verknüpfung erfolgen. Über die Prozessschleife können mehrere Objekte der Verpackungseinheit hinzugefügt werden. Es wird ein Pack-Event generiert. Die Identifikationsnummern der zusammengefügten Unterladungsträger oder Waren werden jeweils bis zu dem Zeitpunkt identifiziert, an dem die Verpackungseinheit vollständig hergestellt ist. Die Verbuchung bzw. Verknüpfung erfolgt sowohl innerhalb des Enterprise-IT-Systems als auch über ein entsprechendes Verpackungs-Event, das im InfoBroker-Repository abgelegt wird und netzwerkrelevant ist.

- *Warenbegleitpapiere und Transportauftrag*

Mittels Enterprise-IT-System werden die gesetzlich erforderlichen Warenbegleitpapiere erzeugt und an die Ware oder den Ladungsträger angebracht. In einem weiteren Schritt werden die verpackten Waren verladen.

Folgende materialflussnahe Potenziale lassen sich duch den Prozessbaustein realisieren:

Materialflussnahe RFID-Potenziale

- Überprüfung und Sicherstellung des korrekten Verpackungsprozesses (richtiger Typ und korrekte Menge).
- Vereinfachte Verbuchung der Wareneingänge in Folgeprozessen durch Referenzieren der exakten Packstückinhalte (Vollgut und Leergut) über ID des zusammengefassten Packstücks bzw. der Transporteinheit.

Materialflussnahe InfoBroker-Potenziale

- Bereitstellung von Packstückdaten bzw. Transporteinheitdaten für Folgeprozesse.
- Vereinfachte Verbuchung der Wareneingänge in Folgeprozessen durch Referenzieren der exakten Packstückinhalte (Vollgut und Leergut) über ID des zusammengefassten Packstücks bzw. der Transporteinheit.

4.2.1.4 RAN Verladen

Dieser Prozessbaustein beschreibt den prozessualen Ablauf bei der Verladung von Waren am Warenausgang. Der Baustein kann sowohl auf Ware ohne Ladungsträger angewendet werden, als auch auf Ware, welche sich auf oder in Ladungsträgern befindet. Der Baustein endet mit einem externen Transport.

Im Folgenden werden die einzelnen Prozessschritte erläutert.

- *Identifikation des Frachtträgers*

Der Frachtträger wird über die Frachtträger-ID als eindeutigen Kennzeichner identifiziert.

- *Referenzierung des Frachtauftrags*

Über die Frachtträger-ID können im Enterprise-IT-System die für die Abholung bestimmten Frachtaufträge über ihre Transportnummer (z. B. Sendungsbezugsnummer) referenziert werden.

- *Überprüfung des richtigen Verladeortes*

Über die Frachtträger-ID sowie den Verladeort, an dem sich der Frachtträger befindet, und die so genannte Boderonummer erfolgt ein Abgleich, ob sich der Frachtträger am korrekten Verladeort befindet.

Identifikation der zu verladenen Ware bzw. Ladungsträger

Während der Verladung findet eine RFID-basierte Erfassung des jeweiligen Objekts (z. B. einzelnes Packstück mit identifizierbarem Ladungsträger) bzw. der jeweiligen Objekte (z. B. Ladungsträger mit getaggten Waren oder Unterladungsträgern) über die installierten Lesegeräte und angeschlossene Middleware statt. Zur Identifikation wird die auf dem Tag gespeicherte Ladungsträger- bzw. Waren-ID genutzt.

- *Abgleich der bereitgestellten Waren bzw. Ladungsträger*

Auf Basis der erfassten Ladungsträger- bzw. Waren-ID erfolgt ein Abgleich mit den zu verladenden Ladungsträgern bzw. Waren auf der Verladeliste.

Falls die erfassten Ladungsträger bzw. Waren nicht mit der Verladeliste übereinstimmen (z. B. falsches Objekt aufgenommen) setzt ein unternehmensspezifischer Prozess zur Fehlerbehandlung ein, der im Prozessbaustein nicht weiter modelliert ist.

- *Verladung der Ware bzw. der Ladungsträger auf den Frachtträger*

Die Waren bzw. Ladungsträger werden auf den Frachtträger verladen.

- *Verbuchung der Verladung*

Auf Basis der Ladungsträger- bzw. Waren-ID und der Frachtträgerdaten erfolgt die Verbuchung der Verladung im Enterprise-IT-System. Gleichzeitig wird hierfür ein Verlade-Event generiert und in den InfoBroker übertragen.

- *Vollständigkeitsüberprüfung*

Es wird überprüft, ob alle zu verladenen Waren bzw. Ladungsträger auf den Frachtträger verladen wurden.

• *Verknüpfung der Ware bzw. Ladungsträger mit dem Frachtträger*

Auf Basis der Ladungsträger- bzw. Waren-ID, der Frachtträgerdaten, der Ladungsträger- bzw. Waren-Daten und des Borderos erfolgt im Enterprise-IT-System eine Verknüpfung der verladenen Ware bzw. Ladungsträger mit dem Frachtträger.

• *Erstellung der Begleitdokumente des Frachtträgers*

Auf Basis der Ladungsträger- bzw. Waren-ID, der Frachtträgerdaten, der Ladungsträger- bzw. Waren-Daten und des Borderos erfolgt im Enterprise-IT-System die Erstellung aller notwendigen Begleitpapiere.

Folgende materialflussnahe Potenziale lassen sich duch den Prozessbaustein realisieren:

Materialflussnahe RFID-Potenziale

- Überprüfung und Sicherstellung des korrekten Verladungsprozesses (richtiger Typ und korrekte Menge).
- Automatische Erfassung der Ladungsträger bzw. Waren und somit Wegfall einer manuellen Überprüfung bzw. von Scanvorgängen.

Materialflussnahe InfoBroker-Potenziale

- Gesteigerte Transparenz durch ein Verlade-Event, der die vollständige Verladung der zu verladenen Waren bzw. Ladungsträger auf dem Frachtträger bekannt gibt.

4.2.1.5 RAN Kommissionierung

Der Prozessbaustein Kommissionierung bildet die auftragsbezogene physische Zusammenführung von Waren oder Packstücken an einem Ort ab. Kern des Kommissionierungsprozesses ist die RFID-gestützte Überprüfung der korrekten Zusammenstellung des Kommissionierungsauftrags. Im Vergleich zu dem Verpackungsprozess weist der Kommissionierungsprozess einen Auftragsbezug auf. Im Verpackungsprozess werden Ladungsträger (Leergut), Unterladungsträger (befüllt oder leer) sowie Waren beliebig zu einem neuen Gebilde zusammengebracht, während es beim Kommissionieren eine genaue Auftragsvorgabe gibt, welche konkreten Objekte zu kommissionieren sind.

Im Folgenden werden die einzelnen Prozessschritte erläutert.

• *Auflösen des Kommissionierungsauftrags in Transportaufträge*

Der Kommissionierungsauftrag wird in entsprechende Transportaufträge aufgelöst, um den physischen Transport des zu kommissionierenden Objekts zum Kommissionierungsort zu starten. Über die Steuerungsanweisungen der Transportaufträge wird sowohl das Kommissionierungsprinzip „Ware-zum-Mann“ als auch „Mann-zur-Ware“ abgebildet. Die Ausführung der innerbetrieblichen Transporte ist im Prozessbaustein Innerbetrieblicher Transport beschrieben. Der innerbetriebliche Transport endet mit der Bereitstellung der Waren und Ladungsträger am Kommissionierungsort.

- *Erfassen kommissionierter Objekte und Vorgabenabgleich*

Am Kommissionierungsort findet eine RFID-basierte Erfassung des jeweiligen Objekts statt. Das identifizierte Objekt wird mit den Angaben des Kommissionierungsauftrags abgeglichen.

Bei fehlerhaftem Abgleich erfolgen die unternehmensspezifisch notwendigen Schritte zur Fehlerbehandlung (z. B. Rückweisung des Objekts).

- *Vollständigkeitsüberprüfung*

Es wird überprüft, ob alle zu kommissionierenden Waren bzw. Ladungsträger kommissioniert wurden.

- *Aggregation zu einer neuen Ladungseinheit (optional)*

Werden die kommissionierten Waren bzw. Ladungseinheiten zu einem neuen aggregierten Objekt zusammengefasst, erfolgt abschließend eine Aggregation der kommissionierten Objekte auf den Ladungsträger (z. B. Palette) und ein Verpackungs-Event wird erzeugt.

Folgende materialflussnahe Potenziale lassen sich duch den Prozessbaustein Kommissionierung realisieren:

Materialflussnahe RFID-Potenziale

- Automatische Erfassung und Identifizierung von kommissionierten Objekten und Überprüfung des Kommissionierungsauftrags auf korrekte und vollständige Bearbeitung.
- Eliminierung zahlreicher manueller Scan-, Prüf- und Dokumentationsvorgänge bei Kommissionierungsprozessen.
- Hohe Prozesssicherheit auch bei Aufträgen mit zahlreichen Kommissionierungspositionen.

Materialflussnahe InfoBroker-Potenziale

- Aggregationen von Waren und Ladungsträgern, die im Zuge der Kommissionierung gebildet werden, können vor- oder nachgelagerten Materialflussprozessen oder steuernden Prozessen ersichtlich gemacht werden.

4.2.1.6 RAN Entpacken

Der Prozessbaustein RAN Entpacken beschreibt die Entnahme einzelner oder aller Objekte aus einer zusammengesetzten Ladungseinheit (z. B. Entnahme eines KLT von einer Palette).

Das entnommene Objekt wird bei der Entnahme erfasst. Die veränderte Zusammensetzung der Ladungseinheit wird über ein entsprechendes Vereinzelungs-Event aktualisiert, das im InfoBroker-Repository des Prozesseigners abgelegt wird.

Der Prozess endet mit der Bereitstellung der entnommenen Objekte, der Bereitstellung der verbleibenden zusammengesetzten Ladungseinheit und bzw. oder der Bereitstellung von möglicherweise entstandenem Leergut.

Im Folgenden werden die einzelnen Prozessschritte erläutert.

- *Identifizierung der zusammengesetzten Ladungseinheit*

Die zusammengesetzte Ladungseinheit wird, ggf. über die auf ihrem Transponder gespeicherte Information, identifiziert.

- *Entnahme eines oder mehrerer Objekte*

Einzelne Objekte werden aus der Ladungseinheit entnommen. Bei der Entnahme werden die Objekte erfasst und identifiziert. Es wird ein Vereinzelungs-Event im InfoBroker-Repository abgelegt, das kennzeichnet, welche Objekte aus der zusammengesetzten Ladungseinheit entnommen wurden. Es wird überprüft, ob das entnommene Objekt im zugehörigen Verpackungs-Event der zusammengesetzten Ladungseinheit enthalten ist.

- *Entnahme von nicht serialisiertem Material*

Alternativ zur Entnahme identifizierbarer Objekte kann nicht-serialisiertes, also nicht mit RFID-Transpondern oder anderen Identifizierungssystemen ausgestattetes Material, aus oder von einem Ladungsträger entnommen werden.

- *Vollständigkeitsüberprüfung*

Es wird überprüft, ob alle zu entnehmenden Waren bzw. Ladungsträger entnommen wurden. Falls mehrere Objekte in jeweils einzelnen Entnahmevorgängen gemäß der Auftragsinformationen (z. B. Transportauftrag) entnommen werden sollen, werden die obigen Schritte wiederholt.

- *Überprüfung vollständige Entleerung der Trägereinheit (Leergutentstehung)*

Wird ein Ladungsträger vollständig entleert (Entstehung von Leergut), kann ein entsprechender Objekt-Status mit dem Verpackungs-Event zur Disaggregation gesetzt werden.

- *Bereitstellung der Ladungsträger/Waren/Leergut*

Es werden die entnommenen Objekte, die verbleibende zusammengesetzte Ladungseinheit und bzw. oder entstandenes Leergut für nachfolgende Prozesse bereitgestellt.

Folgende materialflussnahe Potenziale lassen sich duch den Prozessbaustein Entpacken realisieren:

Materialflussnahe RFID-Potenziale

- Eliminierung manueller Scan-, Prüf- und Dokumentationsvorgänge bei Entnahmeprozessen.
- Hohe Prozesssicherheit auch bei Aufträgen mit zahlreichen Entnahmepositionen.

Materialflussnahe InfoBroker-Potenziale

- Die im Zuge der Entnahme von Objekten aufgelösten Aggregationen von Waren und Ladungsträger können vor- oder nachgelagerten bzw. steuernden Prozessen ersichtlich gemacht werden.

4.2.1.7 RAN Lagern

Dieser Prozessbaustein dient zur Modellierung einer Prozesskette auf der Ebene eines Wertschöpfungskettenmodells. Er kann als „Platzhalter" genutzt werden, um den logischen und zeitlichen Fluss in der Prozesskette aufrechtzuerhalten. Der Baustein ist ebenfalls als EPK modelliert.

Aus dem Prozess Lagern heraus werden keine Ereignisinformationen generiert, jedoch kann es in bestimmten Szenarios sinnvoll sein, das Event „Materialstatus setzen" innerhalb des Lagerns zu erzeugen, falls sich der Materialstatus beim Lagern verändert (Material ist bspw. schadhaft). Aus diesem Grund wurde dieses Event optional dem Prozess RAN Lagern zugeordnet.

4.2.2 Außerbetriebliche Logistikprozesse

4.2.2.1 RAN Außerbetrieblicher Transport

Dieser Prozessbaustein beschreibt den Ablauf des außerbetrieblichen Transports.

Im Folgenden werden die einzelnen Prozessschritte erläutert.

- *Frachtträgerbegleitdokumente übernehmen*

Lieferschein und Frachtbrief werden als gesetzlich erforderlicher Papierausdruck vom Transporteur übernommen und während des Transports mitgeführt. Langfristig wäre hierfür auch der Einsatz des RFID-Transponders denkbar.

• *Frachtträger-ETA berechnen*

Zu Transportbeginn kann der erwartete Ankunftszeitpunkt ETA berechnet werden, damit dieser ggf. mit der GateOut-Meldung übermittelt werden kann.

• *Frachtträger-GateOut-Meldung erzeugen*

Das Frachtträger-GateOut-Event dient dazu, Informationen über den Transport zu kommunizieren. Dafür wird ein Event erzeugt, welches bei dem Netzwerkpartner, zu dem der Transport durchgeführt wird, als Abgleich genutzt werden kann. Darüber hinaus beschreibt die Meldung den Standort der Fracht. Ab dem Moment der Meldung ist der Transporteur verantwortlich für die Ware, sodass die Meldung auch als Zeitstempel dienen kann.

• *Transport zum Zielort durchführen*

Diese Funktion beschreibt den Transport zum Zielort.

• *Prüfung des Erfordernisses einer Positionsüberwachung*

Diese Funktion überprüft, ob während der Fahrt eine Positionsüberwachung erforderlich ist.

• *Überwachungsdaten ermitteln*

Die für eine Positionsüberwachung erforderlichen Daten sind vorab zu definieren.

• *Überwachungsdaten regelmäßig senden*

Die Überwachungsdaten werden in dieser Funktion durch Transit-Events in das IB-Repository übertragen.

• *Abgleich Zielort mit Transportauftrag*

Wenn der Transport durchgeführt wurde, wird in dieser Funktion der Zielort mit dem Zielort im Transportauftrag abgeglichen, um sicherzustellen, dass die Fracht nicht falsch ausgeliefert wurde.

• *Frachtträger-GateIn-Meldung erzeugen*

Das Frachtträger-GateIn-Event dient dazu, Informationen über den Transport zu kommunizieren. Dafür wird ein Event erzeugt, dass der Transport durchgeführt wird und die Fracht somit am Zielort vorliegt. Ab dem Moment der Meldung bzw. dem späteren Wareneingang ist der Netzwerkpartner des Zielorts verantwortlich für die Ware. Außerdem kann die Meldung als Zeitstempel dienen, um bspw. die Liefertreue zu prüfen.

• *Frachtträger zum Entladeort fahren*

Abschließend wird der Frachtträger zum Entladeort gefahren, wo der spätere Wareneingang durchgeführt wird.

Folgende materialflussnahe Potenziale lassen sich duch den Prozessbaustein Außerbetrieblicher Transport realisieren:

Materialflussnahe RFID-Potenziale

- Eliminierung manueller Scan-, Prüf- und Dokumentationsvorgänge bei außerbetrieblichen Transportprozessen.
- Automatische Meldung aktualisierter ETAs bei Identifikation von Abweichungen, wodurch Umplanungen frühzeitig ermöglicht werden.

Materialflussnahe InfoBroker-Potenziale

- Automatische Zuordnung des Transportguts zum neuen Produktionsstandort.
- Automatischer Zeitstempel.

4.2.3 Produktions- und Qualitätsprozesse

4.2.3.1 RAN Fertigung

Der Prozessbaustein Fertigung beschreibt den wertschöpfenden Fertigungsprozess eines Objekts. Als Fertigung eines Objekts werden hierbei alle Wertschöpfungsprozesse verstanden, in die ein spezifisches Objekt eintritt und die es nach der Wertschöpfung wieder verlässt. Die in Abbildung 53 dargestellte Bedingung wird von wertschöpfenden Prozessen der Fertigung erfüllt.

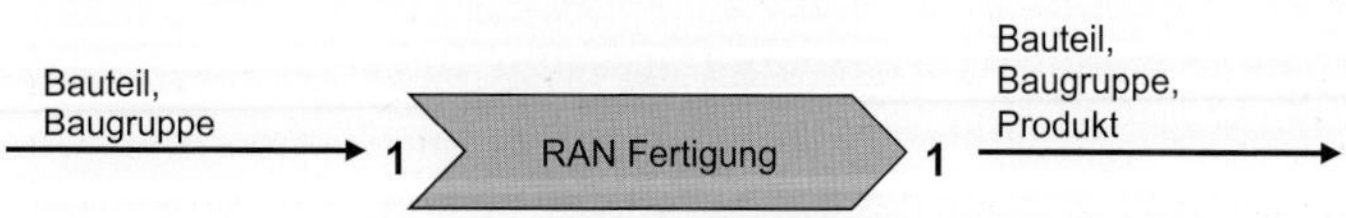

Abbildung 53 Bedingung RAN Fertigung

Angelehnt an DIN 8580 können alle urformenden, umformenden, beschichtenden und Stoffeigenschaften ändernden Verfahren der Fertigung zu dem Prozessbaustein Fertigung gezählt werden. Von den trennenden Fertigungsverfahren werden diejenigen zum Prozessbaustein Fertigung gezählt, die die oben aufgezeigte Bedingung erfüllen, wie z. B.

spanende Fertigungsverfahren. Fügende Fertigungsverfahren zählen zum Prozessbaustein Montage, der im nächsten Abschnitt beschrieben wird.

Das zu fertigende Objekt wird mit dem Fertigungsauftrag abgeglichen und nach Prüfung des Materialstatus beginnt die eigentliche Fertigung des Objekts. Fertigungsbeginn und Fertigungsende werden als Events im IB-Repository abgelegt. Der Prozess endet nach der Prüfung und Durchführung einer etwaigen Qualitätssicherung mit der Bereitstellung für einen innerbetrieblichen Transport.

Im Folgenden werden die einzelnen Prozessschritte erläutert.

- *Identifizierung des Objekts und Referenzierung mit Fertigungsauftrag*

Liegt ein übernommener Fertigungsauftrag vor, wird das zu fertigende Objekt an der entsprechenden Ressource bereitgestellt, mittels RFID identifiziert und mit dem vorliegenden Fertigungsauftrag referenziert. Es folgt eine Prüfung, ob das laut Fertigungsauftrag korrekte Objekt vorliegt.

Alternative:
Steht ein Objekt zur Fertigung bereit, wird dieses mittels RFID identifiziert und mit dem entsprechenden Fertigungsauftrag referenziert. Der Fertigungsauftrag wird übernommen.

- *Prüfung des Materialstatus (MAT-Status)*

Der MAT-Status des zu fertigenden Objekts wird vom RFID-Tag am Objekt, aus einem unternehmensspezifischen IT-System oder aus dem IB-Repository bereitgestellt.

Ist das zu fertigende Objekt gesperrt, folgt eine unternehmensspezifische Fehlerbehandlung.

Ist das Material zur Fertigung freigegeben, kann der eigentliche Fertigungsprozess starten.

- *Fertigung des Objekts*

Mit Fertigungsbeginn werden der Auftragsstatus und der Ressourcenstatus gesetzt. Das Produktionsstart-Event wird im IB-Repository abgelegt.

Zur eigentlichen Fertigung des Objekts werden produkt- und prozessspezifische Informationen (z. B. Qualitätsinformationen) über Enterprise-IT-Systeme zur Verfügung gestellt. Produktspezifische Informationen können auch vom RFID-Tag am Objekt bereitgestellt werden.

Nach Beendigung des Fertigungsprozesses werden der Auftragsstatus und der Ressourcenstatus gesetzt. Die Events Produktionsende und Materialnummer ändern 1 werden im IB-Repository abgelegt. Produktspezifische Informationen (z. B. Materialnummer) werden auf dem Transponder und bzw. oder einem Enterprise-IT-System abgelegt.

Erfordernis einer Qualitätssicherung prüfen und Transportbereitstellung

Es wird überprüft, ob eine Qualitätssicherung erforderlich ist. Nach einer etwaigen Qualitätssicherung wird das Objekt zum innerbetrieblichen Transport bereitgestellt. Der Transportauftrag wird über ein Enterprise-IT-System erteilt.

Folgende materialflussnahe Potenziale lassen sich duch den Prozessbaustein Fertigung realisieren:

Materialflussnahe RFID-Potenziale

- Eliminierung manueller Scan-, Prüf- und Dokumentationsvorgänge bei Fertigungsprozessen.
- Hohe Prozesssicherheit auch bei hochvarianten Fertigungsaufträgen.
- Ermöglichung einer automatischen Objekt-Ressource-Kommunikation und damit einer Selbststeuerung des Objekts während der Fertigung.

Materialflussnahe InfoBroker-Potenziale

- Fertigungsbeginn und Fertigungsende können vor- und nachgelagerten bzw. steuernden Prozessen ersichtlich gemacht werden.

4.2.3.2 RAN Montage

Der Prozessbaustein Montage beschreibt den wertschöpfenden Montageprozess von n(>=2) Objekten. Als Montage werden hierbei alle Prozesse verstanden, in die zwei oder mehr Objekte eintreten und aus denen genau ein Objekt im Anschluss an den Prozessdurchlauf austritt. Diese Bedingung wird von wertschöpfenden Prozessen der Montage erfüllt (Abbildung 54):

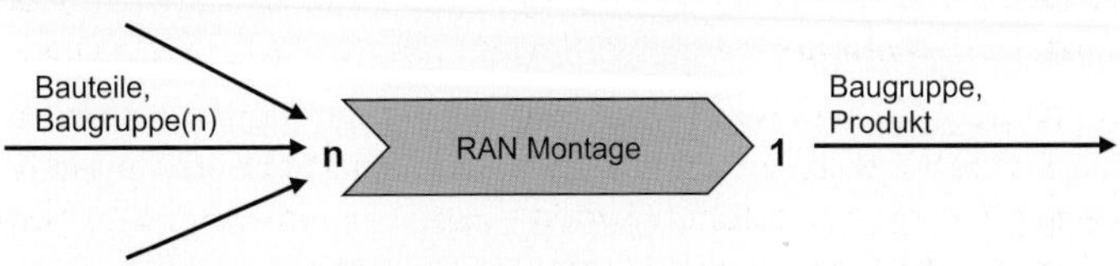

Abbildung 54 Bedingung RAN Montage

Angelehnt an DIN 8580 können alle fügenden Verfahren der Fertigung zu dem Prozessbaustein Montage gezählt werden.

Die zu montierenden Objekte werden mit dem Montageauftrag abgeglichen, auf Vollständigkeit überprüft und im Anschluss an die Prüfung des Materialstatus beginnt die eigentliche Montage der Objekte. Der Montagebeginn sowie das Montageende werden als Events im IB-Repository abgelegt.

Der Prozess endet nach der Prüfung und Durchführung einer etwaigen Qualitätssicherung mit der Bereitstellung für einen innerbetrieblichen Transport.

Im Folgenden werden die einzelnen Prozessschritte erläutert.

- *Identifizierung der Objekte und Referenzierung mit Montageauftrag*

Liegt ein übernommener Montageauftrag vor, wird die Objektpräsenz, d. h. die physische Verfügbarkeit des Objekts, in einem Enterprise-IT-System überprüft, und nach einer etwaigen Fehlerbehandlung wird das zu montierende Objekt an der entsprechenden Ressource bereitgestellt und mittels RFID identifiziert. Es folgt eine Referenzierung mit dem Montageauftrag und eine Prüfung, ob das laut Montageauftrag korrekte Objekt vorliegt.

Alternative:
Steht ein Objekt zur Montage bereit, wird dieses mittels RFID identifiziert und mit dem entsprechenden Montageauftrag referenziert. Der Montageauftrag wird übernommen.

- *Prüfung des Materialstatus (MAT-Status)*

Der MAT-Status des zu montierenden Objekts wird vom RFID-Tag am Objekt, aus einem unternehmensspezifischen IT-System oder aus dem IB-Repository bereitgestellt.

Ist das zu montierende Objekt gesperrt, folgt eine unternehmensspezifische Fehlerbehandlung.

Ist das Material zur Montage freigegeben, kann die Vollständigkeitsüberprüfung starten.

- *Objekte auf Vollständigkeit prüfen*

Die Überprüfung, ob alle zur Montage notwendigen Objekte am Montageort vorhanden sind, erfolgt auf Basis des Montageauftrags und der jeweiligen Objekt-Identifikationsnummern. Stehen alle zur Montage notwendigen Objekte am Montageort bereit, kann der eigentliche Montageprozess starten.

- *Montage der Objekte*

Mit Montagebeginn werden der Auftragsstatus und der Ressourcenstatus gesetzt. Das Produktionsstart-Event wird im IB-Repository abgelegt.

Zur eigentlichen Montage der *n* Objekte werden produkt- und prozessspezifische Informationen über Enterprise-IT-Systeme zur Verfügung gestellt. Produktspezifische Informationen können auch vom RFID-Tag am Objekt bereitgestellt werden.

Nach Beendigung des Montageprozesses werden der Auftragsstatus und der Ressourcenstatus gesetzt. Die Events Produktionsstart, Materialnummer ändern 1 sowie Materialnummer ändern 2 und das Montage-Event zur Aggregation werden im IB-Repository abgelegt. Produktspezifische Informationen (z. B. Materialnummer) werden auf dem Transponder und bzw. oder einem Enterprise-IT-System abgelegt.

- *Erfordernis einer Qualitätssicherung prüfen und Transportbereitstellung*

Nach einer etwaigen Qualitätssicherung wird das montierte Objekt für den innerbetrieblichen Transport bereitgestellt. Der Transportauftrag wird über ein Enterprise-IT-System erteilt.

Folgende materialflussnahe Potenziale lassen sich duch den Prozessbaustein Montage realisieren:

Materialflussnahe RFID-Potenziale

- Eliminierung manueller Scan-, Prüf- und Dokumentationsvorgänge bei Montageprozessen.
- Hohe Prozesssicherheit auch bei hochvarianten Montageaufträgen.
- Ermöglichung einer automatischen Objekt-Ressource-Kommunikation und damit einer Selbststeuerung des Objekts durch eine (teil-) automatisierte Montage.

Materialflussnahe InfoBroker-Potenziale

- Montagebeginn und Montageende können vor- und nachgelagerten bzw. steuernden Prozessen ersichtlich gemacht werden.

4.2.3.3 RAN Demontage

Der Prozessbaustein Demontage beschreibt den Demontageprozess eines Objekts. Als Demontage werden hierbei alle Prozesse bezeichnet, in die ein Objekt eintritt und aus denen zwei oder mehr Objekte am Ende des Prozessdurchlaufs austreten. Der Demontageprozess kann nach einer Qualitätssicherung im Zuge der Nacharbeit eingesetzt werden. Er wird jedoch auch für CKD- und SKD-Szenarios (Completely bzw. Semi Knocked Down) benötigt. Abbildung 55 zeigt die Bedingung, die von Prozessen zur Demontage erfüllt wird.

Angelehnt an DIN 8580 können die trennenden Verfahren der Fertigung, die nicht zu dem Prozessbaustein Fertigung zählen, dem Prozessbaustein Demontage zugeordnet werden.

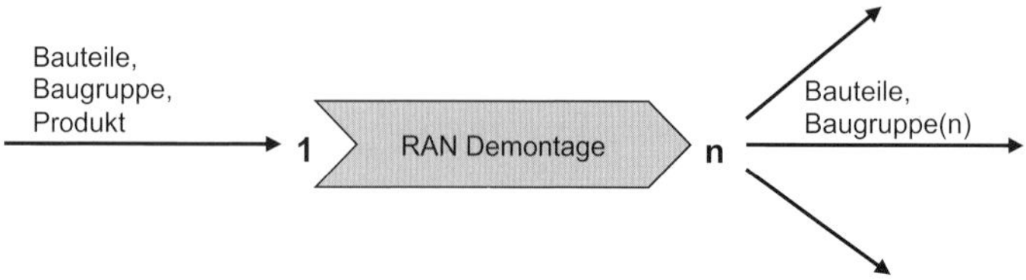

Abbildung 55 Bedingung RAN Demontage

Das zu demontierende Objekt wird mit dem Demontageauftrag abgeglichen und nach Prüfung des Materialstatus beginnt die eigentliche Demontage des Objekts. Produktionsstart und Produktionsende werden als Events im IB-Repository abgelegt.

Der Prozess endet mit der Bereitstellung für einen innerbetrieblichen Transport, mit einer Fertigung, einer Montage oder einer Qualitätssicherung.

Im Folgenden werden die einzelnen Prozessschritte erläutert.

- *Identifizierung des Objekts und Referenzierung mit Demontageauftrag*

Liegt ein übernommener Demontageauftrag vor, wird das zu demontierende Objekt an der entsprechenden Ressource bereitgestellt, mittels RFID identifiziert und mit dem vorliegenden Demontageauftrag referenziert. Es folgt eine Prüfung, ob das laut Demontageauftrag korrekte Objekt vorliegt.

Alternative:
Steht ein Objekt zur Demontage bereit, wird dieses mittels RFID identifiziert und mit dem entsprechenden Demontageauftrag referenziert. Der Demontageauftrag wird übernommen.

- *Prüfung des Materialstatus (MAT-Status)*

Der MAT-Status des zu demontierenden Objekts wird optional vom RFID-Tag am Objekt, aus einem unternehmensspezifischen IT-System oder aus dem IB-Repository bereitgestellt.

Ist das zu demontierende Objekt gesperrt, folgt eine unternehmensspezifische Fehlerbehandlung.

Ist das Material zur Demontage freigegeben, so kann die eigentliche Demontage starten.

- *Demontage des Objekts*

Mit Demontagebeginn werden der Auftragsstatus und der Ressourcenstatus gesetzt. Das Produktionsstart-Event wird im IB-Repository abgelegt.

Zur eigentlichen Demontage des Objekts werden produkt- und prozessspezifische Informationen (z. B. Qualitätsinformationen) über Enterprise-IT-Systeme zur Verfügung gestellt. Produktspezifische Informationen können auch vom RFID-Tag am Objekt bereitgestellt werden.

Nach Beendigung des Demontageprozesses werden der Auftragsstatus und der Ressourcenstatus gesetzt. Die Events Produktionsende, Materialnummer ändern 1, Materialnummer ändern 2 sowie das Montage-Event zur Disaggregation werden im IB-Repository abgelegt. Optional können produktspezifische Informationen (z. B. Materialnummer) auf dem Transponder und bzw. oder in einem Enterprise-IT-System abgelegt werden.

- *Bereitstellung der Objekte*

Nach der Demontage werden die demontierten Objekte zur Fertigung, Montage, Qualitätssicherung oder zum innerbetrieblichen Transport bereitgestellt. Der Transportauftrag wird in diesem Fall über ein Enterprise-IT-System erteilt.

Folgende materialflussnahe Potenziale lassen sich duch den Prozessbaustein Demontage realisieren:

Materialflussnahe RFID-Potenziale

- Eliminierung manueller Scan-, Prüf- und Dokumentationsvorgänge bei Demontageprozessen.
- Hohe Prozesssicherheit auch bei hochvarianten Demontageaufträgen.
- Ermöglichung einer automatischen Objekt-Ressource-Kommunikation und damit einer Selbststeuerung des Objekts durch eine (teil)automatisierte Demontage.

Materialflussnahe InfoBroker-Potenziale

- Demontagebeginn und Demontageende können vor- und nachgelagerten bzw. steuernden Prozessen ersichtlich gemacht werden.

4.2.3.4 RAN Qualitätssicherung (QS)

Der Prozessbaustein Qualitätssicherung (QS) beschreibt den Qualitätssicherungsprozess eines Objekts. Qualitätssicherungsprozesse sind alle Prozesse, bei denen in Anlehnung an die VDI-Richtlinie 2860 (1990) ein Objekt gemessen oder hinsichtlich einer Eigenschaft geprüft wird. Abbildung 56 zeigt die Bedingung, die von Prozessen zur Qualitätssicherung erfüllt wird.

Das Objekt, dessen Qualität gesichert werden soll, wird mit dem QS-Auftrag abgeglichen und nach Prüfung des Materialstatus beginnt die

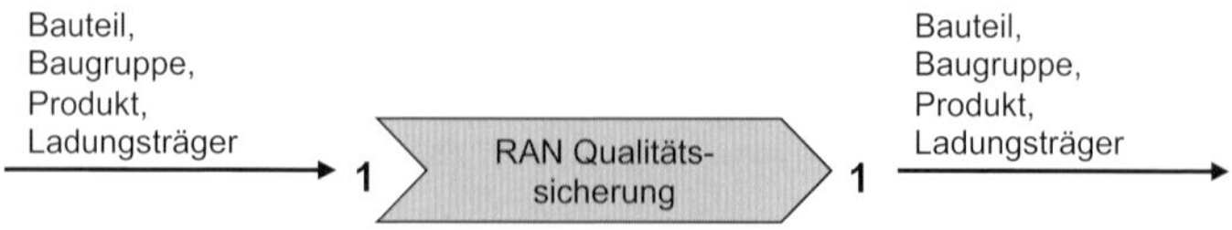

Abbildung 56 Bedingung RAN Qualitätssicherung

eigentliche QS des Objekts. QS-Start und QS-Ende werden als Events im IB-Repository abgelegt.

Der Prozess endet nach der QS mit der Bereitstellung für einen innerbetrieblichen Transport oder einen anderen nachgelagerten Prozess.

Im Folgenden werden die einzelnen Prozessschritte erläutert.

- *Identifizierung des Objekts und Referenzierung mit QS-Auftrag*

Liegt ein übernommener QS-Auftrag vor, wird das Objekt an der entsprechenden Ressource bereitgestellt, mittels RFID identifiziert und mit dem vorliegenden QS-Auftrag referenziert. Es folgt eine Prüfung, ob das laut QS-Auftrag korrekte Objekt vorliegt.

Alternative:
Steht ein Objekt zur QS bereit, wird dieses mittels RFID identifiziert und mit dem entsprechenden QS-Auftrag referenziert. Der QS-Auftrag wird übernommen.

- *QS des Objekts*

Mit QS-Beginn werden der Auftragsstatus und der Ressourcenstatus gesetzt. Das Prüfstart-Event wird im IB-Repository abgelegt.

Zur eigentlichen QS des Objekts werden prozessspezifische Informationen (z. B. QS-Programm) über Enterprise-IT-Systeme zur Verfügung gestellt.

Nach Beendigung des QS-Prozesses werden der Auftragsstatus und der Ressourcenstatus gesetzt. Das Event Materialstatus setzen wird im IB-Repository abgelegt. Produktspezifische Informationen (z. B. Messdaten, Fehlercodes) werden auf dem Transponder und bzw. oder in einem Enterprise-IT-System abgelegt.

- *Bereitstellung zum Transport oder nachgelagerten Prozess*

Nach der QS wird das Objekt zum innerbetrieblichen Transport oder einem anderen nachgelagerten Prozess bereitgestellt. Der etwaige Transportauftrag wird über ein Enterprise-IT-System erteilt.

Folgende materialflussnahe Potenziale lassen sich duch den Prozessbaustein Demontage realisieren:

Materialflussnahe RFID-Potenziale

- Eliminierung manueller Scan-, Prüf- und Dokumentationsvorgänge bei QS-Prozessen.
- Hohe Prozesssicherheit auch bei hochvarianten QS-Aufträgen und objektspezifischen QS-Programmen.
- Ermöglichung einer automatischen Objekt-Ressource-Kommunikation und damit einer Selbststeuerung des Objekts durch die QS.
- Dezentrale Speicherung von QS-Informationen am Objekt zur Befähigung einer hybriden Steuerung.

Materialflussnahe InfoBroker-Potenziale

- QS-Beginn und QS-Ende können vor- und nachgelagerten bzw. steuernden Prozessen ersichtlich gemacht werden.

5 Das RAN-Vokabular

Matthes Winkler, Birgit Burmeister, Christian Reh

Das ABV baut direkt auf dem EPCGlobal CBV auf. ABV und CBV sind komplementär, d.h. das ABV ist ein Industrievokabular im Sinne der Spezifikation des CBV, das nur die Vokabularelemente definiert, die in der Automobil- und Automobilzulieferindustrie benötigt werden, die aber nicht im CBV spezifiziert sind. Für alle im CBV spezifizierten Vokabularelemente ist grundsätzlich das CBV-Format zu verwenden. EPCIS-Nachrichten, die ABV-konform sind, sind CBV-kompatibel im Sinne der CBV-Spezifikation.

In den folgenden Abschnitten werden die in RAN abgestimmten Änderungen aufgezeigt und beschrieben. Dabei wird nicht immer exakt auf die Trennung zwischen ABV und CBV eingegangen, da hier ansonsten sehr technisch diskutiert werde müsste. Details dazu findet der Leser in den im Text angesprochenen Dokumenten EPC Information Services (EPCIS) Version 1.0.1 Specification [EPCglobal, 2007].

5.1 EPCIS-Eventtypen

Im EPCIS-Standard [EPCglobal, 2007] werden verschiedene Typen von Events beschrieben (vgl. Abbildung 57). Innerhalb der RAN-Spezifikationen werden keine neuen Typen definiert, die bestehenden Typen werden mit zusätzlichen Datenfeldern erweitert. Diese Datenfelder sind auf Grundlage der erfassten Prozesse und Steuerungsszenarios identifiziert und beschrieben worden.

5.2 Eindeutige Identifikation in den Events

Um die lückenlose Rückverfolgbarkeit eines Objektes über seinen gesamten Lebenszyklus hinweg zu gewährleisten, muss das Objekt mit einem global eindeutigen Instanzkennzeichner („Ident“) versehen sein. Maßgebend für die Rückverfolgung ist der zu Beginn des Lebenszyklus eines Objektes erstmals zugeordnete Kennzeichner. Dieser Kennzeichner muss über den gesamten Lebenszyklus des Objektes hinweg in allen Dokumenten, die firmen- und organisationsübergreifend ausgetauscht werden, als Referenz verwendet werden. Der Kennzeichner darf nach dem Ende des Lebenszyklus des bezeichneten Objektes bzw. erst nach der für diesen

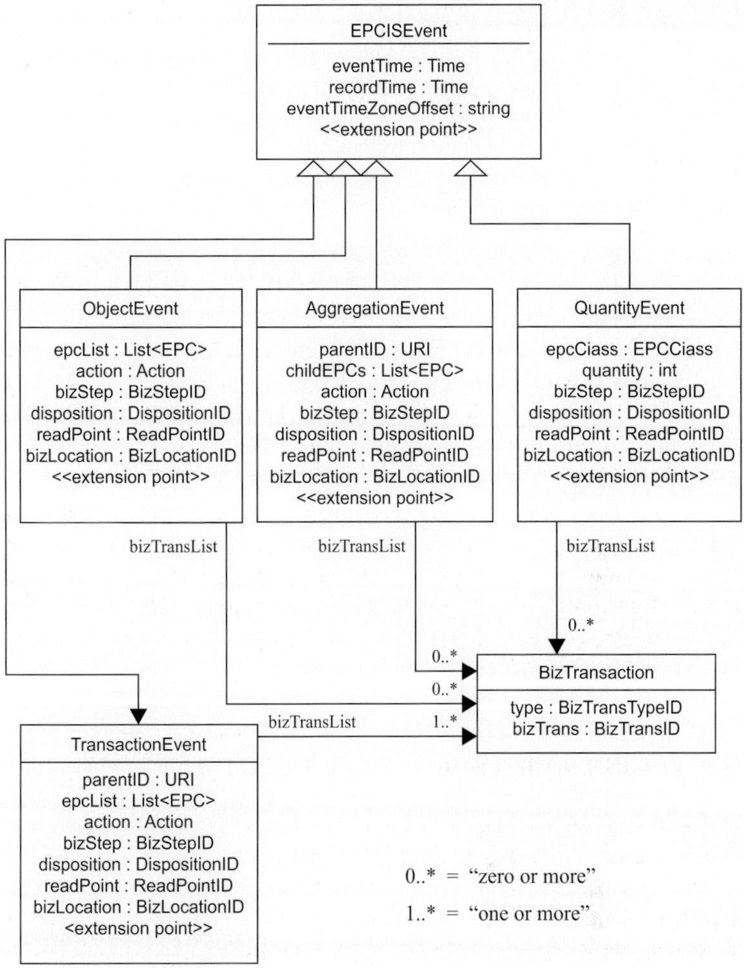

Abbildung 57 Eventtypen (Quelle: EPCglobal, 2007)

Kennzeichner festgelegten Zeit wieder für ein anderes Objekt vergeben werden.

Objekte im Sinne dieser Definition sind alle Arten von physischen Objekten, die zum Zwecke der Rückverfolgung mit einem eindeutigen Ident versehen werden. Auch Dokumente, die als Beleg in den zu verfolgenden Geschäftsprozessen verwendet werden, sind Objekte in diesem Sinne.

Idente hingegen, die einem Objekt nur temporär für die Dauer eines Geschäftsprozesses zugeordnet werden – z. B. Serial Shipping Container Code (SSCC)s, Handling Unit (HU) – sind keine „Objektkennzeichner" im Sinne dieser Spezifikation.

5.2.1 Vorbemerkung

Für die Identifizierung von Objekten existieren für die unterschiedliche Objektklassen (Produkte, Behälter etc.) verschiedene Vorgaben für Idente, die von unterschiedlichen Vergabestelle (Issuing Agencies) definiert wurden. Im Umfeld der deutschen Automobilindustrie wurden drei Vergabestellen als bedeutend identifiziert. Dabei handelt es sich um die Odette, die DUNS und die GS1.

Im ABV können alle IACs im EPCIS abgebildet werden. Allerdings sind für nicht GS1 EPC basierte Idente spezielle Präfixe zu definieren, während GS1 EPC Idente (s. u.) unmittelbar abgebildet werden können. Die Art eines solchen Präfixes wurde im ABV definiert.

Im Zuge der Vereinfachung der Anforderungen an die Software, welche die Nummern übersetzen muss, wird die Beschränkung auf die drei genannten Agenturen empfohlen. Im Folgenden werden für unterschiedliche Objektklassen die empfohlenen Idente zusammengefasst.

5.2.2 Produkte

Für Produkte und Produktgruppen wird der Einsatz folgender Idente empfohlen:

GS1 EPC: SGTIN [GS1 EPC Tag Data Standard 1.7 Ratified Standard 23.5.2013] für alle Produkte, welche in den Handel geliefert werden, CPI [GS1 EPC Tag Data Standard 1.7 Ratified Standard 23.5.2013] für die Abbildung von langen Sachnummern.

DUNS: DI: 25 S [11]

DI: 37 S [11]

Odette: DI: 25 S [11]

DI: 37 S [11]

Für die Abbildung von DUNS- bzw. Odette-Identen in einem EPCIS-Repository gibt es 2 Methoden. Zum einen können die „Rohdaten", d.h. das Binärformat vom RFID-Tag unmittelbar als Ident im EPCIS verwendet werden. Hierbei muss allerdings eine Verarbeitungsfunktion zur Interpretation bei allen Parteien vorhanden sein, die diesen Ident verarbeiten möchten.

Alternativ bietet sich der im Rahmen von EPCIS spezifizierte Erweiterungsmechanismus an, der solche Idente im Rahmen eines *User Vocabulary* abbilden kann. Im Rahmen des ABV wurde ein solcher Mechanismus vorgeschlagen.

Für die Identifikation von Fahrzeugen wird die Verwendung der FIN oder englisch Vehicle Identification Number (VIN) im Zusammenhang mit einer der oben genannten Idente empfohlen. Bei der Verwendung von

GS1 EPC kann hier der SGTIN Ident verwendet werden. Für DUNS/Odette wird aktuell für die FIN ein AFI standardisiert. Das Ergebnis lag bei Drucklegung dieses Buchs noch nicht vor.

5.2.3 Behälter

Für die Nummerierung von Behältern werden folgende Idente empfohlen:

GS1 EPC:	GRAI [9]
DUNS:	DI: 25 B [10]
	DI: 26 B [10]
Odette:	DI: 25 B [10]
	DI: 26 B [10]

Die oben beschriebenen Möglichkeiten zur Abbildung von nicht GS1 EPC-konformen Identen gelten gleichermaßen für Behälter.

5.2.4 Existierende IDs

Eine Vielzahl von Objekten, die darüber hinaus im Zusammenhang mit dem *Tracking & Tracing* in den Logistiknetzwerken von Interesse sind, wie beispielsweise Container, Fahrzeuge, Schiffe etc., besitzt bereits heute eine eindeutige Identifizierung (unabhängig von RFID).

So werden beispielsweise Container mit einer eindeutigen Nummer gemäß DIN EN ISO 6346 (DIN 2013) versehen, die durch das B.I.C. verwaltet werden. Reedereien und ihren Kunden steht darüber hinaus mit der Plattform INTTRA.com eine Informationsquelle zur Verfügung, mit der Containerbewegungen schon heute verfolgt werden können.

Da die Nutzung dieser ohne RFID erzeugten *Events* einen hohen Mehrwert bietet, wurde ebenfalls im Rahmen des ABV definiert, wie solche Idente in das EPCIS-*Repository* aufzunehmen sind.

Dazu wurden ergänzend die in Tabelle 3 aufgeführten Typen von Objekten definiert, die bei dem Austausch der Daten zwingend einzuhalten sind.

Werden weitere Normen zur Beschreibung von Objekten benötigt, ist die Typendefinition entsprechend zu erweitern.

5.2.5 Lokationen

Neben Objekten sind die Orte, an denen Objekte in einem Logistiknetzwerk beobachtet werden, ebenfalls eindeutig zu identifizieren.

Für Lokationsreferenzen in den EPCIS-Events sind grundsätzlich die im CBV definierten URI-Formate zu verwenden.

Tabelle 3 In RAN ergänzte Objekttypen für Datenaustausch

Typ	Beschreibung
00001	Für Frachtcontainer mit der Kennzeichnung „U" gemäß ISO 6346
00002	Für abnehmbares Frachtcontainer-Equipment mit der Kennzeichnung „J" gemäß ISO 6346
00003	Für Trailer und Chassis mit der Kennzeichnung „Z" gemäß ISO 6346
00100	KFZ-Kennzeichen
00200	Schiffsnamen (ENI, IMO oder GSIN)
00300	Flugnummern (IATA oder ICAO)
00400	Züge (UIC-Nummern)
00500	ULD (Flugzeugladungsträger)

Tabelle 4 In RAN definierte Attribute für Lokationen

Attribut	Aufbau	Angabe	Beschreibung
Address			
Name	CHAR (40)	Optional	Bezeichnung der Location Reference, z. B.: 'Versandstelle Werk Feuerbach'; Als Attribut für UN/LOCODE: Stadt
address1	CHAR (60)	Optional	Adresse Teil 1 z. B.: 'Borsigstrasse 14'
address2	CHAR (60)	Optional	Adresse Teil 2 z. B.: Werk, Werkteil, Tor u. Abladestelle (individuell)
zip	CHAR (9)	Optional	Postleitzahl z. B.: '70469'
locality	CHAR (40)	Optional	Ort, Stadt
province	CHAR (3)	Optional	Bundesland, -staat, Region, etc. Als Attribut für UN/LOCODE: subdiv
country	CHAR (3)	Optional	Länderkennung gemäß ISO 3166 , z. B.: 'DE'
floor	CHAR (10)	Optional	Geschoss z. B.: 'EG', '01'
building	CHAR (20)	Optional	Gebäude z. B.: '070'
section	CHAR (20)	Optional	Bereich im Gebäude
device description	CHAR (40)	Optional	Beschreibung des Gerätes
GPS			
latitude	CHAR (10)	Optional	Breitengrad z. B.: '+09.1200' (Geokoordinaten entsprechend UN/LOCODE sind umzurechnen)
longitude	CHAR (10)	Optional	Längengrad z. B.: '+48.2900' (Geokoordinaten entsprechend UN/LOCODE sind umzurechnen)

Für Lokationen, die zu einem Unternehmen gehören und an denen ggf. eine RFID-Erfassung stattfindet, ist also im Regelfall der Ident Serialisierte globale Lokationsnummer (SGLN) zu verwenden.

Zusätzlich können allerdings auch Lokationen interessant sein, die nicht einem der Partner-Unternehmen des Logistiknetzwerkes gehören. So ist z. B. der Umschlag von Containern an Container-Terminals oder Häfen auch von Interesse.

Wie bereits oben beschrieben, kann auch zur Identifikation dieser Lokationen auf einen existierenden Standard zurückgegriffen werden. So existiert für viele Städte der sog. UN/LOCODE (United Nations Code for Trade and Transport Locations) – ein von der UN verwaltetes Verzeichnis eindeutiger Idents für geographische Orte.

Mit dem bekannten Erweiterungs-Mechanismus wurde im ABV ein eindeutiges Präfix für diese Art von Lokationen definiert.

Stammdaten für Lokationen

Da die oben beschrieben Idente für Lokationen meist nicht sprechend sind, wurden im Rahmen vom ABV zusätzlich zu den im CBV obligatorischen Stammdatenattributen für die Automobil- und Zulieferindustrie die in Tabelle 4 aufgeführten Attribute für Lokationen definiert.

Die Beschreibung der Lokationen in den Stammdaten folgt der CBV-Methodik.

Hinweis: Gemäß ABV-Vokabular ist nur das Element 'name' ein Mussattribut. Der Einsatz der weiteren Attribute muss auf Prozessebene definiert werden (zum Beispiel die Verwendung der kompletten Postanschrift für die Hauptlokation).

5.3 Vokabularerweiterungen

Um die Prozessketten in den automobilen Logistiknetzwerken möglichst exakt abbilden zu können, wurde für die EPCIS-Attribute zur Identifikation des Prozessschrittes (bizStep), des Objekt-/Prozessstatus (dispostion) und des Typs der Geschäftstransaktion Business transaction type (btt) automobil-spezifische Erweiterungen im Rahmen des ABV definiert.

5.3.1 bizStep

Gemäß EPCIS kennzeichnet *bizStep* den Geschäftsprozess, in dem ein *Event* beobachtet wurde. Die in Tabelle 5 dargestellen Werte für *bizStep* wurden im Rahmen des ABV ergänzt.

Tabelle 5 In RAN egänzte Werte für *bizStep* im Rahmen des ABV

bizStep	Beschreibung	Beispiele
loading_internal	Objekte (Childs und parentID) werden aggregiert und gemeinsam weiter transportiert.	Behälter werden auf einen Routenzug geladen.
packing_unserialized	Unserialisertes Material wird in ein Objekt (Behälter) geladen.	Schrauben werden eine Kanban-Box geschüttet.
passing	Ein Objekt passiert ein Lesegerät.	Ein Stapler mit Palette fährt durch ein Tor.
producing	Ein Objekt (Produkt) wird bearbeitet.	
providing	Beschreibt die Bereitstellung eines Objektes.	Ein Ladungsträger wird zur Befüllung mit KLT's bereitgestellt.
reassigning	Die Zuordnung von einem Behälter und nicht-serialisiertem Material wird verändert.	Die Materialnummer eines Materials im Behälter muss verändert werden.
retrieving	Ein Objekt verlässt einen Lagerbereich.	Eine Palette beginnt einen Transport auf einem Stapler.
transporting	Ein Objekt (Frachtträger) wird erfasst .	Ein LKW sendet ein Event an einem Stauanfang.
unloading	Objekte (Childs und parentID) werden getrennt.	Eine Versandeinheit wird vom LKW geladen.
unloading_internal	Objekte (Childs und parentID) werden getrennt.	Ein Behälter wird vom Routenzug genommen.
unpacking	Eine Aggregation wird aufgelöst.	KLTs werden von einem GLT geladen. Eine Sendung wird vereinzelt.

5.3.2 Disposition

Gemäß EPCIS kennzeichnet *Dispostion* den Status eines Objektes ab dem Zeitpunkt des Events. Dieser gilt bis er durch ein weiteres Event geändert wird. Die in Tabelle 6 aufgeführten Werte für *Disposition* wurden im Rahmen des ABV ergänzt.

5.3.3 Business transaction types (btt)

Wie oben beschrieben, können mittels der EPCIS Transaction Events Verbindungen zu Geschäftstransktionen in den Unternehmensanwendungen hergestellt werden. Der btt definiert dabei den Typ einer solchen Transaktion. Die in Tabelle 7 aufgeführten Werte für btt wurden im Rahmen des ABV ergänzt.

Tabelle 6 In RAN ergänzte Werte für *disposition* im Rahmen des ABV

disposition	Beschreibung	Beispiele
available	Ein Objekt ist verfügbar.	Ein zur Befüllung bereitgestellter Ladungsträger ist verfügbar.
damaged	Ein Objekt ist defect.	Ein Ladungsträger ist defekt und damit auch nicht verfügbar.
delayed	In einem Observe-Event kann für ein Objekt die Disposition 'delayed' erfasst werden. Sie beschreibt, dass dem Objekt in seinem jeweiligen Business Kontext eine Verzögerung widerfahren ist.	Ein Objekt wurde an einem Readpoint später als erwartet erfasst. Ein Objekt kann eine definierte Lokation nicht innerhalb einer geplanten Zeit erreichen. Dies wird über ein zusätzliches Observe-Event erfasst.
empty	Ein Objekt ist nach dem Event geleert.	
finished	Ein Prozess an diesem Objekt wurde beendet.	Die Produktion des Objektes wurde abgeschlossen.
full	Ein Objekt ist nach dem Event befüllt.	
in_time	Das Objekt ist nicht verspätet.	
inspected	Das Objekt wurde kontrolliert.	
not_empty	Das Objekt ist befüllt, aber nicht mit dem maximalen Bestand.	Einem Behälter wurden Teile bereits hinzugefügt.
partly_filled	Das Objekt ist nicht mehr voll befüllt .	Aus einem Behälter wurden bereits Teile entnommen.
unavailable	Ein Objekt ist nicht verfügbar.	Weil LT defekt ist, in Reparatur etc.; Motor gesperrt, o. ä.

Tabelle 7 In RAN egänzte Werte für *btt* im Rahmen des ABV

btt	Beschreibung
bn	Buchungsnummer
dlvo	Delivery-Order. Der Lieferschein
dlvopos	Delivery-Order Position
kbnid	Kanban-ID
mrn	Zoll-Movement-Nummer (Zoll-Registrierungsnummer, movement reference number)
prdn	Produktionsnummer
to	Transport-Order
topos	Transport-Order Position

Tabelle 8 Attribute als Erweiterung für alle EPCIS-Eventtypen

Name	Datentyp	optional	Bemerkung	Objektattribut	Admin	Anzahl Werte	Operator
eventID		N	Eine eindeutige Identifizierungsnummer des Events, kann mittels entsprechender Verfahren gemäß [5] erzeugt werden. Universally Unique Identifier (UUID)	N	J	Wert	
eventOrigin	Repository-ID	N	Das Repository, in dem das Event erzeugt wurde	N	J	Wert	
sendTo	PartnerID	J	Empfänger (Geschäftspartner) des Objektes	J	J	Wert	
shipTo	PartnerID	J	Nächster RAN-Partner des Objektes	J	J	Wert	
sentFrom	PartnerID	J	Versender (Geschäftspartner) des Objektes	J	J	Wert	
shipped-From	PartnerID	J	Letzter RAN-Partner des Objektes	J	J	Wert	

5.4 Eventspezifische Erweiterungen

5.4.1 Erweiterungen für alle Eventtypen

Die in Tabelle 8 aufgeführten Attribute wurden für alle EPCIS-Eventtpen als Erweiterungen definiert. Die erweiterten Attribute werden dabei mit den folgenden Angaben spezifiert:

- Name: verbindlicher Name des Attributes
- Datentyp: Datentyp des Attributwertes
- Optional: gibt an, ob das Attribut im Event optional ist („J“) oder nicht („N“).
- Bemerkung: kurze Erläuterung des Attributs, eine genauere Beschreibung der einzelnen Attribute findet sich im Kapitel 5.4.5.
- Objektattribut: gibt an, ob das entsprechende Attribut als Attribut des beobachteten Objektes („was“ im Sinne von EPCIS) gespeichert werden sollte.

- Admin: gibt an, ob das entsprechende Attribut für die Administration in einem InfoBroker-Netzwerk benötigt wird („J") oder ob es sich um ein prozess-bezogenes Attribut handelt („N").
- Anzahl Werte: gibt die zulässige Anzahl an Werten an (Wert oder Liste).
- Operator: gibt die zulässigen Vergleichsoperatoren in Custom Queries an.

5.4.2 Erweiterungen des Object Events

Das im Standard EPC Information Services (EPCIS), Version 1.0.1 Specification [EPCglobal 2007] definierte Object Event wird zusätzlich um die in Tabelle 9 dargestellten Felder erweitert.

Tabelle 9 Strukturerweiterung Object Event

Name	Datentyp	optional	Bemerkung	Objektattribut	Admin	Anzahl Werte	Operator
Material Number	String	J		(J)	N	Wert	
Charge Number	String	J		(J)	N	Wert	
Initial Amount	String	J		(J)	N	Wert	
Unit	String	J		(J)	N	Wert	
Batch	String	J		(J)	N	Wert	
revisionState	String	J		(J)	N	Wert	
Eta	Time	J	EPCIS Spezifikation (ISO 8601)	(J)	N	Wert	
etaLocation	BizLocationId	J		(J)	N	Wert	
geoPosition	String	J		(J)	N	Wert	

5.4.3 Erweiterungen des Aggregation Event

Das im Standard EPC Information Services (EPCIS) Version 1.0.1 Specification definierte Aggregation Event wird zusätzlich um die in Tabelle 10 aufgeführten Felder erweitert:

Tabelle 10 Strukturerweiterung Aggregation Event

Name	Datentyp	optional	Bemerkung	Objektattribut	Admin	Anzahl Werte	Operator
eta	Time	J	EPCIS Spezifikation (ISO 8601)	(J)	N	Wert	
etaLocation	BizLocationID	J		(J)	N	Wert	

5.4.4 Erweiterung des Transaction Event

Das im Standard EPC Information Services (EPCIS), Version 1.0.1 Specification definierte Aggregation Event wird nur um die unter genannten allgemeinen Felder erweitert.

5.4.5 Feldbeschreibungen

Tabelle 11 bietet zusammenfassend eine kurze Beschreibung der Felder.

Tabelle 11 Feldbeschreibungen

Name	Beschreibung
eventID	Eindeutige ID des Events (UUID)
eventOrigin	Gibt das Repository an, in dem das Event erstmals gespeichert wurde
sendTo	Gibt den Empfänger (Geschäftspartner; PartnerID aus Administrationsmodell) der UID an (für Handover-Informationen).
sentFrom	Gibt den Sender (Geschäftspartner; PartnerID aus Administrationsmodell) der UID an (für Handover-Informationen).
shipTo	Gibt den nächsten RAN-Partner (d.h. PartnerID aus Administrationsmodell) an (für Handover-Informationen).
shippedFrom	Gibt den letzten RAN-Partner an (d.h. PartnerID aus Administrationsmodell) (für Handover-Informationen).
material Number	Gibt die Materialnummer für nichtserialisiertes Material an.
charge Number	Gibt die Chargennummer für nichtserialisiertes Material an.
initial Amount	Gibt den Anfangsbestand bei nichtserialisiertes Material an.
Unit	Gibt die Einheit für nichtserialisiertes Material an.
Batch	Gibt die Losnummer für nichtserialisiertes Material an.
revisionState	Gibt den Revisionsstatus für nichtserialisiertes Material an.
Eta	Gibt die erwartete Ankunftzeit an der ETA-Location an.
etaLocation	Gibt die ETA-Location an.
geoPosition	Genauere Beschreibungen einer Lokation.

5.4.6 Erweiterung für Handover-Informationen

Um die Kommunikation zwischen den verschiedenen Repositories und die Funktionalität der Custom Queries zu gewährleisten, müssen für jedes Objekt mit einer eineindeutigen ID, der Unique Identifier (UID), die entsprechenden Informationen über die involvierten Partner gespeichert werden. Dazu wird das Objektdatenmodell der RAN-Repositories verwendet. Für jede UID werden die Felder „sendTo", „sentFrom", „shipTo" und „shippedFrom" (folgend gemeinsam als Handover-Felder bezeichnet) als Objekteigenschaften geführt.

Im Feld „shipTo" wird der nächste RAN-Partner mit eigenem Repository hinterlegt. Diese Information ist erforderlich, da damit der Weg des Objektes auf Repository-Ebene verfolgt werden kann. Das Feld „shipTo" kann in jedem Event verwendet werden, sobald bekannt ist, wer der nächste RAN-Partner ist. Standardmäßig wird dieser Zeitpunkt selten vor dem Schreiben des Verlade-Events liegen.

Im Feld „sendTo" kann für eine UID der Empfänger für diese UID angegeben werden. Dies ermöglicht, dass dieses und alle folgenden Events zu dieser UID dem Geschäftspartner (der wie bei „shipTo" nicht der nächste Partner sein muss) zur Verfügung gestellt werden können. Ohne die Angabe des „sendTo" wären keine standardisierten Subscription-Anweisungen in bestimmten Steuerungsszenarios möglich. Beispielsweise kann der Lieferant eines Teiles bereits nach der Produktion das „sendTo" Feld für ein Teil setzen und damit dem Besteller des Produktes alle weiteren Events zur Verfügung stellen.

Die Felder „shippedFrom" und „sentFrom" sind für die rückwärtige Kommunikation erforderlich. Sobald eine UID den Bereich eines Repositories betritt (z. B. Entladen) sollte das „shippedFrom" Feld mit dem letzten RAN-Partner gefüllt werden. Dadurch können diesem Partner die vereinbarten Events zur Verfügung gestellt werden. Besteht aus dem Steuerungsszenario heraus die Anforderung, dass auch dem Versender des Objektes Events zur Verfügung gestellt werden, kann dies über das Feld sentFrom erfolgen.

Diese Handover-Informationen haben immer nur in dem aktuellen Repository Gültigkeit und müssen daher bei Übergang einer UID an ein anderes Repository weitergegeben werden. Dabei kann die Information „sendTo"bereits bei Bekanntwerden des Empfängers der UID (zum Beispiel bei Produkten der RAN-Partner, für die das Produkt gefertigt wird) gesetzt werden. Dadurch können alle Events zu dieser UID mit diesem Partner ausgetauscht werden (siehe Custom Queries in Kapitel 6.3.4). Die Handover-Felder sollten also immer so zeitig wie möglich im Repository hinterlegt werden und besitzen diesen Wert für alle weiteren Events zu dieser UID bis zur Änderung des Feldes. Aufgrund dieser Tatsache können die Handover-Felder bei jedem Event geschrieben werden. Bei den Standard-Events zum Repository-Übergang (Verlade-Event, Sendungsempfangs-Event, Warenvereinnahmungs-Event und Entlade-Event) sind die entsprechenden Handover-Felder explizit aufgeführt. Bei allen weiteren Events sind diese Informationen optional und nur bei Änderung der Information zu setzen.

5.5 Definition der RAN-Events

In diesem Abschnitt werden die einzelnen Events kurz beschrieben, der Prozessschritt und die erforderlichen Kriterien zum Filtern benannt. Die Filterkriterien sind dabei auf die notwendigen Kriterien beschränkt. In den Ausführungen zu den Custom Queries (Kapitel 6.3.4) sind diese Filterkriterien generalisiert, dadurch kommen in bestimmten Fällen Kriterien hinzu.

5.5.1 Loading Event (Verlade-Event)

Das Verlade-Event wird im Prozess Verladen geschrieben. Dabei werden die Ladungsträger auf den Frachtträger verladen und ggf. mit zusätzlichen Informationen versehen. Dieses Event enthält die Handover-Informationen „sendTo“ und „shipTo“, welche den weiteren Weg des Objektes beschreiben und an die angegebenen RAN-Partner mittels einer eingerichteten Subscription zur Verfügung gestellt werden können.

Bei diesem Event sind zwei Ausprägungen möglich. Das Standard-Verlade-Event wird als Aggregation beschrieben. Ist am Warenausgang eine Aggregation auf einen Frachtträger nicht möglich, kann das Event auch als Object-Event geschrieben werden. Details zu dieser Auflistung findet man im Dokument „RAN Beschreibung der Events“ [RAN-Konsortium 2012b].

Das Verlade-Event erhält im bizStep-Feld den Wert: „loading“. Das Disposition-Feld ist nicht weiter reglementiert und kann frei nach den Vorgaben von CBV und ABV belegt werden.

Das Loading Event kann anhand des bizSteps loading identifiziert werden

5.5.2 GateIn/Out Event

Dieses Event wird im Prozess außerbetrieblicher Transport geschrieben und enthält im bizStep-Feld den Wert: „passing“. Das Disposition-Feld ist nicht weiter reglementiert und kann frei nach den Vorgaben von CBV und ABV belegt werden.

Ist die Richtung der Durchfahrt bekannt und stellt diese einen Prozesszusammenhang dar, können die bizSteps „departing“ für den Start eines außerbetrieblichen Transports und „arriving“ für das Ende des außerbetrieblichen Transport geschrieben werden.

Das GateIn/Out Event kann anhand der bizSteps passing, departing oder arriving identifizirt werden.

5.5.3 Delivery Event (Sendungsempfangs-Event)

Dieses Event wird im Prozess Vereinnahmung geschrieben. Der Zeitpunkt hängt ab von der ersten Erfassung eines die Sendung identifizierenden Objektes (Frachtträger bzw. Behälter). Wurde für den Versand eine Sendungsbezugsnummer vergeben, so muss diese beim Empfänger bekannt sein. Die Zuordnung kann über ein entsprechendes Transaction Event erfolgen (siehe Verlade-Event) oder über andere Kommunikationswege an den Empfänger übermittelt werden.

Über die AutoID-Erfassung eines in der Sendung befindlichen Objektes bzw. des transportierenden Objektes kann über einen entsprechenden Abgleich auf die Sendung geschlossen werden. Dieses Event ist damit ein physisch erfasstes Event im eigentlichen Sinne.

Das Sendungsempfangs-Event erhält im bizStep-Feld den Wert: „arriving". Das Disposition-Feld ist nicht weiter reglementiert und kann frei nach den Vorgaben von CBV und ABV belegt werden.

Das Delivery Event kann anhand des bizSteps arriving identifiziert werden.

5.5.4 Goods Receipt Event (Vereinnahmungs-Event)

Das Vereinnahmungs-Event wird im Prozess Vereinnahmung geschrieben. Damit kann dem Kommunikationspartner die buchungstechnische Vereinnahmung in das ERP-System übermittelt werden. Diese sollte bei RFID-gestützten Prozessen zeitgleich mit dem Entladen geschehen, da auf zusätzliche Prüfprozesse verzichtet werden sollte.

Das Vereinnahmungs-Event erhält im bizStep-Feld den Wert „receiving". Das Disposition-Feld ist nicht weiter reglementiert und kann frei nach den Vorgaben von CBV und ABV belegt werden.

Das Goods Receipt Event kann anhand des bizSteps receiving identifiziert werden.

5.5.5 Unloading Event (Entlade-Event)

Das Entlade-Event wird im Prozess Vereinnahmung geschrieben. Mit diesem Event wird die Disaggregation der Ware/Behälter vom Frachtträger vorgenommen. Wurde das „Loading"-Event als Object-Event geschrieben, hat beim Verladen keine Aggregation stattgefunden. In diesem Fall kann das „Unloading"-Event ebenfalls als Object-Event geschrieben werden.

Das Verlade-Event erhält im bizStep-Feld den Wert: „unloading". Das Disposition-Feld ist nicht weiter reglementiert und kann frei nach den Vorgaben von CBV und ABV belegt werden.

Das Unloading Event kann anhand des bizSteps unloading identifiziert werden.

5.5.6 Picking Event (Auslager-Event)

Das Auslager-Event wird beim Start des Prozesses innerbetrieblicher Transport geschrieben.

Es erhält im bizStep-Feld den Wert: „retrieving". Das Disposition-Feld ist nicht weiter reglementiert und kann frei nach den Vorgaben von CBV und ABV belegt werden.

Das Picking Event kann anhand des bizSteps retrieving und des Eventtyps ObjectEvent identifiziert werden.

5.5.7 Storing Event (Einlager-Event)

Dieses Event wird bei Beenden des innerbetrieblichen Transports geschrieben.

Das Einlager-Event erhält im bizStep-Feld den Wert „storing" oder „providing". Die Unterscheidung muss im Prozess getroffen werden (siehe auch Beschreibung des ABV/CBV). Das Disposition-Feld ist nicht weiter reglementiert und kann frei nach den Vorgaben von CBV und ABV belegt werden.

Das Storing Event kann anhand der bizSteps storing oder providing identifiziert werden.

5.5.8 Bundling Event (Pack-Event)

Dieses Event wird bei der Zuordnung von nicht serialisierten Material zu einem Behälter im Prozess Verpacken geschrieben.

Das Pack-Event erhält im bizStep-Feld den Wert „packing_unserialized". Das Disposition-Feld ist nicht weiter reglementiert und kann frei nach den Vorgaben von CBV und ABV belegt werden.

Das Bundling Event kann anhand des bizSteps packing_unserialized und des Eventtyps ObjectEvent identifiziert werden.

5.5.9 Packing Event (Verpackungs-Event)

Dieses Event wird im Prozess Verpacken geschrieben. Dabei werden alle Objekte der entsprechenden BehälterID zugeordnet. Alle weiteren Bewegungen zu den verpackten Teilen können nun über den Behälter verfolgt werden.

Das Verpackungs-Event erhält im bizStep-Feld den Wert „packing". Mit der Disposition „not_empty" bzw. „full" kann zusätzlich der Status des Ladungsträgers/Behälters auf „befüllt" gesetzt werden.

Das Packing Event kann anhand des bizSteps packing identifiziert werden.

5.5.10 Loading Event (internal) (Verlade-Event (intern))

Wenn beim internen Transport mit Aggregation gearbeitet werden soll, dann ist dieses Event zu schreiben, um die Aggregationen abbilden zu können.

Das Verlade-Event erhält im bizStep-Feld den Wert „loading_internal". Das Disposition-Feld ist nicht weiter reglementiert und kann frei nach den Vorgaben von CBV und ABV belegt werden.

Das Loading Event (internal) kann anhand des bizSteps loading_internal identifiziert werden.

5.5.11 Unloading Event (internal) (Entlade-Event (intern))

Mit dem Entlade-Event (intern) werden Aggregationen im innerbetrieblichen Transport wieder aufgelöst.

Das Entlade-Event erhält im bizStep-Feld den Wert: „unloading_internal". Das Disposition-Feld ist nicht weiter reglementiert und kann frei nach den Vorgaben von CBV und ABV belegt werden.

Das Unloading Event (internal) kann anhand des bizSteps unloading_internal identifiziert werden.

5.5.12 Kanban Assignment Event (Kanban-Zuordnungs-Event)

Dieses Event wird im Steuerungsszenario B2 geschrieben. Dabei wird dem InfoBroker die Information übergeben, welche KanbanID mit welchem Behälter verbunden ist.

Das Kanban-Zuordnungs-Event erhält im bizStep-Feld den Wert: „packing_unserialized" oder „retrieving". Das Disposition-Feld ist nicht weiter reglementiert und kann frei nach den Vorgaben von CBV und ABV belegt werden.

Das Kanban Assignment Event kann anhand der bizSteps packing_unserialized bzw. retrieving, des Eventtyps TransactionEvent und der Action add identifiziert werden.

5.5.13 Kanban Release Event (Kanban-Freisetzungs-Event)

Dieses Event wird geschrieben, wenn im Steuerungsszenario B2 der Kanban-Behälter verbraucht wird und die KanbanID wieder frei wird. Der Nachbestellprozess läuft entweder automatisch aufgrund einer freien Kanban-ID oder wird durch ein Assistenzsystem gesteuert. Gegebenenfalls können in den „Extensions" des Events noch zusätzliche Informationen weitergegeben werden.

Das Kanban-Freisetzungs-Event erhält im bizStep-Feld den Wert: „retrieving“. Das Disposition-Feld ist nicht weiter reglementiert und kann frei nach den Vorgaben von CBV und ABV belegt werden.

Das Kanban Release Event kann anhand des bizSteps retrieving, des Eventtyps TransactionEvent und der Action delete identifiziert werden.

5.5.14 Production End Event (Produktionsende-Event)

Das Event überträgt die Information eines Produktionsendes an den Info-Broker.

Das Produktionsende-Event erhält im bizStep-Feld den Wert: „producing“. Das Disposition-Feld erhält den Wert „finished“.

Das Production End Event kann anhand des bizSteps producing und der disposition finished identifiziert werden.

5.5.15 Set Material Status Event (Materialstatus setzen)

Mittels dieses Events kann der Materialstatus für ein Objekt bzw. einen Behälter geändert werden. Bei Behältern mit nicht serialisiertem Material kann sich der Status sowohl auf den Behälter, als auch auf das Material beziehen. Eine Unterscheidung ist in diesem Fall nicht möglich, allerdings auch nicht erforderlich, da dieses Material in einem defekten Behälter ebenfalls nicht zur Verfügung steht.

Das Materialstatus-setzen-Event erhält im bizStep-Feld den Wert: „inspecting“. Das Disposition-Feld erhält den Wert „available“, „unavailable“ oder „damaged“.

Das Set Material Status Event kann anhand des bizSteps inspecting und der dispositions available, unavailable bzw. damaged identifiziert werden.

5.5.16 Production Start Event (Produktionsstart-Event)

Das Event überträgt die Information eines Produktionsstarts an den Info-Broker.

Das Produktionsende-Event erhält im bizStep-Feld den Wert: „producing“. Das Disposition-Feld erhält den Wert „in_progress“.

Das Production Start Event kann anhand des bizSteps producing und der disposition in_progress identifiziert werden.

5.5.17 Verify Start Event (Prüfstart-Event)

Dieses Event ist vergleichbar mit dem Produktionsstart-Event und gehört zum Prozess Qualitätssicherung.

Das Produktionsende-Event erhält im bizStep-Feld den Wert: „inspecting“. Das Disposition-Feld erhält den Wert „in_progress“.

Das Verify Start Event kann anhand des bizSteps inspecting und der disposition in_progress identifiziert werden.

5.5.18 Material Used Event (Material verbaut)

Dieses Event tritt auf, falls die hier referenzierten UIDs verbraucht wurden. UIDs sind hier Sachnummern oder bei nicht serialisiertem Material die Behälter-UID (dieses Event zum Behälter löst damit den Behälter und das nicht-serialisierte Material aus dem Pack-Event).

Das Material-verbaut-Event erhält im bizStep-Feld den Wert: „installing“ oder „assembling“. Das Disposition-Feld ist nicht weiter reglementiert und kann frei nach den Vorgaben von CBV und ABV belegt werden.

Das Material Used Event kann anhand des bizSteps installing bzw. assembling und des Eventtyps ObjectEvent identifiziert werden.

Dieses Event ist keinem Prozess zugeordnet.

5.5.19 Reassign Material Number Event (Materialnummer ändern 1)

Dieses Event ist zum Ändern einer einem Behälter zugeordneten Materialnummer vorgesehen. Hier werden die Informationen aus dem Pack-Event angepasst. Die Unterscheidung zum Pack-Event ist hier nur der bizStep.

Das Materialnummer-ändern-1-Event erhält im bizStep-Feld den Wert: „reassigning“. Das Disposition-Feld ist nicht weiter reglementiert und kann frei nach den Vorgaben von CBV und ABV belegt werden.

Das Reassign Material Number Event kann anhand des bizSteps reassigning identifiziert werden.

Dieses Event tritt bei den Prozessen Fertigung, Montage und Demontage auf.

5.5.20 Transform Material Number Event (Materialnummer ändern 2)

Dieses Event wird geschrieben, wenn sich die UID eines Objektes aufgrund von Produktionsschritten verändert (auch wenn das Objekt in einer Baugruppe verbaut wird und der Tag weitergenutzt wird).

Das Materialnummer-ändern-2-Event erhält im bizStep-Feld den Wert: „transforming“. Das Disposition-Feld ist nicht weiter reglementiert und kann frei nach den Vorgaben von CBV und ABV belegt werden.

Das Transform Material Number Event kann anhand des bizSteps transforming identifiziert werden.

Dieses Event tritt bei den Prozessen Fertigung, Montage und Demontage auf.

5.5.21 Assembling Event (Montage-Event)

Dieses Event wird bei einem Montage-Prozess von mindestens 2 serialisierten Produkten geschrieben. Dabei wird im parentID-Feld die UID des Objektes hinterlegt, mit der die neue Baugruppe in Zukunft verfolgt werden soll.

Das Montage-Event erhält im bizStep-Feld den Wert: „assembling“. Das Disposition-Feld ist nicht weiter reglementiert und kann frei nach den Vorgaben von CBV und ABV belegt werden. Im Falle einer Demontage wird dasselbe Event nur mit der „action“ DELETE geschrieben.

Das Assembling Event kann anhand des bizSteps assembling, dem Eventtyp AggregationEvent und der action ADD identifiziert werden.

Dieses Event tritt bei den Prozessen Montage und Demontage auf.

5.5.22 Separation Event (Vereinzelungs-Event)

Dieses Event tritt beim Prozess Entpacken auf. Es erhält im bizStep-Feld den Wert: „unpacking“. Mit der disposition „empty“ kann angegeben werden, dass der Ladungsträger/Behälter nach dem Vereinzeln leer ist. Mit der disposition „partly_filled“ kann angegeben werden, dass der Ladungsträger/Behälter nach dem Vereinzeln nicht mehr vollgefüllt ist.

Das Separation Event kann anhand des bizSteps unpacking identifiziert werden.

5.5.23 Transit-Event

Beim Transit-Event handelt es sich um ein Object-Event mit einer speziellen Lokation. An eine Masterlokation (z. B. UN/LOCODE für eine bestimmte Stadt) werden die Geokoordinaten als extension angehängt; das ist auch bei Schiffen möglich.

Das Transit-Event erhält im bizStep-Feld den Wert: „transporting“. Das Disposition-Feld kann mit den Werten „delayed“, „in_time“ belegt werden.

Das Transit-Event kann anhand des bizSteps transporting identifiziert werden.

Dieses Event tritt bei den Prozess Außerbetrieblicher Transport auf.

5.5.24 Commissioning-Event

Dieses Event wird bei der Zuordnung (ADD) eines RFID-Tags zu einem Objekt geschrieben.

Das Commissioning-Event erhält im bizStep-Feld den Wert „commissioning“. Das Disposition-Feld erhält den Wert „active“.

Das Commissioning-Event kann anhand des bizSteps commissioning identifiziert werden.

5.5.25 Decommissioning-Event

Das Event wird bei der Freisetzung (DELETE) eines RFID-Tags von einem Objekt geschrieben.

Das Decommissioning-Event erhält im bizStep-Feld den Wert: „decommissioning“. Das Disposition-Feld erhält den Wert „inactive“.

Das Decomissioning-Event kann anhand des bizSteps decommissioning identifiziert werden.

5.5.26 Killing-Event

Dieses Event wird beim Zerstören eines RFID-Tags auf einem Objekt geschrieben. Das Objekt kann dabei mit derselben Nummer mittels anderer AutoID-Technologien weiterhin identifiziert werden. Nur der RFID-Tag wird funktionslos.

Das Killing-Event erhält im bizStep-Feld den Wert: „killing“. Das Disposition-Feld ist nicht weiter reglementiert.

Das Killing-Event kann anhand des bizSteps „killing“ identifiziert werden.

6 Der RAN-InfoBroker

Frank Schmid
Edmund Breit
Matthias Parlings

Dieses Kapitel stellt das in RAN entwickelte und prototypisch umgesetzte Konzept einer standardisierten Datenaustauschinfrastruktur, in RAN als InfoBroker bezeichnet, dar. Es werden insbesondere die konzeptionellen Ansätze des InfoBroker erläutert. Zunächst wird dem Leser das Grobkonzept des InfoBroker nähergebracht. Dazu wird insbesondere die der Entwicklung des InfoBroker zugrunde liegende Aufgabenstellung und die daraus abgeleiteten Anforderungen vorgestellt.

Anschließend wird die Architektur des RAN-InfoBroker vorgestellt. Ein Schwerpukt liegt dabei auf der Darstellung der Gemeinsamkeiten und Unterschiede zum EPCIS-Standard. Im abschließenden, dritten Unterkapitel werden Kernthemen bei der Entwicklung des InfoBroker näher erläutert. Es handelt sich dabei um die vorgenommenen Erweiterungen des EPCIS-Standards.

Die Konzeption des InfoBroker als Lösung zur Speicherung und Verteilung von eventbasierten Informationen ist im Kontext der Automobilindustrie entstanden. Vom Grundsatz wurde das Konzept jedoch industrieunabhängig angelegt. Ein Aufbau eines vergleichbaren Informations-Netzwerkes unter Nutzung der technolgischen Grundlagen des InfoBroker ist für andere Industrien wie Einzelhandel, Fashion-Industrie, Lebensmittelindustrie, Logistik oder auch Pharma sehr gut denkbar.

Basis für die Speicherung der ereignisbasierten Daten ist der GS1-EPCIS-Standard [EPCglobal 2007]. Seit Anfang des Jahres 2013 gibt es eine Arbeitsgruppe der GS1 zur Erweiterung des EPCIS-Standards, in der Teile der InfoBroker-Konzeptionen Eingang finden sollen. Im Einzelnen sind dies Vokabular-Erweiterungen und die Erweiterung der Queries um Security-Aspekte (vgl. Kapitel 6.3).

6.1 Grobkonzept

In diesem Kapitel wird das Grobarchitektur des RAN-InfoBroker beschrieben. Das Ziel ist es, dem Leser ein konzeptionelles Verständnis der vorgeschlagenen Lösung zu vermitteln. Zunächst wird dazu die Aufgabenstellung erläutert, die der Entwicklung des InfoBroker zugrunde gelegen hat.

Im Anschluss werden die Anforderungen an die Entwicklung des InfoBroker erläutert.

6.1.1 Aufgabenstellung

Die grundsätzliche Anforderung für die Entwicklung des InfoBroker war es, eine Datenaustauschinfrastruktur zu schaffen, die den zeitgerechten[2] Austausch von Informationen innerhalb von Zulieferernetzwerken in der Automobilindustrie ermöglicht bzw. erleichtert. Der Schwerpunkt liegt dabei auf dem Austausch von Informationen über den Fluss von Materialien, Produkten und Transportmitteln, sowie auf Informationen über Störungen des erwarteten Flusses. Die Übermittlung von Auftrags- und Abrechnungsdaten ist mit diesem Ansatz zwar ebenfalls möglich, war allerdings explizit nicht Gegenstand des Projektes. Die Ablösung der bisher in den Unternehmen genutzten, EDI-basierenden Systeme, ist nicht vorgesehen.

Mit dem InfoBroker sollte die software-technische Voraussetzung für eine durchgängige Transparenz in der Lieferkette geschaffen werden, die wiederum eine Voraussetzung für die Verbesserung der Prozesse im SCM und der Produktion sind. Eine hohe Transparenz, zuverlässige und schnelle Informationsverfügbarkeit sind Grundvoraussetzung für Prozessoptimierungen innerhalb einer Supply Chain und deren Produktionsabläufen.

Die Ist-Situation einer vereinfachten Supply Chain stellt Abbildung 58 dar. Die Abbildung zeigt eine Lieferkette, unterstützt von unabhängigen Einzelsystemen, bei der ein zuverlässiger Austausch relevanter Informationen zum Prozessablauf nicht oder nur in geringem Umfang automatisiert ist. Die Steigerung der Effizienz der Informtionsprozesse und die Steuerung der Materialflussprozesse bieten Potenzial für eine Optimierung. Diese ist beispielsweise erreichbar durch einen zeitnahen, standardisierten Austausch von relevanten Informationen zum Materialstatus.

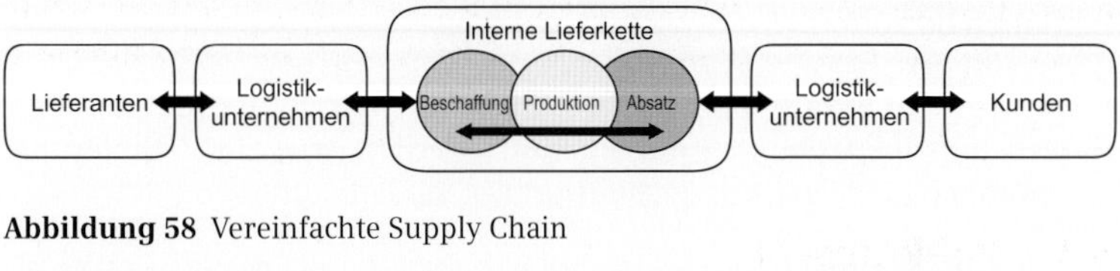

Abbildung 58 Vereinfachte Supply Chain

[2] Den Begriff ‚zeitgerecht' gilt es unter Berücksichtigung aller UCs in der Folge zu konkretisieren. Generell gilt jedoch: Für das Einstellen von Daten ins eigene Teil-Repository bzw. die Entnahme von Daten daraus (die evtl. vorab von Partnern beschafft wurden) können enge Vorgaben gemacht werden. Müssen Daten jedoch ad-hoc von Partnern besorgt werden, stellen Antwortzeiten der Partnersysteme und Netzwerkdurchlaufzeiten schwer präzisierbare Faktoren dar.

Dieser zeitnahe Austausch von relevanten Informationen in Verbindung mit einem hohen Grad an Automatisierung ist die grundlegende Anforderung für die Entwicklung des neuen Lösungsansatzes. Der InfoBroker als Datenaustauschplattform wird als Integrator von bisher meist nur lokal im Einzelunternehmen verfügbaren Prozessinformationen geplant.

Abbildung 59 stellt schematisch die Rolle des InfoBroker als Integrator der bisher überwiegend nur lokal bzw. unternehmensintern verfügbaren Informationen dar. Dabei sind alle Teilnehmer des Netzwerks über ein Netzwerk von lokalen Event-Repositories mit normierten Datenbanksystemen zur Speicherung von ereignisbasierten Daten, den InfoBroker, eingebunden.

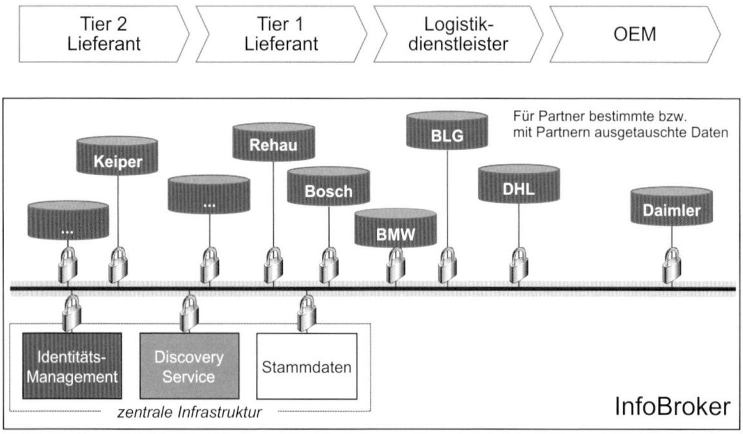

Abbildung 59 Datenaustausch für durchgängige Transparenz

Der InfoBroker ermöglicht den Teilnehmern den Austausch relevanter Prozess-Informationen, um einen überwachten und kontrollierten Prozessdurchlauf abzusichern. Dabei sind insbesondere die folgenden Informationen betroffen:

Informationen über Supply Chain-relevante Aktionen, die mit den Produkten und Teilprodukten durchgeführt werden, wie z. B. Anlieferung, Zusammenbau, Verpackung, Palettierung, Versand etc.

Informationen über Störungen im Prozessablauf, um effektiver Maßnahmen ergreifen zu können.

Definierte Ereignisse im Datenfluss, die während der Abarbeitung eines Prozesses auftreten (Statusmeldungen) und die ein Monitoring als Voraussetzung für effektive Steuerung zu unterstützen.

Die Plattform soll ein automatisiertes Erfassen und Berichten der Ereignisse (Events) über eine AutoID-Infrastruktur[3] unterstützen. Ein protokolliertes Ereignis umfasst die Beschreibung des serialsierten Objektes (Was?), den Ort (Wo?), die Zeit (Wann?) und in Verbindung mit einer Prozesslogik auch den jeweiligen Prozessschritt (Warum?). Diese Ereignisse, gespeichert in einem Event-Repository werden nach RAN-Terminologie von Assistenzsystemen genutzt. Assistenzsysteme können eigenständige Applikationen sein, aber auch als Erweiterungen für ERP- bzw. MES-Systeme realisiert werden. Die funktionelle Palette reicht von einfachen Systemen, die informieren, bis zu komplexen Systemen, die Prozesse überwachen und selbsttätig steuern (vgl. Kapitel 2.3 sowie 3.4).

Die über den InfoBroker ausgetauschten Daten und Ereignisse sind aus Sicht der sie bereitstellenden Unternehmen sicherheitsrelevant. Sie geben Auskunft über interne Abläufe und Zustände. Der InfoBroker muss deshalb den Sicherheits- und Datenschutzanforderungen der beteiligten Unternehmen entsprechen.

Im nachfolgenden Blockdiagramm ist schematisch die Positionierung des InfoBroker zwischen der Aufnahme von Ereignisdaten aus den Prozessen der Lieferketten und deren Bereitstellung zur Nutzung durch Assistenzsysteme dargestellt.

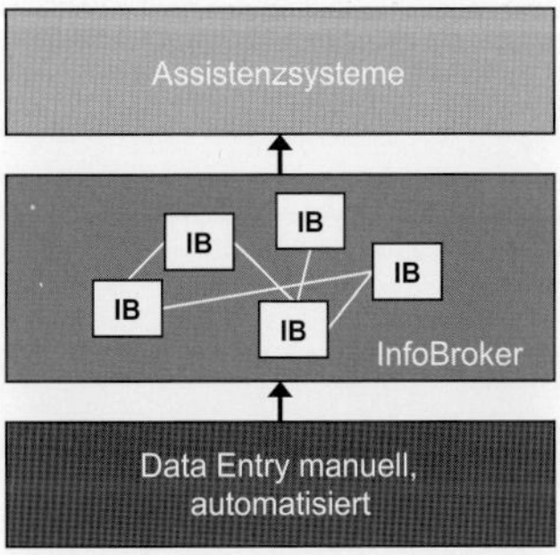

Abbildung 60 InfoBroker-Blockdiagramm

6.1.2 Anforderungen

Die Anforderungen an den InfoBroker setzen sich zusammen aus Grundanforderungen aus dem Kontext des RAN-Projektes, Anforderungen an die Architekturziele und weiteren nicht-funktionalen Anforderungen aus

[3] In diesem Kapitel taucht wiederholt der Begriff „AutoID-Infrastruktur" auf. Er steht als allgemeiner Sammelbegriff für die AutoID- (insbesondere RFID-) Hard-, Edge- und Middleware eines Unternehmens.

den RAN-Anwendungsfällen. Die wesentlichen Anforderungen werden im Folgenden erläutert. Zudem wird zum Abschluss dieses Abschnitts auf das Konzept zum Umgang mit der Datenintegrität im InfoBroker eingegangen.

Grundanforderungen

Aus der Gesamtaufgabenstellung des RAN-Projektes und aus den spezifischen Anforderungen der Anwendungsfälle haben sich eine Reihe von Grundanforderungen an den InfoBroker ergeben. Diese werden im Folgenden dargelegt.

Datenaustauschplattform

Es wurde eine Datenaustauschplattform gefordert, mit der primär AutoID-Ereignisse unternehmensübergreifend zwischen den an einer Lieferkette beteiligten Partnern ausgetauscht werden können. Diskutiert wurden verschiedene Ansätze und im Ergebnis hat sich das RAN-Konsortium auf einen dezentralen Architekturansatz geeinigt.

Die Daten und Ereignisse, sollen von den Unternehmen, die diese erzeugen, in lokalen Repositories gespeichert werden. Der InfoBroker stellt logisch ein System föderierter Repositories dar, das im Idealszenario alle Repositories der Teilnehmer umfasst (vgl. Abbildung 61).

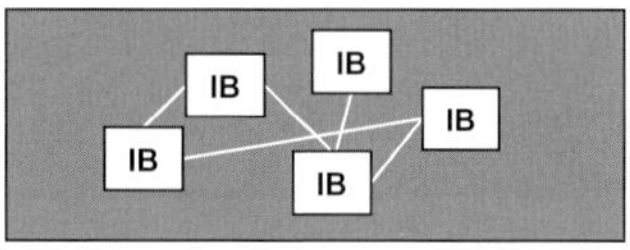

Abbildung 61 RAN-InfoBroker – Netzwerk föderierter Repositories

Der Datenaustausch zwischen den Partnern erfolgt über das Internet unter Anwendung von anerkannten Sicherheitsstandards wie Verschlüsselung der über das Netz transferierten Daten, Nutzung von Zertifikaten, abgesicherte Systeme in der Netzwerk-DMZ etc.

Die Ereignisse sollen über den momentanen Aufenthaltsort (wo, wann) und den jeweiligen Prozess- und Dispositionsstatus (was, warum) der ausgetauschten Objekte Auskunft geben.

Hosting/Cloud-based Solution

Nicht alle an Lieferketten teilnehmende Unternehmen werden selbst eigene InfoBroker-Instanzen betreiben wollen. Der Lösungsansatz muss daher auch Hosting-Modelle architekturell unterstützen.

Fluktuation bei Lieferkettenteilnehmern

Partner in der Lieferkette können wechseln. Dem muss der InfoBroker dahingehend Rechnung tragen, dass die Administration von Änderungen z. B. beim Teilnehmerstatus oder dem Hinzufügen neuer Partner mit überschaubarem Aufwand möglich sein muss.

Eine Anforderung ist auch die weitere Nutzung von Daten ausscheidender Partner. Für rückwirkende Auswertungen und Berichte müssen Ereignisdaten ausscheidender Partner inklusive der notwendigen, diese beschreibenden Daten, verfügbar bleiben. Um dies sicherzustellen, müssen die Daten zum jeweiligen Empfänger hin repliziert werden können.

Anforderungen an die Architektur – Architekturziele

Grundlegend für eine Akzeptanz von neuen Systemen in einer Industrie sind die Nutzung von Standards und eine möglichst offene Architektur, die eine einfache und schnelle Integration ermöglicht. Um in der Automobilindustrie eine größtmögliche Akzeptanz für RAN zu erreichen und die Offenheit des Systems garantieren zu können, ist es daher notwendig, eine hohe Standardisierung der Lösungskomponenten zu erreichen. Die Architekturziele berücksichtigen standardisierte Datenformate, Schnittstellen und Services. Skalierbarkeit und Datensicherheit sind weitere wesentliche Anforderungen.

Standardisierte Datenformate

Die ausgetauschten Daten müssen ein einheitliches Format haben. Idealerweise wird für den Datenaustausch in RAN-InfoBroker-Netzwerken auf einem vorhandenen Standard aufgebaut. Zusätzlich setzt der unternehmensübergreifende Informationsaustausch voraus, dass sich alle Teilnehmer auf ein gemeinsames Datenmodell einigen. Es muss ein gemeinsames Vokabular bezüglich Objektkennungen, Prozessstatus und Disposition geben. Auch ein gemeinsames Teilnehmerrollenverständnis muss existieren.

Die Anforderungen bezüglich der Datenstandardisierung wurden in RAN in einem eigenen AP (AP 2) adressiert. Auf den Ergebnissen, die in Kapitel 5 dargestellt sind, konnte bei der Entwicklung des InfoBroker aufgebaut werden.

Standardisierte Schnittstellen

Der Zugriff auf die Daten des InfoBroker erfolgt über standardisierte Interfaces. Sie werden gleichermaßen für den Zugriff auf eigene, lokal gespeicherte Daten sowie auf entfernt gespeicherte Partnerdaten verwendet. Auf Daten zugreifende Anwendungen benutzen in beiden Fällen lokale Schnittstellen. Es sind daher keine Kenntnisse über die reale Verteilung der Daten notwendig. Der Zugriff auf InfoBroker-Repositories von Partnern wird für diese transparent gehandhabt.

Zentrale Services

Auch eine dezentrale Gesamtarchitektur erfordert zentrale Dienste für eine kontrollierte Administration. Hierzu gehören:

- Namens- und Suchdienste
- Registration neuer Teilnehmer
- Security Services für diese zentralen Dienste

Zudem werden dazugehörige administrative Daten zentral gehalten. Bei den administrativen Daten für zentrale Security-Services handelt es sich nicht um Nutzerdaten von Teilnehmern, sondern um Informationen für den berechtigten Zugang zu den zentralen Diensten. Diese unterscheiden sich von den Nutzerdaten und repräsentieren gegebenenfalls nur ein Unternehmen.

Weitere nicht-funktionale Anforderungen aus möglichen Einsatzszenarios

Neben den Grundanforderungen und Anforderungen aus den Architekturzielen sind im Laufe des RAN-Projektes weitere nicht-funktionale Anforderungen aus den Anwendungsfälllen und weiteren potentiellen Einsatzszenarios deutlich geworden. Diese werden im Folgenden erläutert.

Skalierbarkeit

Eine wachsende Zahl an Teilnehmern und das entsprechend steigende Datenaufkommen dürfen nicht zu strukturellen Engpässen führen. Die Architektur muss Laststeigerungen allein durch mehr Rechen- und Netzwerkkapazität kompensieren können.

Verfügbarkeit

Eine 7 × 24-Verfügbarkeit muss gewährleistet sein, insbesondere für zentrale Dienste und Daten. Für Teil-Repositories können die Anforderungen an die Verfügbarkeit geringer sein und entsprechend der nutzenden Teilnehmer (Eigentümer und dessen Geschäftspartner) geregelt werden. Ausfälle der IT-Infrastruktur müssen auch abgesichert sein.

Datensicherheit

Es bestehen hohe Anforderungen an die Sicherheit der Daten und Ereignisse, die über den InfoBroker ausgetauscht werden. InfoBroker-Teilnehmer dürfen nur auf ausdrücklich für sie bestimmte Daten und Ereignisse zugreifen können. Unbefugte Parteien oder Externe müssen ausgesperrt bleiben. Die Datensicherheit ist entsprechend zu überwachen. Die Zugriffsrechte werden dabei vom Dateneigentümer vergeben.

Transaktionalität, Betriebssicherheit

Der InfoBroker ,verliert' keine Daten. Erfolgreich eingestellte Daten stehen damit den berechtigten Zugriffsparteien sicher zur Verfügung. Gleiches gilt für Subskriptionen (Algorithmus zum Kopieren von Events zwischen InfoBroker-Repositories).

Integrierbarkeit

Die dezentralen Komponenten des InfoBroker müssen sich in unterschiedliche IT-Landschaften integrieren lassen. Der InfoBroker darf keine bestimmte Hardware voraussetzen. Auch darf der InfoBroker keine spezifischen Anforderungen an die Assistenzsysteme stellen, die diesen als wesentliche Informationsquelle nutzen. Die zur Verfügung gestellten Schnittstellen müssen implementierungsunabhängig und aus unterschiedlichsten Anwendungskontexten heraus nutzbar sein.

Testbarkeit

Alle (dezentralen) Komponenten müssen unabhängig vom Gesamtsystem testbar sein.

Wartbarkeit, Software Updates

Alle InfoBroker-Komponenten, inklusive Software-Updates, müssen innerhalb der maximal tolerierten Ausfallzeiten wartbar sein.

Datenintegrität im InfoBroker-Konzept

Unter dem Begriff der Datenintegrität sind im Kontext von RAN mehrere Aspekte vereint, die im Folgenden in Bezug auf das InfoBroker-Konzept erörtert werden.

Daten dürfen während des Transportes nicht modifiziert werden können. Dieser Dimension wird im InfoBroker-Konzept durch die Verwendung von etablierten Kommunikationsprotokollen wie HTTPS Rechnung getragen. Hypertext Transfer Protocol Secure (HTTPS) ermöglicht eine Verschlüsselung der Datenübertragung. Über das Transportprotokoll Transmission Control Protocol (TCP) wird sichergestellt, dass unterwegs keine Datenpakete „verloren gehen".

Die syntaktische Integrität eines EPCIS-Events (d. h. die korrekte Schreibweise gemäß EPCIS-Standard) wird abgesichert. Dies geschieht beim Einstellen eines Events im InfoBroker-Repository über eine Validierung gegen die definierten XML-Schemata. Eine Integrität aller Ereignisse bezogen auf ein Objekt wird insofern abgesichert, als dass keine Schnittstelle angeboten wird, über die Eventdaten aus einem Repository gelöscht werden können.

Eine semantische Integrität der eingestellten Daten wird im Rahmen des InfoBroker nicht abgesichert. Dies bedeutet konkret, dass nicht geprüft wird, ob die (syntaktisch korrekt) eingestellten Events im Sinne des Prozesses, in dessen Durchlauf sie entstanden sind, einen Sinn ergeben. Die Prüfung der semantischen Integrität kann „außerhalb" des InfoBroker in der Capturing Application erfolgen oder im „Accessing Layer", der Zugangsschnittstelle zum Assistenzsystem, geprüft werden.

Die Begründung für diese Entscheidung ist, dass ein Assistenzsystem immer seine „eigene" Interpretation der Materialfluss-Informationen im InfoBroker haben muss, um den beim Partner realisierten Prozess bestmöglich unterstützen zu können. Die semantische Integrität ist von der zeitlichen Integrität der Daten (also von den plausiblen Erfassungszeitpunkten) abhängig. Hierbei handelt es sich um einen technischen Aspekt, durch dessen Fehlverhalten die inhaltliche Aussage der Daten verfälscht wird.

6.2 Die Architektur des InfoBroker

Nachdem das Grundkonzept und die Anforderungen im Kontext der InfoBroker-Entwicklung dargestellt wurden, widmet sich dieses Unterkapitel dem Architekturkonzept des InfoBroker. Zunächst werden die technischen Randbedingungen beschrieben, unter denen die Entwicklung des InfoBroker stattgefunden hat. Da der EPCIS-Standard die wesentliche Grundlage für die InfoBroker-Entwicklung ist, widmet sich im Anschluss ein Exkurs der Vorstellung des EPCIS-Standards. In den weiteren Abschnitten werden der Systemkontext, die Systemarchitektur sowie die Schnittstellen erläutert.

6.2.1 Technische Randbedingungen

Die folgenden technischen Randbedingungen bildeten den Rahmen für die Entwicklung des InfoBroker:

EPCIS-Standard

In den zuständigen RAN-Gremien wurde entschieden, dass der EPCIS-Standard (vgl. Exkurs in Kapitel 6.2.2) als Basis für die Implementierung des InfoBroker dienen soll. Der Standard umfasst:

- Ein Datenmodell für Ereignisse aus dem Lebenszyklus von AutoID-Objekten,
- Schnittstellen für das Erfassen solcher Ereignisse und den Zugriff darauf sowie
- Services für das Auffinden von zu Objekten gehörigen Ereignissen.

Mittels EPCIS werden Anwender (Unternehmen, Behörden, Lieferketten, etc.) in die Lage versetzt, Transparenz und Kontrolle über ihre jeweiligen Prozesse bedeutend zu steigern. Der Standard ist, vor allem im Handel, weit verbreitet, was nicht zuletzt an der Vielzahl der vorhandenen Referenzimplementierungen deutlich wird.

Schnittstellen

Da die unterschiedlichsten Anwendungen und Systeme mit dem InfoBroker zu integrieren sind, müssen die InfoBroker-Schnittstellen implementierungsunabhängig sein. Über den InfoBroker ausgetauschte Daten und Ereignisse haben das XML-Format. Der Zugriff darauf kann sowohl per Web Service oder Message Queue erfolgen.

Web Service und Message Queue sind zwei unterschiedliche Verfahren für den Umgang mit Server-Anfragen und dem Datenaustausch im Netzwerk (Internet). Beim Web Service senden Client-Programme im Allgemeinen Anfragen an einen Web Service, und dieser antwortet mit der gewünschten Information. Web Services sind Bestandteil von Softwaresystemen, die automatisiert Daten austauschen oder Funktionen auf fernen Rechnern aufrufen. Bei diesem Verfahren ist nicht sichergestellt, dass der Web Service verfügbar ist und die Antwort erfolgt.

Aus diesem Grund gibt es das Konzept des Message Queueing (Nachrichten-Warteschlange). Es ermöglicht die Kommunikation von Programmen über ein Netzwerk von unterschiedlichen Hard- und Softwarekomponenten. Die Programme können Informationen austauschen, ohne dass eine direkte Verbindung zwischen ihnen besteht. Die Kommunikation findet statt, indem die Programme ihre Nachrichten in Message Queues ablegen und daraus entnehmen. Die Empfänger-Applikation kann diese Nachricht dann asynchron abholen (eine Art Briefkastenprinzip mit FIFO-Regel; FIFO = First in first out). Hierbei gehen keine Nachrichten verloren, wenn das Zielsystem einmal nicht erreichbar sein sollte. Es handelt sich somit um eine gesicherte Informationsübertragung.

Systemvorgaben

Die hier vorgestellte InfoBroker-Architektur wurde als Prototyp von den RAN-Konsortialpartnern DHL, IBM und SAP implementiert und bereitgestellt. Dabei war den Partnern freigestellt, welche Betriebssysteme und Middleware-Plattformen sie unterstützen.

Systembetrieb

Wie bereits erwähnt, muss der InfoBroker die Sicherheitsanforderungen der beteiligten Unternehmen berücksichtigen und in deren IT-Landschaft integrierbar sein. Für die dezentralen Komponenten des InfoBroker gibt es dabei die folgenden zwei Betriebsvarianten:

- lokal, betrieben durch den jeweiligen Teilnehmer
- gehostet, d. h. betrieben durch einen Dienstleister

Das Konzept sieht ferner vor, dass die zentralen Dienste separat, von einer unabhängigen Governance-Organisation betrieben werden.

6.2.2 Exkurs: EPCIS

EPCIS ist ein von GS1 und EPCglobal gemeinsam mit der Industrie entwickelter Standard zum Erfassen und Austauschen von EPC-basierten Daten innerhalb und zwischen Unternehmen. In der Version 1.0 wurde der Standard 2007 ratifiziert. Zur Laufzeit von RAN lag der Standard in der Version 1.0.1 vor [EPCglobal 2007]. Eine Version 1.1 ist in Arbeit.

Das Ziel des EPCIS-Standards ist es, den Austausch von Events und Daten zwischen verschiedenartigen Anwendungen zu ermöglichen. Er fokussiert sich daher auf die Definition von Ereignis- und Datenformaten sowie (abstrakten) Schnittstellen. Definiert wird dadurch eine Referenzarchitektur zum Erfassen und Austauschen von AutoID-Daten.

Überblick

Die Abbildung 62 gibt einen Überblick über die Schichten der EPCIS-Spezifikation und deren Entsprechungen im RAN-Kontext. Die Darstellung hilft, die weiter unten beschriebenen Schnittstellen genauer einordnen zu können.

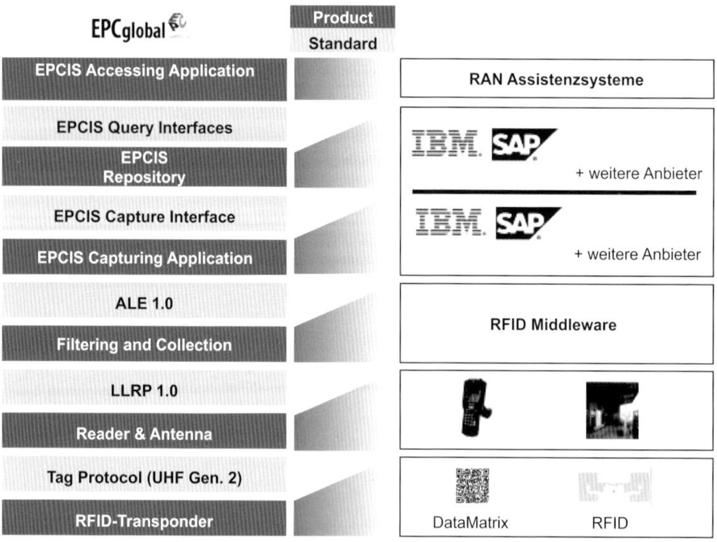

Abbildung 62 Schichten der EPCIS

EPCIS-Events

Wie in den Anforderungen erwähnt, nutzen dem InfoBroker zur Verfügung gestellte, ebenso wie daraus extrahierte Informationen, das syntaktische Format von GS1 EPCIS-Events.

EPCIS-Events entstehen bei der Durchführung von Geschäftsprozessen. Es wird protokolliert, für welches Objekt, an welchem Ort und zu welcher Zeit ein bestimmter Prozessschritt ausgeführt wurde. Kernelemente eines EPCIS-Events sind demnach:

- Eine eindeutige Benennung des Objektes, auf das sich das Ereignis bezieht (was)
- Der Ort, an dem das Ereignis stattfand (wo)
- Die Zeit, zu der das Ereignis stattfand (wann)
- Der Prozessschritt, in dem das Ereignis beobachtet wurde (warum)

Stammdaten

Neben EPCIS-Events muss der InfoBroker eine weitere Art von Informationen handhaben: Stammdaten. Stammdaten sind Daten, die der Klassifikation und Charakterisierung von Sachverhalten dienen. Sie definieren das Vokabular von Ereignissen und damit den Kontext für die Interpretation von Ereignisdaten.

Stammdaten ändern sich nur selten. Im Vergleich zu Ereignisdaten ist ihr Volumen gering. Sie definieren z. B. Produktkategorien, Prozessschritte, Teilnehmerlisten, Standorte, Credentials etc. Die Definition dieser Daten wurde ebenfalls in RAN vorgenommen und ist in Kapitel 5 beschrieben.

Schnittstellen

Im EPCIS-Standard sind folgende Schnittstellen definiert:

- Capture Interface
  Über diese Schnittstelle werden dem InfoBroker Daten und Ereignisse zur Verfügung gestellt. Sie werden in XML-Repräsentation entweder synchron über Hypertext Transfer Protocol (HTTP) für Web Service oder Message Queue angeliefert.
- Query Interface
  Das Query Interface dient den Assistenzsystemen zur Extraktion von Daten und Ereignissen aus dem InfoBroker. Sie werden in XML-Repräsentation über SOAP oder HTTP(S) geliefert. Dabei werden zwei Interaktionsmodi unterstützt:
  - Synchroner Anfragemodus („pull"): Eine Klientenanwendung stellt eine Anfrage, auf die unmittelbare eine Antwort geliefert wird.
  - Asynchroner Subskriptionsmodus („push"): Ein Klientenanwendung abonniert Daten und Ereignisse, die dann entweder periodisch oder basierend auf definierten Ereignissen geliefert werden.

Dafür definiert der EPCIS-Standard die folgenden zwei Schnittstellen:

- Query Control Interface: Dieses Interface umfasst hauptsächlich Methoden zum synchronen Abholen von Daten und Ereignissen sowie zum Abonnieren von Daten und Ereignissen und zum Aufkündigen von Subskriptionen.
- Query Callback Interface: Über die im Callback Interface definierten Methoden werden abonnierte Daten und Ereignisse an den sogenannten Subskribenten (Empfänger) geliefert.

Anmerkung: Im zur Laufzeit von RAN aktuellen EPCIS 1.0.1 Standard ist keine Schnittstelle für die Definition neuer Queries vorgesehen. Der Standard gibt eine größere Menge anpassbarer Anfragen vor, die von einem standardkonformen System zur Verfügung gestellt werden sollen.

Object Naming Service

Dieser Dienst erlaubt es, den „Herkunftsort" von Objekten zu bestimmen, d. h. das Repository, in dem der zugehörige EPC erzeugt wurde.

Discovery Service

Dieser Service erlaubt es, alle für den Benutzer zugänglichen, im Teilnehmerverbundnetz verfügbaren Daten zu finden und darauf zuzugreifen. Er ist im EPCIS-Standard vorgesehen, allerdings bisher nicht spezifiziert. Für die prototypische Implementierung des InfoBroker ist eine entsprechende Umsetzung durchgeführt worden.

6.2.3 Systemkontext

Wie in den bisherigen Ausführungen erwähnt, fungiert der InfoBroker als Datenaustauschplattform zwischen (und ggf. innerhalb von) Unternehmen. Er interagiert dabei mit zwei Arten von Klienten:

Produzenten von EPCIS-Events: Dies sind in erster Linie Capturing Applications, die von AutoID-Lesegeräten (z. B. RFID-Readern) gelesene Daten zu EPCIS-Events aufwerten, indem sie diese mit Lokations- und Prozessstatusinformationen anreichern. Aber auch durch Geschäftsanwendungen wie ERP- oder MES-Systeme können Events generiert und bereitgestellt werden. Es können Events eingestellt werden, die sowohl bei internen als auch bei externen SCM-Prozessen entstehen.

Konsumenten von EPCIS-Events: Nach RAN-Terminologie sind dies Assistenzsysteme, die zur Unterstützung der Steuerung der Prozesse im SCM genutzt werden. Sie beziehen über den InfoBroker von Partnern zur Verfügung gestellte Events und Daten.

Als Schnittstellen werden in beiden Fällen die im EPCIS-Standard vorgeschlagenen Schnittstellen verwendet. Abhängig von den im weiteren Verlauf von RAN ermittelten Anforderungen an den InfoBroker sind diese Schnittstellen erweitert worden.

Abbildung 63 stellt den allgemeinen Systemkontext des RAN-InfoBroker dar. Daneben bietet der InfoBroker weitere, im Bild nicht festgehaltene administrative Services an. Diese werden von separaten Administrationsanwendungen benutzt und stehen in der Regel nicht allen Teilnehmern, sondern einer der Governance-Organisation zur Verfügung.

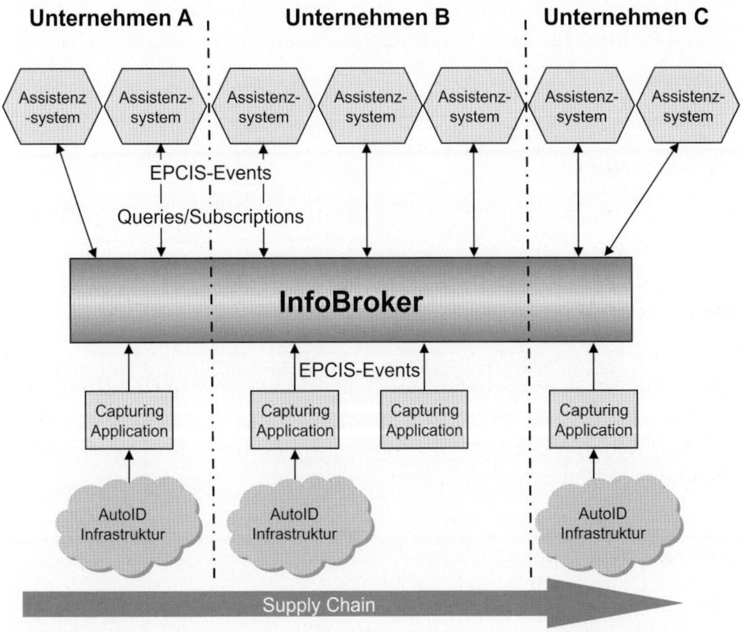

Abbildung 63 Systemkontext des RAN-InfoBroker

6.2.4 InfoBroker-Systemarchitektur

Der RAN-InfoBroker ist ein verteiltes System. Jeder Teilnehmer betreibt eines oder mehrere lokale Repositories, mit denen seine Anwendungen (Capturing Applications und Assistenzsysteme) kommunizieren. Die Kommunikation mit anderen Teilnehmern erfolgt über das lokale InfoBroker-Repository, das mit seinen Pendants Daten austauscht. Die Applikationen selbst treten nicht direkt mit externen Repositories in Kontakt.

Auch der Zugriff auf zentrale Dienste des InfoBroker erfolgt über das lokale Repository. Diese Dienste werden von keinem der Teilnehmer, sondern von einer unabhängigen Governance-Institution betrieben. Schematisch ist die Systemarchitektur in Abbildung 64 dargestellt.

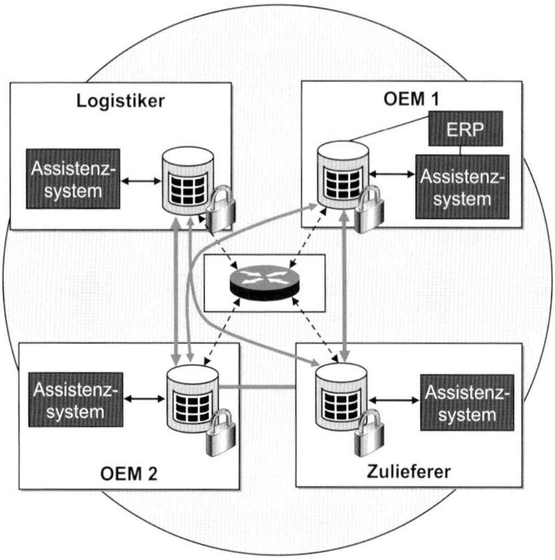

Abbildung 64 InfoBroker-Systemarchitektur

Die lokalen InfoBroker-Repositories sind miteinander und mit den zentralen Services per Internet verbunden. Assistenzsysteme und Capturing-Anwendungen nutzen die EPCIS-Schnittstellen, um mit ihrem lokalen InfoBroker-Repository zu kommunizieren. Eine Teilmenge davon, die Query Interfaces, werden auch zur Kommunikation zwischen InfoBroker-Repositories verwendet. Anfragen an zentrale Dienste werden von dem zuständigen lokalen InfoBroker-Repository an den Dienstleister, eine Governance-Institution, weitergeleitet.

Alle Schnittstellen können sowohl aus dem Intranet als auch aus dem Internet heraus verwendet werden. In den Unternehmen muss sichergestellt werden, dass die benötigten Kommunikationskanäle auch für den Zugang von außen freigeschaltet sind.

6.2.5 InfoBroker-Schnittstellen

Der RAN-InfoBroker stellt drei Arten von Schnittstellen zur Verfügung:

1. Datenaustauschschnittstellen
2. Schnittstellen der zentralen Services
3. Administrationsschnittstellen

Datenaustauschschnittstellen

Hinsichtlich des Datenaustauschs sind die folgenden zwei Schnittstellen erforderlich:

Datenerfassungsschnittstelle

Über diese Schnittstelle können AutoID-Ereignisse an den InfoBroker übermittelt werden. Dies wird durch die Implementierung des „Capture Interface" realisiert.

Datenextraktionsschnittstellen

Diese Schnittstellen erlauben den Zugriff auf im InfoBroker vorhandene Daten. Dabei müssen zwei Arten des Zugriffs unterstützt werden:

1. Abfrage von Daten, die vorgegebenen Suchkriterien entsprechen (synchron, „Pull-Mode").
2. Automatische Bereitstellung von einem vordefinierten Muster entsprechenden Daten. Dies erfolgt entweder in regelmäßigen Intervallen oder basierend auf eintretenden Ereignissen (asynchron, „Push-Mode").

Die entsprechenden, in der EPCIS genannten Schnittstellen sind das „Query Control Interface" und das „Query Callback Interface".

Schnittstellen der zentralen Services

Die folgenden zentralen Dienste wurden im RAN-Projekt identifiziert:

- Object Naming Service
- Discovery Service
- Authentifizierungs- und Autorisierungsservice
- Dienst für das Registrieren bzw. Deregistrieren von Teilnehmern, Systemkomponenten etc.
- Dienst für die Authentifizierung und Autorisierung gegenüber den anderen zentralen Diensten.

Der Begriff der zentralen Dienste ist nicht gleichzusetzen mit einer rein zentralen Nutzung. Alle hier beschriebenen Schnittstellen kann ein Nutzer auch von seinem lokalen Repository aus ansprechen. Dies muss jedoch nicht durch eine explizite Nutzeraktion erfolgen. Serviceanforderungen können transparent durchgereicht werden und Aktionen ausführen z. B. eine Anfrage an den zentralen Discovery-Service von einem lokalen Repository heraus.

Administrationsschnittstellen

Administrationsaufgaben fallen sowohl lokal als auch zentral an. Zentrale Administrationsaufgaben sind:

- das Registrieren bzw. Deregistrieren von Teilnehmern
- das Registrieren bzw. Deregistrieren von Systemkomponenten

Zu den lokalen Administrationsaufgaben zählt die Vergabe von Zugriffsrechten auf lokale Repositories.

6.3 Der RAN-InfoBroker im Detail – Erweiterungen gegenüber dem EPCIS-Standard

Aus den im Abschnitt Anforderungen dargestellten Forderungen hat das technische Team die folgenden Erweiterungen zum EPCIS-Standard definiert und ausgearbeitet:

- Administrationsdatenmodell
- Security Model mit einem Rollenkonzept
- Mechanismen zum automatisierten Stammdatenaustausch
- Custom-Query-Modell
- Unterstützen eines eigenen Buisness-Vokabulars
- RAN Event-Formate

Abbildung 65 veranschaulicht grafisch diese im RAN-Projekt erarbeiteten Erweiterungen in einer Übersicht.

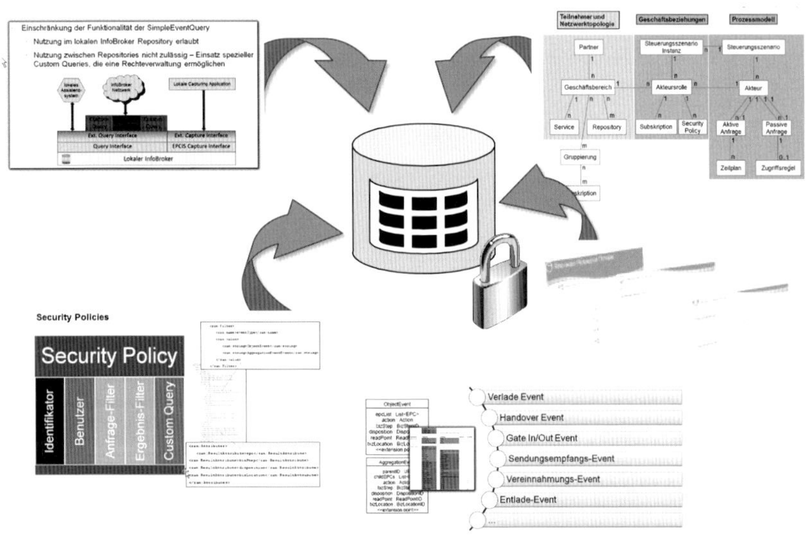

Abbildung 65 RAN-InfoBroker-Erweiterungen zum EPCIS-Standard

In einem ersten Schritt wurden im InfoBroker-AP des RAN-Projektes die Konzepte für die Erweiterungen erarbeitet und dazu technische Dokumente erstellt. Die Konzepte wurden in der im vorangegangenen Kapitel vorgestellten RAN-InfoBroker-Architektur zusammengefasst. Das Architekturbild in Abbildung 66 zeigt die einzelnen RAN-Erweiterungen und die Integration mit einem Standard-EPCIS auf hoher Ebene.

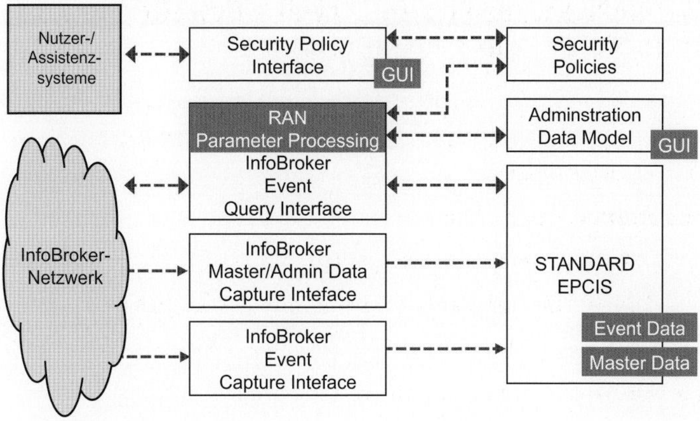

Abbildung 66 RAN-InfoBroker Architektur-Komponenten

Im Folgenden werden die Erweiterungen des EPCIS-Standard vorgestellt, die in RAN direkt dem AP der Entwicklung des InfoBroker zugeordnet waren. Die oben genannten EPCIS-Erweiterungen der Unterstützung eines eigenen Business-Vokabulars sowie die Definition von RAN-Event-Formaten wurden im AP Datenstandardisierung adressiert. Sie sind daher in den Kapiteln 5.4 bzw. 5.5 beschrieben.

6.3.1 Administrationsdatenmodell

Die Administration eines offenen Netzwerkes von Data Repositories erfordert ein vielschichtiges Konzept. Im EPCIS-Standard gibt es hierzu keine Definition, da der Standard von geschlossenen Netzwerken mit bekannten Teilnehmern ausgeht.

Für den RAN-InfoBroker wurde ein dreischichtiges Konzept entwickelt, das die Netzwerktopologie, Geschäftsbeziehungen und das Prozessmodell berücksichtigt (vgl. Abbildung 67).

Das Konzept des Administrationsdatenmodells wurde entwickelt, diskutiert und dokumentiert und exemplarisch implementiert. Die Möglichkeiten und die Funktionalität des Modellansatzes konnten so demonstriert und getestet werden.

Das Administrationsdatenmodell ist wesentlicher Teil der Absicherung der Informationen im InfoBroker-Netzwerk. Im Administrationsdatenmodell werden alle Beziehungen, die ein RAN-Teilnehmer im Netzwerk hat, angelegt und gepflegt. Die jeweiligen Steuerungsszenarios mit den Akteuren und den jeweiligen Rollen und Rechten sind ebenfalls dort dokumentiert (vgl. Kapitel 3.1).

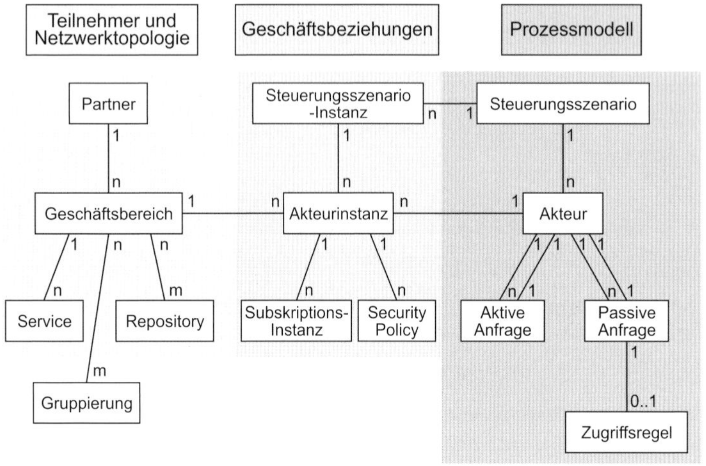

Abbildung 67 Administrationsdatenmodell

6.3.2 Security Features

Im EPCIS-Standard ist kein Sicherheits-Konzept definiert. Das RAN-Projektteam hat Datenschutz und Datensicherheit sehr hoch eingestuft und aus dieser Notwendigkeit ein Security-Policy-Modell entwickelt. Die Security Policies des RAN-InfoBroker greifen mehrstufig über die Ebenen Identifikator, Benutzer, Anfrage-Filter, Ergebnis-Filter und Custom Query (vgl. Abbildung 68).

Hervorzuheben ist der Ansatz, über die 25 definierten RAN-Event-Typen (vgl. Kapitel 5.5) und die entsprechend korrelierenden Custom Queries die Anfragen zu filtern und die Ergebnisse der Anfragen zu kontrollieren. Dieser Ansatz ist vergleichsweise einfach im Rahmen des EPCIS-Standards umsetzbar und dennoch ein wirksamer Schutz.

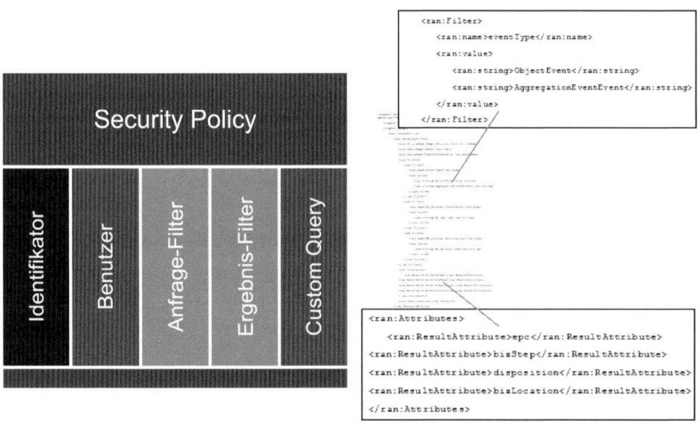

Abbildung 68 RAN Security Policy Modell

Der Zugriff auf die Custom Queries wird über ein Benutzer- und Rollenkonzept kontrolliert. Eine oder mehrere Rollen können einem Benutzer zugewiesen werden. Die Rollen stehen in direktem Zusammenhang mit dem RAN-Prozessmodell, über das Akteure und deren Rollen definiert wurden. Mit der Authorisierung sind die rollenspezifischen Abfragen freigeschaltet.

6.3.3 Filtermechanismen

Eine weitere Sicherheitsfunktion sind Filtermechanismen, die sowohl Anfragen als auch die Ergebnisse von Anfragen überwachen.

Wird eine Anfrage gestellt, führt das im ersten Schritt zu einer Überprüfung der Berechtigung des Akteurs, diese Anfrage ausführen zu dürfen. Hier wird das RAN-Akteurs- und -Rollenmodell herangezogen und es werden entsprechende Filter gesetzt. In dem in Abbildung 69 dargestellten Beispiel stellt der Anwender „BMW“ mit der Rolle „Goods Receiving oder Replenishment“ eine Anfrage an das System. Mit dieser Rolle ist es nur zugelassen, Ereignisse mit dem Objektattribut „ship to: BMW“ anzufordern. Dies entspricht dem Anfrage-Filter. Die zusammengestellten Ergebnisse der Abfrage werden ein weiteres Mal über den Ergebnis-Filter geprüft, Informationen mit Objektattributen z. B. „ship to: Daimler“ werden gefiltert und nicht herausgegeben. Erst wenn alle Schritte erfolgreich durchlaufen sind, werden die Daten bereitgestellt.

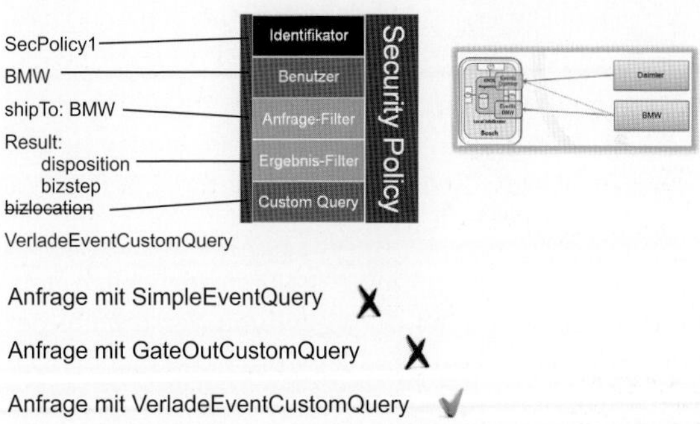

Abbildung 69 Beispiel Filtermechanismen

6.3.4 Custom Queries

Für den Zugriff auf Eventinformationen stellt der EPCIS-Standard eine “simple event query” zur Verfügung. Diese Abfrage gibt alle Informationen zu einem bestimmten Objekt ungeprüft und ungefiltert zurück. Diese Abfrage ist ausgelegt für offene Netzwerke ohne Einschränkungen im Informationsaustausch. In Informationsnetzwerken, die einen kontrollierten und vertraulichen Umgang mit Informationen erfordern, müssen andere Mechnismen entwickelt werden. Für den RAN-InfoBroker wurde das Konzept der RAN Custom Query entwickelt. RAN Custom Queries sind vordefinierte Abfragen bezogen auf spezifische RAN-Events. Das Konzept der Custom Query ist Teil der RAN-InfoBroker-Zugriffsmechanismen und reduziert die Komplexität bei der Absicherung des Datenzugriffs und das Security-Policy-Konzept im Ganzen.

Als Erweiterung zum EPCIS-Standard Query Interface wurde das in Abbildung 70 dargestellte RAN-Query-Interface entwickelt und prototypisch umgesetzt.

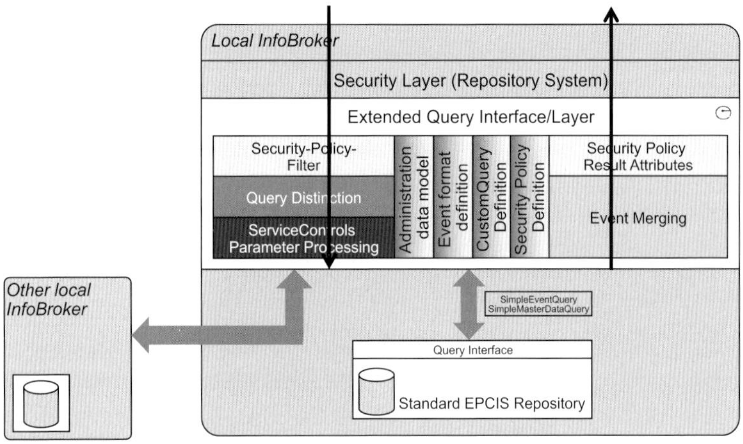

Abbildung 70 Erweitertes RAN-Query-Interface

Danksagung

Die Autoren dieses Kapitel möchten an dieser Stelle ausdrücklich denjenigen Projektpartnern danken, die bei der Erstellung der Inhalte der InfoBroker-Konzeptionierung im Rahmen des RAN-Projektes maßgeblich mitgewirkt haben. Stellvertrentend für die vielen am RAN-AP 3 – InfoBroker und Assistenzsysteme – beteiligten Unternehmen und Personen seien an dieser Stelle Sven Horn und Ralf Zillmann von SAP sowie Werner Schollenberger von IBM genannt.

7 Die RAN-Erfassungsklassen

Thomas Bleisteiner, Alejandro Ramirez,
Dirk Werthmann

In diesem Kapitel wird ein Umsetzungsbeispiel zu den in Kapitel 3.6.1 definierten Erfassungsklassen beschrieben. Dabei wird jeweils die konkrete prototypische Umsetzung der Erfassungsklasse dargestellt und es werden die Ergebnisse der Tests beschrieben, welche mit diesen Prototypen durchgeführt wurden. Weiterführende Informationen können dem Dokument RAN „RFID-Equipment, Aufbau und Betrieb" [RAN-Konsortium 2013d] entnommen werden.

7.1 Mobile Ortung

7.1.1 Hardwarebeschreibung

Vom BIBA wurde das von BLG LOGISTICS konzipierte und patentierte System zur automatisierten Dokumentation der Einlagervorgänge von Fahrzeugen mit dem Namen *easyTracing System* (eTS) weiterentwickelt und prototypisch getestet [Scholz-Reiter et al. 2012b]. Diese Entwicklung ist innerhalb des RAN-Projekts in die Erfassungsklasse 5 „Mobile Ortung" einzuordnen.

Das eTS ist als Wearable Computing System konzipiert. Es soll zukünftig im Rahmen der Warenbewegungsprozesse zwischen den verschiedenen Stellflächen, Vorstauflächen von Technikstationen und Dispositionsflächen der BLG Autoterminals eingesetzt werden mit dem Ziel, die Abarbeitung der hohen Stückzahlen unterschiedlichster Varianten von Einzelgütern mit Förderfahrzeugen weiter zu verbessern. Hierbei steht vor allem die verbesserte Unterstützung der Werksangestellten während der Warenbewegungsprozesse im Vordergrund, durch die sich letztlich Fehler vermeiden lassen.

Des Weiteren können nicht-wertschöpfende Tätigkeiten wie das nachträgliche Scannen der Förderfahrzeuge durch das eTS automatisiert und in die Kernprozesse integriert werden. Besondere Vorteile bietet das System durch seine Flexibilität, die es ermöglicht, Änderungen in den Prozessabläufen zeitnah an die Fahrer zu kommunizieren und von diesen durch das Wearable Computing-System generierte Rückmeldungen an das Lagerverwaltungssystem zu übermitteln. Insgesamt ist damit kontinuierlich ein aktuelles Abbild der Situation auf dem Terminalgelände im Lagerverwaltungssystem verfügbar.

Eine Einbindung des eTS in die Arbeitsabläufe auf dem Autoterminal geschieht mit der vom BIBA entwickelten Softwarekomponente wie folgt:

- Übermittlung des Auftrags aus dem Lagerverwaltungssystem über eine Middleware an ein eTS
- Übermittlung des zu bewegenden Förderfahrzeuges und dessen Parkposition, basierend auf dem Auftrag, an das mobile Endgerät des Werksangestellten
- Automatischer Abgleich der FIN auf dem RFID-Transponder mit der FIN aus dem Auftrag beim Einstieg in das Fertigungsfahrzeug; gegebenenfalls Fehlermeldung an den Angestellten
- Visuelle Darstellung der Zielposition des zu bewegenden Fahrzeuges auf dem mobilen Endgerät
- Abgleich der neuen Parkposition des Fertigfahrzeuges mit der Zielposition aus dem Auftrag, basierend auf GPS, nach dem Abstellen und beim Verlassen des Fahrzeuges
- Übermittlung der neuen Position des Fertigfahrzeuges an das Lagerverwaltungssystem

Detektiert das eTS Abweichungen bei den Abgleichen der FIN oder der Parkposition, wird der Werksangestellte automatisch aufgefordert, seinen Arbeitsprozess gemäß Auftrag zu korrigieren. Sind die Abweichungen gewollt oder liegt eine Fehlfunktion vor, bietet das System dem Werksangestellten die Möglichkeit einer manuellen Korrektur.

Abbildung 71 zeigt die vom BIBA gemäß den Anforderungen der BLG LOGISTICS entwickelte Benutzerschnittstelle. Zu sehen ist der Bildschirm des Smartphones nach der Annahme eines neuen Auftrages. Außerdem

Abbildung 71 Benutzerschnittstelle des eTS (links) (Quelle: Werthmann, 2014) und Middlewarekomponente (rechts) (Quelle: BIBA, 2012)

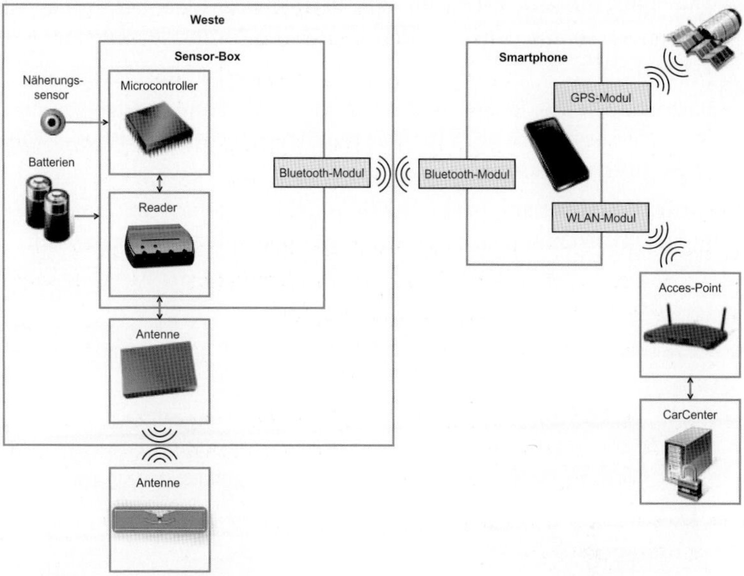

Abbildung 72 Komponenten des easyTracing Systems (Quelle: BIBA, 2012)

ist die zum Betrieb des eTS notwendige Middlewarekomponente dargestellt, welche die Daten zwischen dem eTS und dem Lagerverwaltungssystem austauscht.

Um die beschriebenen Abläufe zuverlässig mit dem entwickelten Wearable Computing-System zu unterstützen, besitzt dieses die in Abbildung 72 dargestellten und im Folgenden beschriebenen Komponenten, welche von Solcon Systemtechnik GmbH gemäß dem vom BIBA und der BLG LOGISTICS gemeinsam erarbeiteten Lastenheft konfiguriert bzw. gefertigt wurden:

- Ein gemäß den aufgenommenen Anforderungen ausgewähltes Smartphone, das über Bluetooth zur Anbindung der weiteren Komponenten des eTS, ein GPS-Modul zur Erfassung der Position des Werksangestellten und damit des Förderfahrzeuges sowie ein Touch-Display verfügt.
- Eine Sensor-Box, in deren Gehäuse ein Microcontroller verbaut ist, der einen ebenfalls in diesem Gehäuse eingebauten RFID-Reader ansteuert. Der notwendige Datenaustausch zwischen der Sensor-Box und dem Smartphone erfolgt über Bluetooth.
- Einen Näherungssensor, welcher mit der Sensor-Box verkabelt ist, um den Ein- und Ausstiegsvorgang des Werksangestellten zu erfassen. Ausgehend vom Signal des Sensors wird beim Einsteigen der RFID-Reader zur Fahrzeugerfassung, und beim Aussteigen das GPS-Modul zur Positionserfassung aktiviert.

- Eine RFID-Antenne, welche mit dem RFID-Reader in der Sensor-Box verbunden ist, um den RFID-Transponder am Förderfahrzeug zu erfassen.
- Batterien, die mit der Sensor-Box verbunden sind und mindestens eine Stromversorgung des eTS für eine reguläre Schicht mit der Dauer von 10 Stunden sicherstellen.

Die in der von Lina Namuth als Funktionskleidung gefertigten Weste integrierten Einzelkomponenten des eTS sind in Abbildung 73 dargestellt.

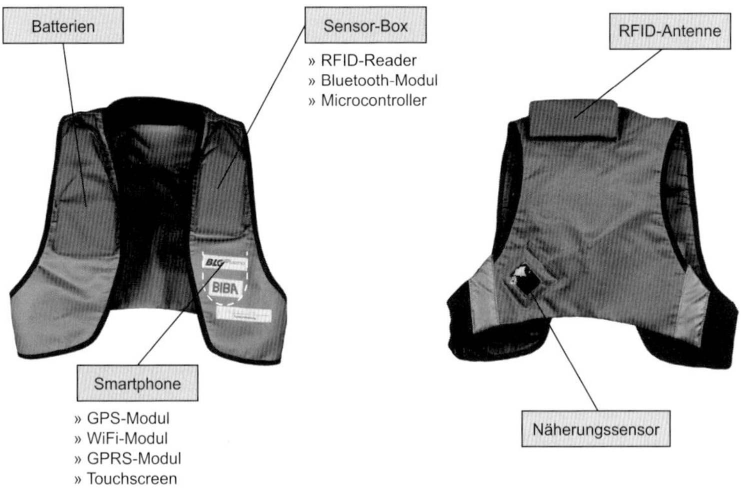

Abbildung 73 Vorder- und Rückseite des easyTracing Systems (Quelle: BIBA, 2012)

7.1.2 Ergebnisse der Versuche auf dem BLG Autoterminal

Zum Nachweis der Funktionsfähigkeit des eTS wurden gemeinsam mit der BLG LOGISTICS Funktionstests des Systems im Autoterminal Bremerhaven durchgeführt. Hierbei konnte gezeigt werden, dass sowohl die vom BIBA entwickelte Software, als auch die von den Partnerfirmen gelieferte Hardware den Anforderungen an eine Prozessunterstützung erfüllt. Untersuchungen bezüglich der Ortungsgenauigkeit mit GPS haben gezeigt, dass eine Zuordnung der Fahrzeuge zu einzelnen Stellplätzen mit der bisherigen Logik noch nicht möglich ist. Aufbauend auf diesen Ergebnissen ist in Folgeaktivitäten geplant, mit Hilfe entsprechender Algorithmen eine systemseitige Zuordnung der Fahrzeuge zu den Parkreihen zu realisieren.

In Abbildung 74 ist das eTS während eines Feldtests auf dem Autoterminal der BLG LOGISTICS in Bremerhaven zu sehen.

Abbildung 74 Test des easyTracing Systems auf dem Autoterminal der BLG LOGISTICS (Quelle: BIBA, 2012)

7.2 Permanente Ortung

7.2.1 Hardwarebeschreibung

Zusammen mit Daimler wurde das vom BIBA beschaffte Mojix STAR Ortungssystem für passive RFID-Transponder in einem Qualitätssicherungsbereich des Mercedes-Benz Werkes Sindelfingen installiert. Dieses System ist gemäß der Einteilung von RFID-Systemen im RAN-Projekt in die Erfassungsklasse 6 „Permanente Ortung" einzuordnen.

Mit Hilfe des Mojix-Systems und passiven Transpondern, welche in den Fahrzeugen befestigt sind, ist es möglich, die Fahrzeuge im Anschluss an das Montageband innerhalb der Produktionshalle zu verfolgen [Scholz-Reiter 2012c]. Durch Übermittlung der Ortungsinformationen an das Produktionsplanungs- und Steuerungssystem wird es möglich sein, die für jedes Fahrzeug sehr unterschiedlichen Prozesse in diesem Bereich besser planen, steuern und dokumentieren zu können.

Grundlage hierfür ist die automatisierte und damit zuverlässige Erfassung der Positionsdaten der Fahrzeuge im Qualitätssicherungsbereich. Sie ermöglichen es, immer ein aktuelles Abbild der realen Situation aus dem Produktionsbereich im IT-System abzubilden. Durch die automatisierte Positionserfassung werden zum einen die Werksangestellten von der nicht wertschöpfenden Dokumentationspflicht der Fahrzeugpositionen entlastet und können sich so auf ihre Kernaufgaben am Fahrzeug konzentrieren. Zum anderen werden Fehler bei der manuellen Dokumentation vermieden. Letztlich hält das IT-System jeweils die genauen Fahrzeugpositionen bereit, sodass im Bedarfsfall schnell auf das benötigte Fahrzeug zugegriffen werden kann.

Das zur Realisierung der beschrieben Funktionalitäten eingesetzte Mojix-System verfügt über die im Folgenden beschriebenen Systemkomponenten:

- Der Master Controller steuert die im Erfassungsbereich installierten Komponenten und führt die von diesen erzeugten Daten zu Ortsinformationen zusammen. Die Ortsinformationen der erfassten RFID-Transponder können entweder direkt an die Backend-Systeme weitergeleitet werden oder bereits im Master Controller zu relevanten Ereignissen weiterverarbeitet werden. Diese Ereignisse werden anschließend den Produktionsplanungs- und -steuerungssystemen zur Verfügung gestellt.
- Der Space Time Array Receiver STAR stellt die zentrale Komponente des Mojix-Systems dar und empfängt die von den RFID-Transpondern ausgesendeten Signale empfängt. Die Kommunikation zwischen Master Controller und STAR erfolgt über das Firmennetzwerk.
- Sogenannte eNodes stellen die nächste wichtige Komponente des Mojix-Systems dar. Diese RFID-Transponder sind in einer Baumstruktur installiert und mit dem STAR über ein Koaxialkabel verbunden. Über dieses Kabel erfolgt sowohl die Kommunikation als auch die Energieversorgung dieser Komponenten.
- Antennen, die mittels Koaxialkabel an die eNodes angeschlossen sind und von diesen angesteuert werden. Anders als in klassischen RFID-Systemen erfolgt beim Mojix-System lediglich die Energieversorgung der RFID-Transponder über die Antennen.
- eMux werden benötigt, sofern das Mojix-System größere Flächen abdecken muss und die Spannungseinspeisung über den STAR nicht mehr zur Energieversorgung sämtlicher eNodes ausreicht. Um die erforderliche Spannung für die eNodes zu erzeugen, speisen die eMux zusätzliche Energie in die Koaxialkabel ein.

Der Aufbau des Gesamtsystems im Bereich von Fahrzeugstellplätzen ist in Abbildung 75 schematisch dargestellt.

7.2.2 Ergebnisse der Versuche in den Qualitätssicherungsbereichen von Daimler

Die Implementierung des Mojix-Systems erfolgte in einem mehrstufigen Verfahren. Zuerst wurde das System in einem sehr kleinen Teil des Qualitätssicherungsbereiches aufgebaut, in welchem Arbeiten ausgeführt wer-

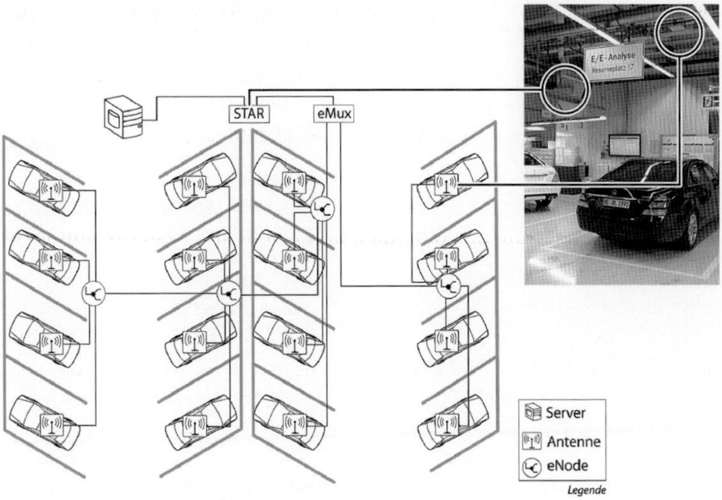

Abbildung 75 Schematischer Aufbau des Mojix Systems (Quelle: Scholz-Reiter, 2012c)

den, die keinen direkten Einfluss auf die großen Stückzahlen in der eigentlichen Produktionslinie haben. Diese als Proof-of-Concept ausgelegte Implementierung diente der grundsätzlichen Überprüfung der Anwendbarkeit des Systems in einer industriellen Umgebung zur Fahrzeugproduktion. Die Anforderungen an das Ortungssystem waren eine sichere stellplatzgenaue Zuordnung der Fahrzeuge unter realen Bedingungen in einer für RFID-Transponder im UHF-Frequenzbereich herausfordernden metallischen Umgebung. In Zusammenarbeit mit dem Hersteller Mojix und dem Systemintegrator IBM führte das BIBA gemeinsam mit Daimler Tests durch, um die Einsatzfähigkeit des Systems in Qualitätssicherungsbereichen zu überprüfen. Während der Tests wurden nicht nur das eigentliche Ortungssystem und dessen Konfiguration getestet und angepasst, sondern auch verschiedene RFID-Transponder und mögliche Anbringungsorte der RFID-Transponder.

Während der Testläufe wurden die Daten mit einem Tabellenkalkulationsprogramm sowie einer Software zur Aufzeichnung von Bildschirmdaten erfasst. Ein Beispiel für die erfassten Bildschirmdaten zeigt Abbildung 76. Diese Art der Erfassung wurde gewählt, da der Master Controller des Mojix-Systems wichtige Daten, wie die Leserate oder die ermittelte Transponderposition, sehr gut grafisch aufbereitet. Durch die grafische Aufbereitung war es anschließend gut möglich, die Ergebnisse auszuwerten und zu visualisieren.

Aufgrund der sehr guten Ergebnisse der ersten Testphase, die belegten, dass eine stellplatzgenaue Ortung der Fahrzeuge mit dem Mojix-System möglich ist, wurden für eine zweite Testphase weitere Hardwarekompo-

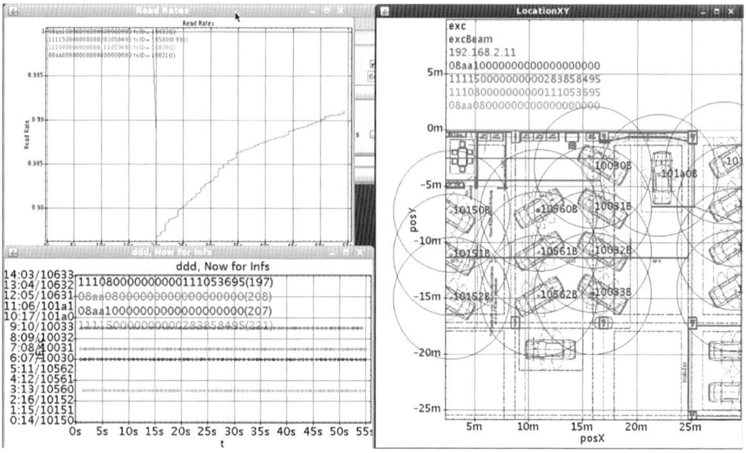

Abbildung 76 Mojix-Testdatenerfassung im Qualitätssicherungsbereich von Daimler (Quelle: Daimler, 2010)

nenten beschafft. In der sich anschließenden zweiten Testphase wurden die Komponenten aus dem Proof-of-Concept demontiert und mit einem Teil der neuen Komponenten in einem sich an eine große Produktionslinie anschließenden Teil eines Qualitätssicherungsbereiches installiert.

Danach wurden erneut Tests durchgeführt, um die Übertragbarkeit der Ergebnisse in einen deutlich größeren Bereich zu untersuchen. Zusätzlich zu Tests im Bereich der Fahrzeugstellplätze wurde zudem untersucht, ob das Mojix-System mit einer sogenannten Dock-Door-Konfiguration Fahrzeuge bei der Einfahrt in einzelne Bereiche sicher erkennt. Bei diesen Bereichen ist es nicht das Ziel, Fahrzeuge einzelnen Stellplätzen zuzuordnen, sondern lediglich zu detektieren, welche Fahrzeuge in die Bereiche einfahren und diese verlassen. Hierdurch wird es möglich, in den Backend-Systemen zu dokumentieren, welche Fahrzeuge sich in bestimmten Bereichen befinden oder befunden haben.

Nachdem auch die zweite Testphase gemeinsam mit Daimler, dem Systemhersteller Mojix und dem Systemintegrator IBM erfolgreich abgeschlossen wurde, erfolgte eine Installation der weiteren Systemkomponenten des Mojix-Systems. In dieser finalen Ausbaustufe ist es nun möglich, sämtliche Fahrzeuge im betrachteten Qualitätssicherungsbereich mit Hilfe der RFID-Technik zu verfolgen. Über eine von Daimler implementierte Software-Schnittstelle wurde das System bereits zu Testzwecken an die Visualisierungskomponenten des Produktionsplanungs- und Steuerungssystems angebunden. Hierdurch ist es nun für die die Werksangestellten möglich, sämtliche Fahrzeuge und Stellplätze im Qualitätssicherungsbereich mit Hilfe des IT-Systems zu überwachen, um so schnell auf das benötigte Fahrzeug zugreifen zu können oder schnell einen freien Stellplatz zu finden.

7.3 Gabelstapler

7.3.1 Hardwarebeschreibung

Durch das BIBA wurde der Kontakt zwischen der BLG LOGISTICS und dem Fraunhofer IFF hergestellt, um mit Hilfe der vom Fraunhofer IFF patentierten Technik der RFID-Modenverwirbelung leere Motorladungsträger beim Entladevorgang letzterer aus ISO-Containern direkt am Gabelstapler zu erfassen. Grund für die Verwendung der Modenverwirbelungstechnik war, dass Recherchen und eigene Versuche am BIBA zeigten, dass es mit konventionell konfigurierter RFID-Technik nicht möglich ist, metallische Ladungsträger dieser Größenordnung sicher von einem Gabelstapler aus zu erfassen. Gemäß der Einteilung im RAN-Projekt ist diese Anwendung der Erfassungsklasse 3 „Gabelstapler" zuzuordnen.

Das System ermöglicht unter Nutzung der RFID-Technik die sichere Erfassung der Ladungsträger, selbst wenn die metallische Umgebung für die Ausbreitung von UHF-Frequenzen (Reflexion, Mehrwege, Verzerrung) nachteilige Eigenschaften besitzt. Letztlich wird es so zukünftig möglich sein, automatisiert die von Daimler eindeutig mittels RFID-Transpondern gekennzeichneten Ladungsträger direkt beim Entladen zu identifizieren.

Ausgehend von dieser Identifizierung wird es ferner möglich, diese Informationen über das Backend-System der BLG LOGISTICS sowie dem lokalen InfoBroker-Repository von Daimler verfügbar zu machen. Damit ist die Basis für eine erhöhte Transparenz über den Verbleib der Ladungsträger im Kreislauf gegeben. Letztlich wird so das Trägermanagement verbessert und damit sowohl die Bestände von Trägern als auch die Anzahl der Transportprozesse insgesamt reduziert.

Das eingesetzte System nutzt am Markt verfügbare Standard-RFID-Komponenten, die, entsprechend konfiguriert, die im Anwendungsfall notwendige Modenverwirbelung erzeugen. In der Lösung verwendete Komponenten umfassten:

- Der UHF-RFID-Reader Infinity 510 von Sirit, der als Kernkomponente des RFID-Systems die aus dem Hochfrequenzbereich empfangenen Signale verarbeitet und an einer Netzwerkschnittstelle zur Verfügung stellt.

- Vier lineare ANTU-Patch-Antennen, welche mittels Koaxialkabel mit dem RFID-Reader verbunden waren. Die Ausrichtung der Antennen wurde so gewählt, dass einige horizontal und andere vertikal polarisiert waren.

- Ein WLAN-Modul zur drahtlosen Kommunikation zwischen einem Laptop, auf dem die Auswertesoftware lief, und einem RFID-Reader, der die RFID-basierten Daten erzeugte.

- Ein Näherungssensor mit Ultraschalltechnik, um den Beladungszustand des Gabelstaplers zu erfassen und den Lesevorgang auszulösen.
- Ein Bedienterminal für den Staplerfahrer, um das System zu steuern und die Leseergebnisse überwachen zu können.
- Eine Batteriebox mit eingebauter Bleibatterie, um das auf dem Gabelstapler montierte RFID-System für die Testläufe autark mit Energie zu versorgen.

Die an den Gabelstapler montierte RFID-Modenverwirbelungstechnik ist in Abbildung 77 zu sehen. Im Vordergrund sind die vier weißen Antennen zu erkennen. Hinter dem Fahrersitz sind die graue Kunststoffbox zur Stromversorgung sowie der RFID-Reader obenauf teilweise dargestellt.

Abbildung 77 Installation der RFID-Modenverwirbelungstechnik am Gabelstapler (Quelle: BIBA, 2011)

7.3.2 Ergebnisse der Gabelstapler-Versuche im Neustädter Hafen in Bremen

Zur effizienten Abwicklung der vom BIBA gemeinsam mit der BLG LOGISTICS und dem Fraunhofer IFF durchgeführten Testläufe [Werthmann et al. 2012] wurden diese in zwei Phasen eingeteilt. In der ersten Phase wurden zunächst konzeptionelle Versuche durchgeführt, um die Anwendbarkeit der Technik für diesen Anwendungsfall zu überprüfen. Die zweite Phase nutzte die Erkenntnisse aus der ersten Phase, so dass mit einem verbesserten System dessen Anwendung in realen Prozessabläufen überprüft werden konnte.

Abbildung 78 Test der RFID-Modenverwirbelungstechnik bei der Containerbe- und -entladung (Quelle: BIBA, 2011)

Während der ersten Testläufe wurde überprüft, ob ein sicheres Erfassen sämtlicher Ladungsträger während der Be- und Entladevorgänge möglich ist (siehe Abbildung 78). Hierzu wurde ein 40‘-ISO-Container mit den im UC 4 betrachteten Motorladungsträgern von Daimler beladen. Sämtliche verwendeten Motorladungsträger waren bereits im Vorfeld von Daimler und IBM mit jeweils zwei RFID-Transpondern ausgestattet worden.

Zur Auswertung der Testergebnisse wurden die Daten vom IFF zu Matrizen aggregiert, die zeigen, welche Motorladungsträger zu welchem Zeitpunkt während des Be- und Entladeprozesses erfasst wurden. Aus den Matrizen konnte abgeleitet werden, dass es möglich ist, bei der Containerbe- und und Entladung die Motorladungsträger stapelweise zu erfassen. Beispielhaft ist eine zur Auswertung der Testdaten erstellte Matrix in Tabelle 12 dargestellt. In der Tabelle gibt die Nummerierung der Spalten die im jeweiligen Testdurchlauf im Container vorhandenen Stapel an Motorladungsträgern an. In den Zeilen darunter wird – bezogen auf die jeweiligen Testdurchläufe – dargestellt, wie gut die RFID-Transponder an den Stapeln erfasst werden konnten.

Aufbauend auf den guten Ergebnissen wurde die zweite Testphase geplant, welche hauptsächlich von der BLG LOGISTICS und dem IFF durchgeführt wurde. Hierbei stand die Integration der RFID-Modenverwirbelungstechnik in den Prozess im Vordergrund (siehe Tabelle 12). Konkret wurden die RFID-Komponenten aus der ersten Testphase um einen Näherungssensor und ein Bedienterminal ergänzt. Durch den Einsatz des Näherungssensors war es möglich, den Lesevorgang automatisiert auszulösen, so dass sich der Staplerfahrer auch weiterhin auf den Transportvorgang konzentrieren konnte. Über das Bedienterminal erhielt der Staplerfahrer Rückmeldungen über die erfassten Motorladungsträger, so dass nachvollzogen werden konnte, ob alle Ladungsträger erfasst wurden.

Tabelle 12 Ergebnisse der Containerbe- und -entladung (RFID-Modenverwirbelungstechnik) (Quelle: Werthmann et al., 2012)

Anzahl der restlichen Stapel im Container										Erfasste Stapel im Container
12	11	10	9	8	7	6	5	4	3	
✓										12
✓	✓									11
✓	✓	✓								10
–	!	✓	✓							9
–	!	✓	✓	✓						8
–	–	–	!	✓	✓					7
–	–	–	!	!	✓	✓				6
–	–	–	!	!	!	✓	✓			5
–	–	–	!	–	–	✓	✓	✓		4
–	–	–	–	–	–	–	!	✓	✓	3
–	–	–	–	–	–	!	!	✓	✓	2
–	–	–	!	–	!	!	!	✓	✓	1

✓ Alle RFID-Transponder im Stapel wurden erfasst

! Mindestens an einem Motorladungsträger im Stapel wurde nur ein RFID-Transponder erfasst

– Mindestens bei einem Motorladungsträger im Stapel wurde kein RFID-Transponder erfasst

Als Ergebnis der prototypischen Implementierung kann zusammenfassend gesagt werden, dass die BLG LOGISTICS zukünftig in der Lage ist, bei entsprechenden Kundenwünschen die Ladungsträger RFID-basiert mit Hilfe der Modenverwirbelungstechnik zu erfassen.

7.4 JIS-Gate

7.4.1 Hardwarebeschreibung

Vom Siemens wurde das für REHAU konzipierte JIS-Gate-System zur automatischen Lageerkennung von RFID-getagten Objekten entworfen und prototypisch getestet. Diese Entwicklung ist innerhalb des RAN-Projekts in die Erfassungsklasse 4 „JIS-Gate" einzuordnen.

Ein JIS-Gate erfasst, wie das RFID-Gate auch, alle durch den Gate-Aufbau bewegten Objekte. Zusätzlich liefert es aber neben der UII der erkannten Objekte die relativen Positionen und Reihenfolgen der erfassten Objekte auf einem Ladungsträger. Unter korrekter relativer Position und Reihenfolge ist hier eine Zuordnung im Sinne von z. B. „Oben/Mitte/Unten auf dem Ladungsträger" sowie „erstes/zweites/drittes" Objekt in der relativen Position zu verstehen. Die genaue Geokoordinate ist hier nicht von Bedeutung. Zudem soll es auch möglich sein, die Reihenfolge und Bewegungsrichtung von Ladungsträgern, z. B. Warenein-/Warenausgang, zu erkennen. Das Schreiben von Daten ist nicht vorgesehen.

Das JIS-Gate besteht aus mehreren Komponenten. Die erste Komponente besteht aus den zu erfassenden Objekten, welche auf dem Ladungsträger häufig nur wenige Zentimeter voneinander entfernt montiert sind (z. B. Stoßfänger bei der Fa. REHAU). Die Anzahl von Objekten, deren Position und Abstand sind von Kunde zu Kunde unterschiedlich.

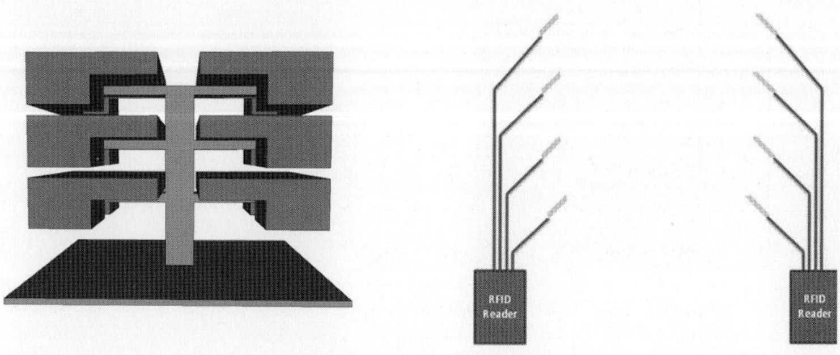

Abbildung 79 Komponenten für das JIS-Gate: JIS-Warenträger und Konzept des neuentwickelten JIS Gate

Die zweite Komponente besteht aus einem einstellbaren Gerüst mit Antennenhalterungen. An diesen Halterungen sind kommerziell erhältliche Siemens SIMATIC RF620A RFID-Antennen befestigt. Die Position der Antennen kann verändert werden. Der Antennentyp wurde ausgewählt, weil er einen niedrigeren Gewinn bietet, was die Reichweite der Antennen reduziert.

Die RFID-Antennen sind mit Siemens SIMATIC RF670R RFID Readern verbunden. Die RFID-Reader selbst sind mit einem Standard-PC verbunden. Im PC laufen entsprechende Signalverarbeitungsalgorithmen, deren Komplexität an die entsprechenden Kundenszenarios angepasst ist.

Als einheitliche Basis zur Kommunikation zwischen der eigentlichen Lesehardware und den darüber liegenden Anwendungen existiert der Application Level Event-(ALE)-Protokollstandard. Dieser stellt die Möglichkeit bereit, die als XML definierten Reports um herstellerspezifische Felder zu erweitern. Das ist für die Verwendung des JIS-Gates notwendig, da im Standard keine Felder für Positionsangaben vorhanden sind. Bei der Implementierung ist darauf zu achten, dass die Vorgaben des Standards für Erweiterungen eingehalten werden müssen. So sind alle Erwei-

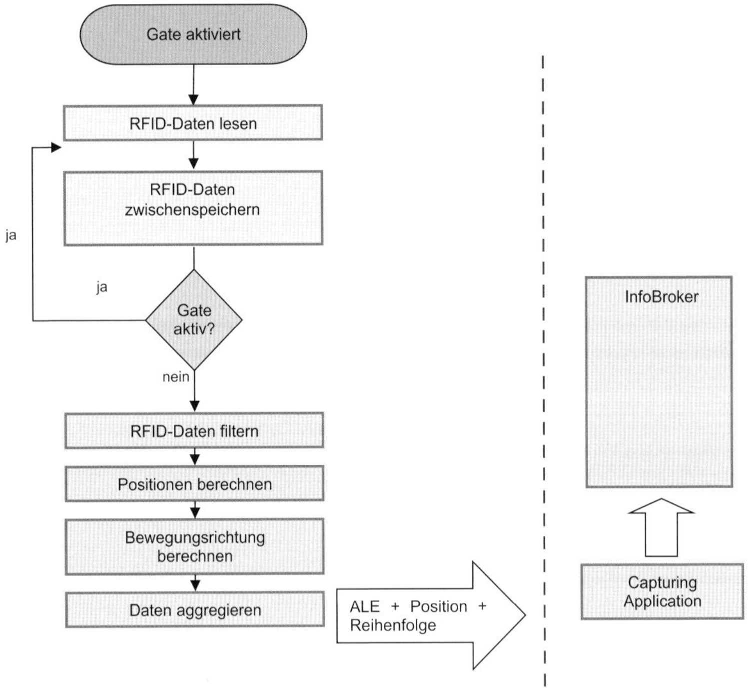

Abbildung 80 Anbindung von JIS-Gate an InfoBroker

terungen als optionale Felder zu kennzeichnen, damit fehlerfreie und standardkonforme Zugriffe weiterhin funktionieren.

Für den Fall des JIS-Gates kann der Report eines Transponders oder einer übergeordneten Einheit (Objekt) um JIS-Felder erweitert werden. Diese können z. B. die Ladungsträgernummer, Koordinaten der Objekte auf dem Ladungsträger sowie einen Vermerk enthalten, ob der Ladungsträger das Gate als Eingang oder Ausgang passiert hat. Als Beispiel für die Angabe der Koordinaten kann man den Ladungsträger in Felder einteilen und diese von einer Seite beginnend durchnummerieren. Es sind je nach Beschaffenheit der Ladungsträger auch andere Ortsbeschreibungen möglich.

Nach dem Erfassen der Bestückung der jeweiligen Ladungsträger kann diese Information mit dem InfoBroker abgeglichen werden, um so eventuell fehlende oder vertauschte Objekte zu erkennen (Abbildung 80).

Für die Weitergabe der Daten an den InfoBroker mittels der Capturing Application ist nicht die einzelne Lesung eines bestimmten RFID-Transponders relevant; die Daten werden aggregiert.

Dabei sind folgende zusätzliche Informationen wichtig:

- Welche UIIs wurden gelesen?
- Zu welcher Uhrzeit wurde gelesen?
- An welchem Erfassungspunkt wurde gelesen (Local Unique Identifier des Erfassungspunktes)?
- Welche Durchfahrtsrichtung wurde ermittelt (soweit erforderlich)?
- Positionsangaben der erfassten Objekte

7.4.2 Ergebnisse der Versuche bei REHAU in Ingolstadt

Zum Nachweis der Funktionsfähigkeit des Konzepts zum JIS-Gate wurden gemeinsam mit REHAU Funktionstests des Systems in Ingolstadt durchgeführt. Es wurde beim Wareneingang für die Lieferungen von Stoßfängern eingesetzt. Die Tests haben die Funktionalität bewiesen, bei der die Reihenfolge der Objekte auf den Ladungsträger in Echtzeit auf einem Display angezeigt wird (Abbildung 81). Grün zeigt an, welche Objekte sich in der richtigen Position befinden (in Abbildung 81: Pos. 1, 2, 3, 4, 7, 8). Rot zeigt eine falsche Position an, was gleichzeitig einen Alarm auslöst, damit eine Person die Ursache beheben kann (in Abbildung 81: Pos. 6). Hellgrau bedeutet, dass kein RFID-Transponder in der Position erkannt werden konnte (in Abbildung 81: Pos. 5). Das bedeutet in der Regel, dass an der entsprechenden Position kein Objekt vorhanden ist.

Aufbauend auf diesen Ergebnissen ist in Folgeaktivitäten geplant, die Flexibilität des Systems zu erhöhen, damit das JIS-Gate bei einer Änderung der Konfiguration nicht angepasst werden muss.

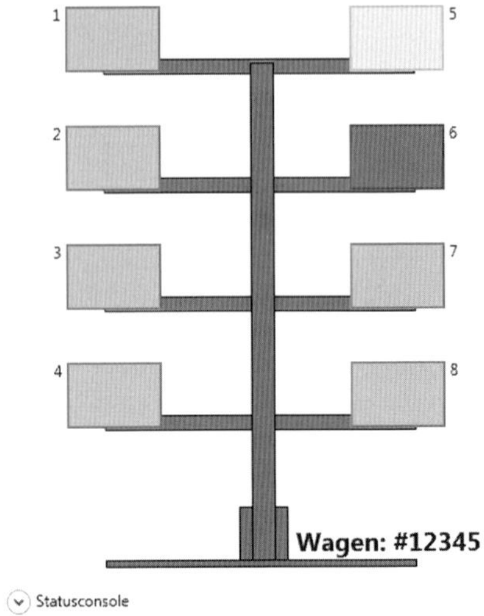

Abbildung 81 Echtzeit-Visualisierung des JIS-Gate. Fehler in der Reihenfolge werden dunkelrot markiert (Pos. 6).

7.5 RFID-Regal

7.5.1 Hardwarebeschreibung

RFID-Regal bedeutet die Identifikation und Lokalisierung von genau einem RFID-getaggten Objekt bei der Zuführung und Entnahme in bzw. aus Regalfächern. Von Siemens wurde ein Funktionsmuster eines RFID-Regals für Bosch implementiert.

Die Ladungsträger sind in diesem Fall VDA-KLTs, wie sie in der Empfehlung 4500 und 4505 des VDA beschrieben sind. Die KLTs können metallische Gegenstände enthalten, sowie verschiedene Arten von Flüssigkeiten.

Das aufgebaute RFID-Regal nutzt hauptsächlich am Markt verfügbare Standard-RFID-Komponenten, welche, entsprechend konfiguriert, die im Anwendungsfall notwendige Modenverwirbelung durchführen. Sie sind im Folgenden aufgeführt:

- Der UHF-RFID-Reader SIMATIC RF670R, der die Kernkomponente des RFID-Systems darstellt und die aus dem Hochfrequenzbereich empfangenen Signale verarbeitet und an einer Netzwerkschnittstelle zur Verfügung stellt.
- Acht speziell angefertigte RFID-Nahfeld-Antennen, welche mittels Koaxialkabel mit den vier Anschlüssen des RFID-Readers verbunden waren. Diese Antennen sind eine spezielle Anfertigung von Siemens Corporate Technology. Sie erzeugen eine magnetische Kopplung zwi-

schen Antennen und RFID-Transpondern. Durch diese magnetische Kopplung können Reflexionen ausgeschlossen werden. Die Antennen sind unter jeder einzelnen Bahn des Regals platziert. Die Antennen haben einen Wirkungsbereich von 100 cm × 10 cm × 5 cm.

- Netzwerkkomponenten, die eine Ethernet-Verbindung zwischen den RFID-Readern und der Steuerungseinheit ermöglichen.
- Ein Standard-PC mit Microsoft Windows XP als Betriebssystem, auf dem die Visualisierung und die entsprechenden Algorithmen laufen. Dieser PC übernimmt zusätzlich die Steuerung der RFID-Reader.

Für die Weitergabe der Daten an den InfoBroker mittels der Capturing Application ist nicht die einzelne Lesung eines bestimmten RFID-Transponders relevant, die Daten werden aggregiert. Dabei sind folgende zusätzliche Informationen wichtig:

- Welche UII wurden gelesen?
- Zu welcher Uhrzeit wurde gelesen?
- An welchem Erfassungspunkt wurde gelesen (Local Unique Identifier des Erfassungspunktes)?
- Welche Aktion wurde ausgeführt (soweit erforderlich)?
- Positionsangaben (z. B. Regalfach-Nummer des erfassten Behälters)

7.5.2 Ergebnisse der Implementierung für Bosch

Basierend auf einem handelsüblichen Kanban-Regal Abbildung 82, hergestellt von der Firma BITO, wurde eine Implementierung des Konzepts realisiert. Durch die Installation der speziellen Nahfeld-Antennen unterhalb jeder Bahn wurde es ermöglicht, die Position jedes einzelnen KLT im Regal zu erkennen (Abbildung 83). Die Positionen sowie die Reihenfolge der KLTs wurden in Echtzeit erkannt und dargestellt (Abbildung 84). Die Verzögerungen bei der Darstellung blieben im Millisekundenbereich.

Besonders wichtig waren die Versuche mit metallischen Inhalten sowie Flüssigkeiten in den KLTs. Auch bei diesen Materialien zeigte sich die hohe Zuverlässigkeit des aufgebauten Systems, die auf die magnetische Kopplung zwischen den RFID-Transpondern und den Nahfeld–Antennen zurückzuführen ist.

Die Information der aufgenommenen Positionen der KLTs wurde externen Systemen über eine Software-Schnittstelle zur Verfügung gestellt, mittels der verschiedene Mehrwertdienste angeboten werden können, wie z. B. Angaben zum Lagerbestand oder die automatisierte Bestellung von Material.

Basierend auf diesen Ergebnissen sind Folgeaktivitäten geplant, mittels derer der Einsatz in einer produktiven Umgebung optimiert wird.

Abbildung 82 Kanban-Regal

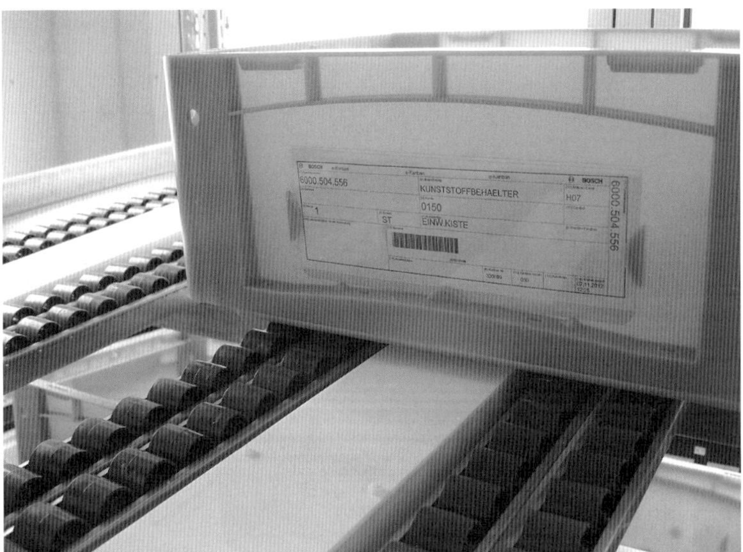

Abbildung 83 Beispiel Konfiguration vom Regal, zusammen mit KLTs und Kanbankarten

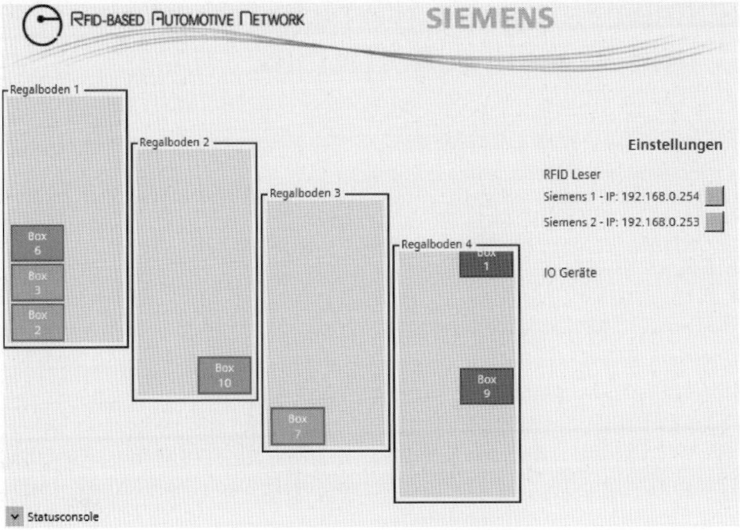

Abbildung 84 Echtzeit-Visualisierung der Regal-Lösung

8 Bewertung der Wirtschaftlichkeit und Ressourceneffizienz

Gunther Reinhart, Kirsten Reisen,
Saskia Reinhardt, Thomas Irrenhauser

8.1 Bewertungsmethodik

Durch die unternehmensübergreifende intelligente Materialflusssteuerung mit Hilfe des RFID-Einsatzes und des InfoBroker-Konzepts sollen durch RAN eine effiziente Produktion sowie eine aufwandsarme und bestandsoptimierte Logistik realisiert werden. Vor diesem Hintergrund wird im Folgenden eine Methodik zur Bewertung der Wirtschaftlichkeit und der Ressourceneffizienz des Einsatzes einer RFID-basierten Steuerung entlang der Wertschöpfungskette vorgestellt. Abbildung 85 stellt die einzelnen Schritte der Bewertungsprozesses dar, der durch die Methodik unterstützt wird.

Im ersten Schritt (Kapitel 8.2) erfolgt die Festlegung von Zielen und der Systemgrenze der Bewertung. Anschließend muss die Identifikation von Nutzenpotenzialen (Kapitel 8.4) und von zusätzlichen Aufwänden (Kapitel 8.3) erfolgen, bevor eine Quantifizierung (Kapitel 8.5) stattfinden

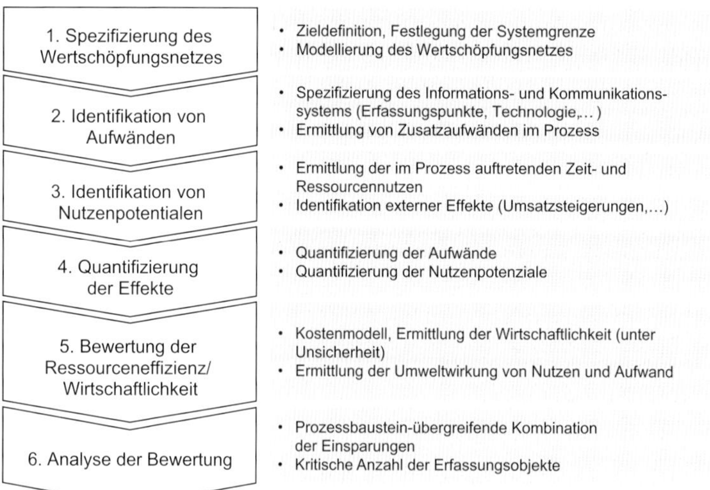

Abbildung 85 Schritte der Bewertungsmethodik

kann. In Kapitel 8.6 folgt eine Beschreibung des Bewertungsmodells sowie der Monte-Carlo-Simulation zur Berücksichtigung von Unsicherheiten in der Bewertung. Methoden für die weitere Analyse der Bewertungsergebnisse umfasst Kapitel 8.7.

Die beschriebene Bewertungsmethodik soll eine zielgerichtete und aufwandsarme Bewertung ermöglichen. Mit der Entwicklung der Methodik wurden die erarbeiteten Ergebnisse zudem in einem prototypischen Softwaretool zur integrierten Evaluierung der Wirtschaftlichkeit und der Ressourceneffizienz implementiert (vgl. Kapitel 3.7.5).

8.2 Spezifizierung des Wertschöpfungsnetzes

8.2.1 Zielsetzung und Systemgrenze

Im ersten Schritt einer Bewertung muss geklärt werden, was die Motivation für die Durchführung der Bewertung ist, an welche Zielgruppe sich die Bewertungsergebnisse richten und wie die Systemgrenze für die Bewertung festgelegt werden muss. Dies bestimmt maßgeblich den erforderlichen Detaillierungsgrad sowie den Umfang der benötigten Daten und somit den Zeitaufwand, der für die Bewertung erforderlich ist.

Zunächst müssen die Motivation und Zielstellung für die Bewertung formuliert werden. Die Gründe für die Durchführung der Bewertung charakterisieren das Bewertungsprojekt und ermöglichen die Ableitung eines strukturierten Vorgehens zur Erfüllung dieser Ziele. Eine mögliche Motivation sind beispielsweise die Vorbereitung einer Investitionsentscheidung oder die Bewertung eines bereits laufenden RFID-Testprojekts. Bei letzterem Projekt können die Daten für die Bewertung durch Messungen und Auswertungen bereits im Unternehmen existierender Prozesse erhoben werden. Ist ein RFID-Prozess noch nicht im Unternehmen umgesetzt, müssen die Daten auf andere Art und Weise ermittelt werden, z. B. durch Schätzungen oder Vergleiche mit Referenzprozessen (vgl. Abbildung 43).

Auch aufgrund der Zielgruppe, für welche die Bewertung bestimmt ist, ergeben sich Anforderungen an die zu erfassenden Daten, an die formale und inhaltliche Aufbereitung der Bewertungsergebnisse sowie an die durchzuführenden Analysen. Eine Untersuchung, welche eine Investitionsentscheidung vorbereitet, muss z. B. die Anforderungen des Controllings erfüllen. Dies kann bedeuten, dass definierte Kennzahlen ermittelt werden müssen oder Vorschriften bestehen, in welcher Art der Nutzen in die Bewertung einfließen darf.

Neben Zielstellung und Zielgruppe muss im ersten Schritt auch die Systemgrenze der Bewertung konkretisiert werden. Die Systemgrenze gibt vor, was in die Bewertung einbezogen wird, und bestimmt damit maßgeblich den für die Bewertung notwendigen Aufwand. Zusätzlich zu den zu berücksichtigenden Prozessbausteinen gibt sie vor, welche Nutzen und Aufwände in die Bewertung einfließen. Die Wirtschaftlichkeits- und Ressourceneffizienzbewertung im Rahmen von RAN sieht eine Differenzbetrachtung zwischen einem Ist-Prozess im Unternehmen oder Netzwerk und einem durch den Einsatz der RFID-Technologie optimierten Soll-Zustand vor.

Der Einsatz von RFID kann sowohl unternehmensintern oder unternehmensübergreifend erfolgen. In Abhängigkeit der Zielstellung kann die Bewertung nur die das eigene Unternehmen betreffenden Prozesse umfassen oder auch Effekte, die im ganzen Unternehmensnetzwerk wirken. Ebenso muss definiert werden, welche Effekte dem RFID-Projekt zuzurechnen sind. Werden beispielsweise integrativ zum Umstellungsprozess auf RFID weitere Maßnahmen für Prozessverbesserungen durchgeführt, können diese in die Bewertung aufgenommen werden. Ein Festlegung vorab, welche Effekte in der Bewertung berücksichtigt werden dürfen, sichert die Durchgängigkeit des Bewertungsvorgehens. Dies ist insbesondere notwendig, wenn mehrere Personen oder Teams an der Datenerhebung beteiligt sind. So ist u. a. festzulegen, ob neben den Betriebskosten (z. B. Energiekosten) auch anfallende Entsorgungskosten für das RFID-System (z. B. Entsorgung von RFID-Transpondern) berücksichtigt werden sollen. Ebenso ist zu definieren, wie bestehende Identifikationssysteme (z. B. Barcode-System) oder Betriebsmittel (z. B. Ladungsträger, Fördermittel) in der Bewertung angesetzt werden, die aufgrund der Prozessumgestaltung durch RFID freigesetzt werden.

Dies ist insbesondere auch für die Ressourceneffizienzbewertung im Rahmen der Erstellung einer Ökobilanz von Relevanz (vgl. DIN 14040). Für die notwendige Festlegung einer geeigneten Systemgrenze wird daher die Unterscheidung zwischen neu beschafften und bereits im Unternehmen bestehenden Ressourcen empfohlen (vgl. Abbildung 86). Die für die Umsetzung des Soll-Prozesses neu zu beschaffenden Ressourcen müssen mit ihrem vollständigen Lebenszyklus in die Bewertung einbezogen werden. Dies gilt ebenso für Ressourcen, deren Neubeschaffung im optimier-

Ressourcen	Herstellung	Nutzung	End-of-Life	
Neuanschaffung, Entfall der Wiederbeschaffung	✓	✓	✓	*z.B. RFID-Hardware Behälter Verbrauchsgüter*
Freisetzung, Weitergebrauch	▬	✓	▬	*z.B. Roboter Gebäude*

Abbildung 86 Systemgrenze der Bewertung

ten Prozess entfällt. Die erste dieser Kategorien umfasst unter anderem die neu beschaffte RFID-Hardware, Behälter, die regelmäßig wiederbeschafft werden müssen, oder Verbrauchsgüter. Bereits im Unternehmen vorhandene Ressourcen, wie z. B. Betriebsmittel, die im Soll-Prozess wegfallen, weiterverwendet oder zusätzlich eingesetzt werden, gehen mit ihrer Nutzungsphase in die Bewertung ein, sofern sich hier eine Differenz zwischen Ist- und Soll-Prozess ergibt. Die Ressourcen dieser zweiten Kategorie bestehen bereits im Unternehmen und wurden im der Bewertung vorangehenden Zeitraum für einen bestimmten Zweck benötigt. Die mit der Herstellung und Entsorgung dieser Ressourcen verbundene Umweltwirkung wird bereits mit der Anschaffung für den ursprünglichen Zweck im Ist-Prozess bestimmt und kann folglich nicht der Prozessänderung durch den Einsatz der RFID-Technologie zugerechnet werden. Im besten Falle ergibt sich für diese Ressourcen eine Weiterverwendungsmöglichkeit in einem anderen Prozess. In bestimmten Anwendungsfällen, z. B. bei einer nur sehr kurzen Nutzungsdauer eines Betriebsmittels, das nun durch den RFID-Einsatz wegfällt und frühzeitig verschrottet werden würde, kann es sinnvoll sein, die Umweltwirkung der Herstellung und Entsorgung über die Nutzungsdauer abzuschreiben und dies entsprechend in der Bewertung zu berücksichtigen.

8.2.2 Prozessmodellierung

Zur Zuordnung der durch den RFID-Einsatz entstehenden Aufwände und Nutzen ist die Modellierung des betrachteten Materialflusses erforderlich. Neben der physischen Ebene sind zudem die Abläufe in den indirekten Bereichen zu modellieren, da sich auch hier insbesondere der Mitarbeiteraufwand bei Planungs- und Steuerungstätigkeiten reduzieren kann.

Bei der Modellierung ist zwischen drei Arten relevanter Prozesse zu unterscheiden, die durch einen Soll-Ist-Vergleich identifiziert werden:

Wegfallende Prozessbausteine: Durch den Einsatz von RFID entfallen bisher durchgeführte Prozesse (z. B. Puffern). Der bisherige Personal- und Ressourceneinsatz kann daher als Einsparung verbucht werden.

Neu hinzukommende Prozessbausteine: Der Einsatz von RFID macht zusätzliche Prozesse erforderlich (z. B. Montage zum Anbringen der Datenträger). Der erforderliche Personal- und Ressourceneinsatz ist vollständig als Aufwand zu verbuchen.

Veränderte Prozessbausteine: Durch die Erfassung der Datenträger entstehen Veränderungen im bisherigen Ablauf im Prozess (z. B. automatische anstelle manueller Erfassung). Mögliche Nutzenpotenziale und Aufwände sind zu erfassen und zu bewerten.

Beispiel: Prozessmodellierung

Das dargestellte Beispiel zeigt eine exemplarische Prozesskette bestehend aus den Prozessbausteinen *Außerbetrieblicher Transport, Vereinnahmen, Innerbetrieblicher Transport* und *Lagern*.

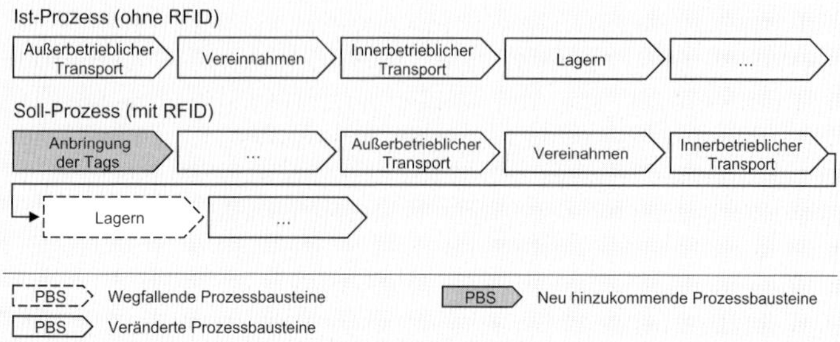

Eine Modellierung des Ist-Prozesses ist für die Bewertung nicht erforderlich, kann jedoch die Prozessübersicht verbessern. Bei der Modellierung des Soll-Prozesses mit RFID muss lediglich angegeben werden, ob Prozessbausteine wegfallen, neu hinzukommen oder sich die Abläufe verändern.

Im Excel-basierten Softwaretool €CO_2Calc kann zudem der Bewertungsstatus einzelner Prozessbausteine angegeben werden. Aus der Übersicht über die modellierten Prozessbausteine ist somit sofort ersichtlich, welche Prozessbausteine vollständig bewertet wurden und für welche Prozessbausteine noch Informationen benötigt werden.

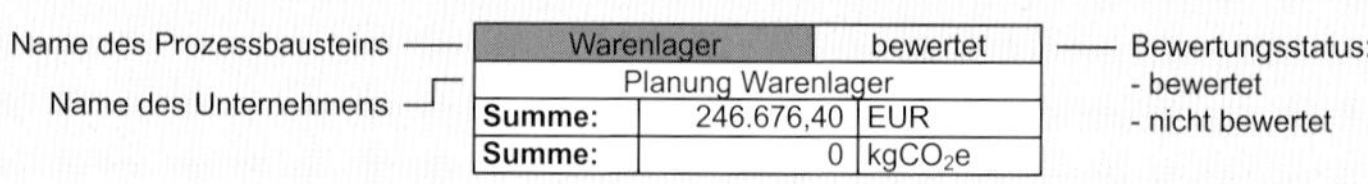

8.3 Identifikation von Aufwänden

Im zweiten Schritt der Bewertung müssen die mit dem RFID-Einsatz verbundenen Aufwände erfasst werden. Hierbei können zwei grundlegende Arten von Aufwänden unterschieden werden:

Aufwände durch das eingesetzte RFID-System

Aufwände durch Änderung von Prozessabläufen

Aufwände beeinflussen zum einen die Wirtschaftlichkeit in Form von Kosten, zum anderen auch die Ressourceneffizienz in Form einer Auswirkung auf die Umwelt. Umweltwirkungen sind u. a. die Nutzung von Ressourcen oder Emissionen in Luft, Wasser oder Boden (DIN 14040). Diese müssen für jeden anfallenden Aufwand über eine lebenszyklusorientierte Betrachtung dieser Auswirkungen im Rahmen einer Ökobilanz nach DIN 14040 erfasst werden. Öffentliche wie auch kommerzielle Datenbanken enthalten bereits zu einer Vielzahl von Ressourcen zugehörige Werte, welche für die Bewertung herangezogen werden können.

Während sich einige Aufwände, wie zum Beispiel personelle, ausschließlich auf die Wirtschaftlichkeit auswirken, sind die Beschaffung und die Nutzung von Komponenten des RFID-Systems in der Regel mit einem Ressourcenaufwand verbunden, der sowohl wirtschaftlich als auch ökologisch bewertet werden muss. Das RFID-System, welches zu bewerten ist, besteht dabei zum einen aus den Transpondern sowie den Schreib-Lesegeräten [Finkenzeller 2006]. Zudem ist für die Umsetzung einer geplanten RFID-Anwendung eine entsprechende softwaretechnische Unterstützung notwendig (vgl. Kapitel 2.3.1), um Daten zu sammeln und an übergeordnete Systeme wie ERP oder MES weiterzugeben [Strassner 2006]. Abbildung 87 zeigt schematisch das zu bewertende RFID-System.

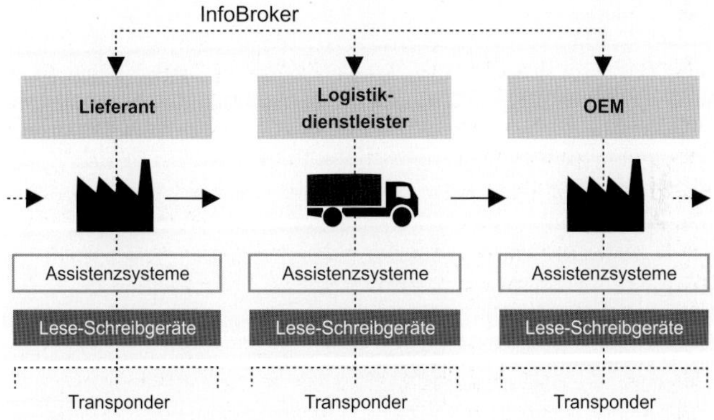

Abbildung 87 RFID-System

Neben den Aufwänden für die Beschaffung der Hardware- und Softwarekomponenten des oben dargestellten RFID-Systems, welches die Grundfunktionen der Datenerfassung und -weiterverarbeitung ermöglicht, können weitere Aufwände erforderlich sein. Diese lassen sich analog zu den Nutzen der RFID-Technologie (vgl. Kapitel 8.4.1) in die Kategorien der Ressourcenaufwände und der Zeitaufwände einteilen, welche sich auf den erforderlichen Personaleinsatz beziehen.

Für eine strukturierte Erfassung kann das in Abbildung 88 dargestellte Ordnungsschema eingesetzt werden. Dieses unterscheidet zum einen einmalige und laufende Aufwände, welche wiederum in Bezug zu einem bestimmten Prozessbaustein stehen oder prozessübergreifend anfallen. Zum anderen betrifft die funktionale Erweiterung des Basis-RFID-Systems drei Bereiche: Datenmanagement, Materialfluss sowie Hilfsmittel, -flächen und -prozesse. Hierzu können jeweils zusätzliche Personal- oder Ressourcenaufwände anfallen. Dies sind zum Beispiel Assistenzsysteme zur Realisierung einer bestimmten RFID-Steuerung, eine Förder-

			Zeitbezogene Aufwände			Ressourcenbezogene Aufwände		
			Datenmanagement	Materialfluss	Ausstattung	Datenmanagement	Materialfluss	Ausstattung
			...das Datenmanagement zu unterstützen?	...den Materialfluss zu unterstützen?	...die Ausstattung bzw. das Know-How zu verbessern?	...das Datenmanagement zu unterstützen?	...den Materialfluss zu unterstützen?	...die erforderliche Ausstattung bereitzustellen?
Einmalige Aufwände	Prozessbezogen	Sind einmalige prozessbezogene Aufwände erforderlich, um ...	Installation der Assistenzsysteme in den Prozessen	Installation der Erfassungsgeräte	Initiale Schulung der Mitarbeiter in den einzelnen Prozessen	Equipment zum „Killen der Datenträger	Fördertechnik für automatisierten Materialfluss	Einspannvorrichtung für Objekte mit Datenträger
Einmalige Aufwände	Übergeordnet	Sind einmalige übergeordnete Aufwände erforderlich, um...	Installation des InfoBroker	Anbringen der Datenträger im Closed-Loop Betrieb	Projektteam zur Implementierung des RFID-Systems	Assistenzsystem zur Kontrolle des Datenzugriffs (Datensicherheit)	Anpassung der Umgebungsbedingungen (Metall im Sendebereich)	Bereitstellen von Werkzeugen für Wartungsarbeiten
Laufende Aufwände	Prozessbezogen	Sind laufende prozessbezogene Aufwände erforderlich, um...	Mitarbeiter zur Datenverarbeitung	Wartungsmitarbeiter für das RFID-System	Regelmäßige Weiterbildung in den Prozessen	Bildschirme für Staplerfahrer zum Empfang von Arbeitsanweisungen	Fördertechnik zum Ein- und Ausgliedern von Objekten mit defekten Datenträgern	Bereitstellen von Flächen zum Anbringen der Datenträgern
Laufende Aufwände	Übergeordnet	Sind laufende übergeordnete Aufwände erforderlich, um...	Wartung des Repositories	Anbringen der Datenträger im Open-Loop Betrieb	Projektteam zur Integration weiterer Prozesse und Unternehmen	Bereitstellung von Speicherplatz für die Daten	Lizenzgebühren für Assistenzsystem zum Verfolgen der Objekte	Fläche zum Lagern des Ersatz-Equipments

Abbildung 88 Beispielhaftes Ordnungsschema zur Identifikation zusätzlicher Aufwände

technik, die einen automatisierten Materialfluss ermöglicht, oder Schulungen für die am Prozess beteiligten Mitarbeiter.

Durch die Spezifizierung des RFID-Systems sowie aller zusätzlichen Aufwände ist die Basis für die Generierung der definierten Events (vgl. Kapitel 5) geschaffen. Die gesetzten Ziele hinsichtlich Transparenz, Automatisierung und Steuerung sind jedoch nur zu realisieren, wenn alle gewünschten Objekte erfasst und im IT-System abgebildet werden. Um dies zu gewährleisten, sind Ansätze zu implementieren, um zunächst Erfassungsfehler zu verhindern. Ist dies nicht möglich, ist es zum einen erforderlich, diese Fehler aufzuzeigen, und zum anderen sind Vorgehen zu definieren, um diese zu beheben. So können beispielsweise Lichtschranken und Bilderfassungssysteme dazu beitragen, Objekte im Erfassungsbereich zu registrieren. Durch einen Abgleich mit den durch das RFID-System aufgenommenen Daten erfolgt eine Absicherung des Erfassungsprozesses. Ist eine Fehlerfassung vom System identifiziert, muss dies dem den Prozess betreuenden Mitarbeiter aufgezeigt werden.

Beispiel: Identifikation von Aufwänden

Für die Identifikation der Aufwände kann es hilfreich sein, Zusammenhänge zwischen diesen und dem verursachten Nutzen aufzuzeigen bzw. die Aufwände wenn möglich einzelnen Prozessbausteinen zuzuordnen. Dies wird insbesondere wichtig, wenn anschließend an die Bewertung das RFID-System, z. B. aufgrund eines negativen Bewertungsergebnisses, verändert werden soll oder nur Teilfunktionalitäten umgesetzt werden sollen. Werden diese Teilsysteme vor der initialen Bewertung aufgezeigt, lässt sich eine entsprechende Anpassung direkt durchführen.

Für alle identifizierten Aufwände des RFID-Systems müssen, neben der Art des Aufwands, die für die Ermittlung der Kosten bzw. der Umweltwirkung relevanten Faktoren gesammelt werden.

Art des Aufwands	Prozessbaustein	Anzahl	Preis [€]	kg CO_2e
Gates (inkl. Montage)	Vereinnahmnung, Verladen	2	10.000	740
RFID Transponder	übergeordnet	2.000	3.000	22,8
Schreib-Lesegeräte	Lager, Innerbetriebl. Transport	4	14.000	370
Assisstenzsystem	übergeordnet	1	10.000	-
Miete Repository	übergeordnet	8	12.000	-
...	...	...	...	...
		SUMME	...	...

8.4 Identifikation der Nutzenpotenziale

8.4.1 Nutzenkategorien

Im dritten Schritt gilt es, die Vorteile durch den RFID-Einsatz herauszuarbeiten. Um einerseits eine systematische Erfassung der Nutzenpotenziale zu ermöglichen und sie andererseits für den Anwender bei der Durchführung der Bewertung greifbarer und dadurch quantifizierbar zu machen, wurde eine Nutzenkategorisierung erarbeitet [RAN-Konsortium 2013c]. Zusätzlich wurden die in UCs aufgenommenen Potenziale sowie weitere in der Literatur beschriebene Nutzenpotenziale dieser Kategorisierung zugeordnet und in einem Nutzenkatalog zusammengefasst. Abbildung 89 gibt einen Überblick über die definierten Nutzenkategorien.

Die sogenannten *Basiseffekte* stellen die Grundlage aller internen und externen Effekte dar. Sie umfassen die Prozesstransparenz, die Verbesserung der Informationssicherheit sowie Datenqualität und -zuverlässigkeit.

Die *internen Effekte* erzielen eine Verbesserung der Prozesseffizienz. Diese Erhöhung der Prozesseffizienz kann durch eine Reduzierung des Zeitaufwandes oder durch einen geringeren Ressourcenverbrauch realisiert werden. Eine weitere Unterteilung dieser beiden Bereiche der internen Effekte ergibt sich aus dem Ziel des RFID-Einsatzes. Hierbei wird

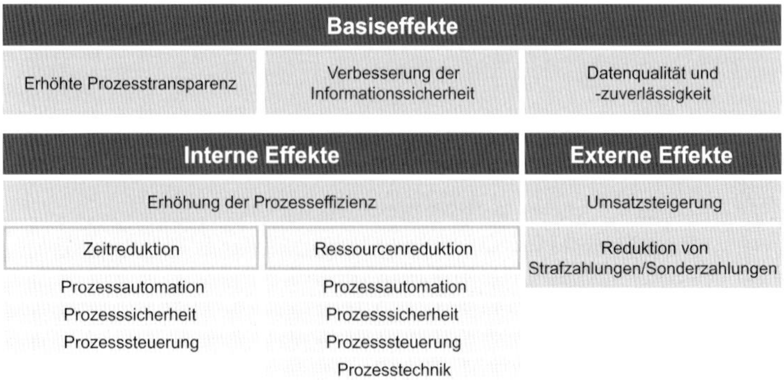

Abbildung 89 Kategorisierung zur Einordnung der Nutzenpotenziale

unterschieden, ob bisher manuelle Prozesse automatisiert durchgeführt (z. B. Wareneingangskontrolle), sicherer gestaltet (z. B. automatischer Abgleich von Daten) oder besser gesteuert werden sollen (z. B. automatische Steuerung von Nacharbeitsprozessen). Der Ressourcenverbrauch kann zudem durch die eingesetzte Prozesstechnik verringert werden, indem z. B. Warenanhänger und Lieferscheine entfallen und der Schwund bei bisher nicht erfassbaren Gegenständen (z. B. Behälter) reduziert wird. Die Reduktion des Zeitaufwands in den Prozessen hat allein Auswirkungen auf die Wirtschaftlichkeit, während ein geringerer Ressourcenverbrauch sowohl Auswirkungen auf die Wirtschaftlichkeit als auch auf die Ressourceneffizienz hat.

Die *externen Effekte* beschreiben zusätzliche monetär wirksame Effekte, welche sich durch den RFID-Einsatz für die Unternehmen ergeben. Dies sind zum einen Umsatzsteigerungen durch die Reduzierung der Durchlaufzeit, die Erhöhung der Liefertreue sowie die gesteigerte Kundenzufriedenheit wegen einer verringerten Rückrufquote. Außerdem reduzieren sich Straf- bzw. Sonderzahlungen, indem falsche oder verspätete Lieferungen durch RFID vermieden werden und die hier anfallenden Strafzahlungen sinken. Rückrufe können durch RFID beispielsweise besser auf die tatsächlich betroffenen Fahrzeuge eingegrenzt werden. Somit sinken auch die Kosten für Rückrufaktionen.

In der Literatur wird eine Vielzahl an beispielhaften Potenzialen genannt, die sich durch den Einsatz der RFID-Technik ergeben. Diese genannten Potenziale beeinflussen einerseits die Wirtschaftlichkeit von Prozessen, gleichzeitig haben sie aber auch Auswirkungen auf deren Ressourceneffizienz. Ein verringerter Ressourcenverbrauch – im Sinne eines geringeren Material- und Energieverbrauchs – lässt sich durch den Einsatz RFID-gestützter Steuerungsarchitekturen unter anderem bei Transportprozessen, verringerten Beständen oder durch papierlose Kommunikation erreichen. Beispiele für mögliche Nutzenpotenziale, die in Bezug auf die Ressourceneffizienz wirksam sind, finden sich in Abbildung 90.

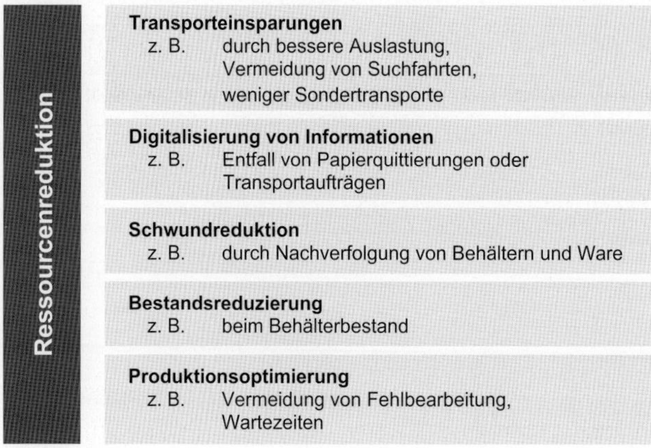

Abbildung 90 Positive Auswirkungen auf die Ressourceneffizienz

8.4.2 Strukturierte Nutzenableitung

Basierend auf einem umfassenden Nutzenkatalog [RAN-Konsortium 2013c] können zunächst die allgemeinen RFID-Potenziale abgeleitet werden. Da die relevanten Nutzenpotenziale jedoch vom spezifischen Anwendungsfall abhängen, gilt es anschließend die Potenziale herauszufiltern, die von dem implementierten System hervorgerufen werden. Dies erfolgt anhand spezifischer Kriterien, die in Abbildung 91 aufgeführt sind. In Abhängigkeit des implementierten RFID-Systems ermöglichen diese technischen und organisatorischen Kriterien, die Anzahl der identifizierten allgemeinen Nutzenpotenziale stufenweise auf eine Auflistung realer Nutzenpotenziale für den spezifischen Anwendungsfall zu reduzieren. Die Kriterien sind hierbei für jeden Erfassungspunkt zu untersuchen, da diese über unterschiedliche Konfigurationen verfügen können.

Bezüglich der *technischen Kriterien* ist zuerst die eingesetzte Erfassungsklasse zu definieren. Ein RFID-Gate bietet beispielsweise die Möglichkeit des Bulk-Readings, wohingegen ein Single Read-Point nur einen Datenträger pro Lesevorgang erfassen kann. Ein JIS-RFID-Gate könnte darüber hinaus sogar die Sequenzierung sowie die Positionierung der einzelnen Objekte im Verbund feststellen.

Auch das Erfassungsziel beschreibt die technische Ausstattung des Systems. Sollen manuelle Abläufe lediglich automatisiert werden, kann dies durch ein herkömmliches RFID-System erfolgen. Für zusätzliche Sicherheitsabfragen, wie die Bestandskontrolle oder die Vollständigkeitsprüfung von Lieferungen, sind entsprechende Software-Systeme zu

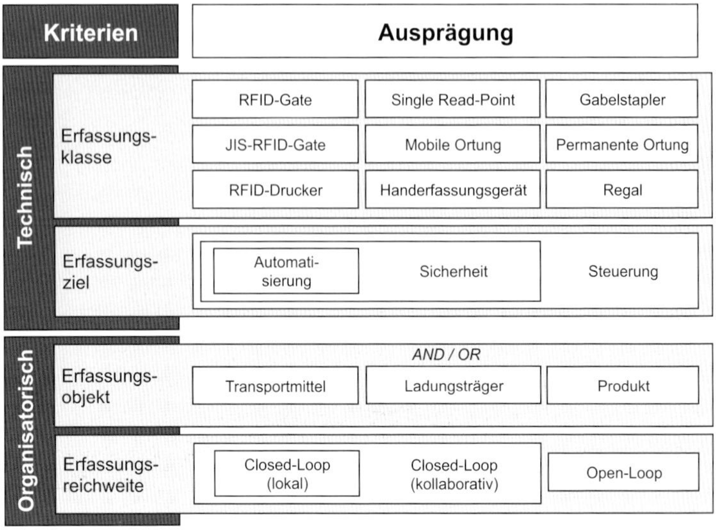

Abbildung 91 Kriterien zur Auswahl relevanter Nutzenpotenziale

implementieren. Die höchste Stufe, die Steuerung, erfordert weitere Assistenzfunktionalitäten, um neben den bereits möglichen Potenzialen beispielsweise fehlende Objekte einer Lieferung automatisiert nachzubestellen.

Im Rahmen der *organisatorischen Kriterien* spielt vor allem das Erfassungsobjekt eine zentrale Rolle. Werden einzelne Produkte verfolgt, können produktbezogen Arbeitsanweisungen zugewiesen und Toleranzen hinterlegt werden. Sind einzelne Produkte in Ladungsträgern zusammengefasst, ist dies nur bedingt möglich. Jedoch können der Leerguttransport unterstützt und somit Behälterbestände reduziert werden. Findet eine weitere Aggregation auf Frachtträgerebene statt, sind beispielsweise Einsparungen in der Routenführung erzielbar, wenn der kürzeste Weg zum Zielort vorgegeben wird. Da in einem Erfassungspunkt verschiedenste Objekte erfasst werden können, ist die Auswahl mehrerer Ausprägungen für dieses Kriterium möglich.

Das letzte Kriterium, die Erfassungsreichweite, analysiert die Bewegungen der Datenträger. Zirkulieren diese ausschließlich in einem Unternehmen, liegt eine lokale Closed-Loop-Anwendung vor. Hierdurch sind erst Einsparungen nach der Vereinnahmung zu erzielen, da keine Objekte mit Datenträgern angeliefert werden. Bei kollaborativen Closed-Loop-Anwendungen zirkulieren die Objekte zwischen verschiedenen Unternehmen und können so alle Prozesse unterstützen. Open-Loop-Systeme können zudem den Aufwand bei Rückrufaktionen reduzieren, da sie bis zum Endkunden gelangen. Die Wiederverwendung des Datenträgers ist in diesem Fall nicht möglich, da dieser am Produkt verbleibt.

Beispiel: Nutzenidentifikation

Mögliche auftretende interne Effekte sind für jeden Prozessbaustein aufgeführt und in einem Nutzenkatalog zusammengefasst. Das folgende Bild zeigt einen Auszug aus dem Nutzenkatalog. Dann werden beispielhaft die Nutzenpotenziale für den Prozessbaustein *Lagern* aufgelistet, welche nach den in Abbildung 89 vorgestellten Kategorien unterteilt wurden.

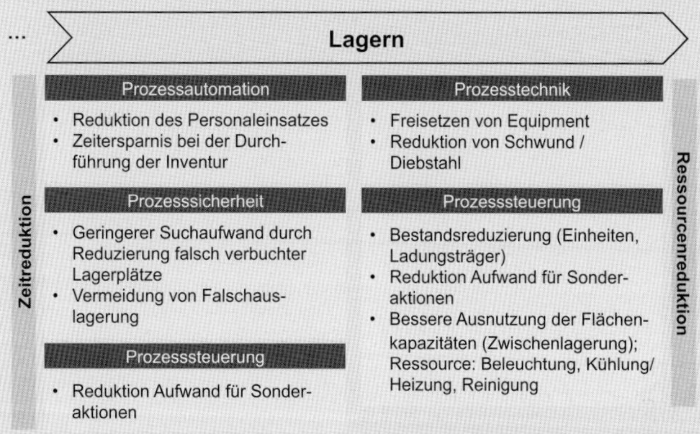

Die weiteren Bilder stellen für die Prozessbausteine *Lagern* und *Kommissionieren* jeweils ein ausgewähltes Nutzenpotenzial für einen speziellen Anwendungsfall dar. Hierfür werden für das Nutzenpotenzial *Bestandsreduzierung* sowohl für den Prozessbaustein *Lagern* als auch für das Nutzenpotenzial *Entfall der Erstellung von internen Auftragspapieren und -belegen* für den Prozessbaustein *Kommissionieren* die Ist- und Soll-Situation kurz aufgezeigt sowie Angaben zum Erfassungsobjekt, der benötigten Hard- und Software und den erzielten Einsparungen gemacht.

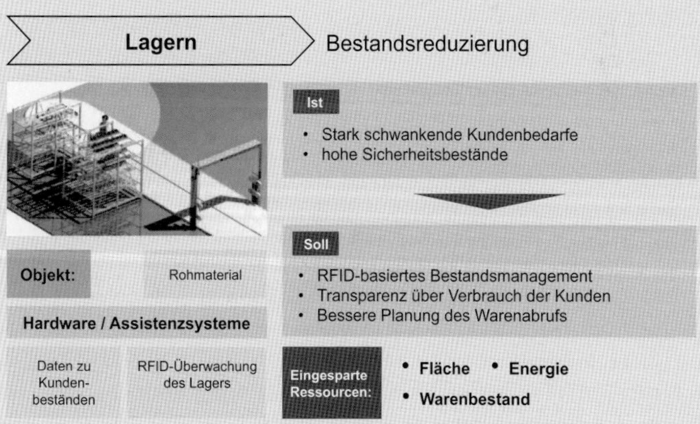

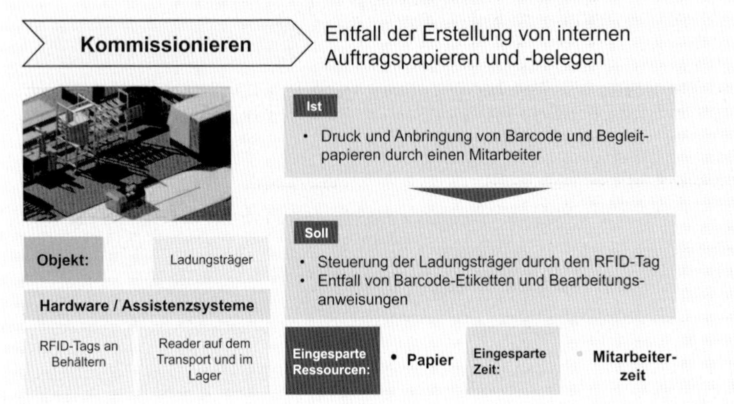

8.5 Quantifizierung der Effekte

8.5.1 Quantifizierungsvorgehen/Berechnungsvorschriften

Im vierten Schritt der Bewertung sind die identifizierten Aufwände und Einsparungen zu quantifizieren. Aufwände und Einsparungen werden im Folgenden übergeordnet als „Effekte des RFID-Einsatzes" bezeichnet. Diese können entweder quantitativen oder qualitativen Charakters sein [Hansmann 1974, Buhmann & Schön 2009]. Zu den quantitativen Nutzenpotenzialen und Aufwänden zählen alle Faktoren, deren Effekt durch einen Zahlenwert beschrieben werden kann. Qualitative Nutzenpotenziale und Aufwände liegen nicht metrisch skaliert vor, sondern können nur durch die Beschreibung charakteristischer Eigenschaften angegeben werden [Krebs 2011]. Häufig werden hierfür zur Beschreibung des Effekts Ordinalskalen verwendet, die Begriffe wie *hoch* oder *niedrig* enthalten [Brieke 2009]. Die Quantifizierung einzelner Nutzen und Aufwände des RFID-Einsatzes kann zudem einer gewissen Unsicherheit unterliegen, welche in der Bewertung berücksichtigt werden muss. Abbildung 92 gibt eine Übersicht über die auftretenden Effekte und ihre Quantifizierung.

Die Bewertung quantitativer Effekte erfolgt über die zugehörigen Berechnungsformeln. Die Aufwände für das RFID-System lassen sich u. a. durch die Multiplikation der Anzahl benötigter Hardware oder Software mit dem entsprechenden Kostensatz ermitteln. Prozessbezogene Aufwände, welche durch eine Änderung in den Prozessabläufen entstehen, müssen ebenso wie die Nutzenpotenziale durch Bewertungsformeln berechnet werden, welche die eingesparte oder aufgewendete Zeit bzw. Ressourcen berücksichtigen. In Abhängigkeit der Art des Nutzens oder Aufwands existieren im Regelfall mehrere Möglichkeiten zur Ermittlung des zugehörigen Zahlenwerts. Grundlage dieser Formeln stellen verschiedene Basen

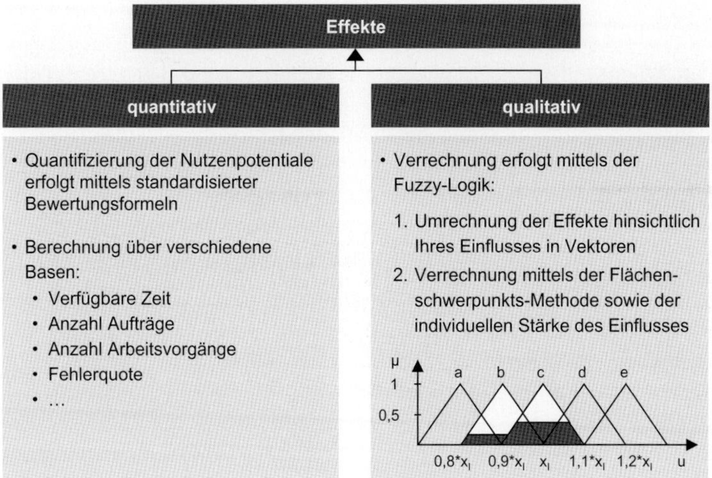

Abbildung 92 Quantitative und qualitative Effekte

(z. B. Anzahl Objekte, Verfügbare Zeit pro Tag usw.) dar, die es ermöglichen die Einsparung auf unterschiedlichen Wegen zu berechnen. In Abhängigkeit der zur Verfügung stehenden Informationen bzgl. der Ausprägung des Nutzenpotenzials kann die Base und damit die Berechnungsart des Effekts ausgewählt werden. Beispielhafte Basen bei den internen Effekten sind die verfügbare Zeit, die Anzahl an Teilaufträgen und Arbeitsvorgängen sowie die Menge an Fehlern und Korrekturvorgängen. Externe Effekte können beispielsweise über den Umsatz, die verkauften Einheiten sowie die Anzahl der verkauften Einheiten bewertet werden.

So kann beispielsweise der Nutzen des Entfalls des manuellen Scannens durch den Einsatz der RFID-Technologie auf Basis verschiedener Berechnungsarten kalkuliert werden. Die Anzahl der täglich abzuscannenden Objekte multipliziert mit dem eingesparten Zeiteinsatz des Mitarbeiters

	externe Effekte						interne Effekte						
	Steigerung des Umsatzes, Reduktion von Strafzahlungen						Prozesssicherheit, Technik, Automatisierung, Steuerung						
Basen	Umsatz	Kundenaufträge	Einheiten	Lieferungen	Regressionsforderungen	Rückrufaktionen	Zeitkontingent	Ressourcenkontingent	Aufträge	Arbeitsvorgänge	Einheiten	Schwund	Wegstrecke

Abbildung 93 Verschiedene Basen bei der Berechnung interner und externer Effekte

pro Scan ergibt den Nutzen eines automatisierten RFID-Scans durch ein Gate. Der gleiche Wert kann über den Anteil der Scan-Tätigkeit an der täglichen Arbeitszeit eines Mitarbeiters ermittelt werden. Letztere Art der Quantifizierung bietet sich insbesondere an, wenn der tägliche Arbeitsumfang des Scannens einen gleichbleibenden Zeitanteil über den zu bewertenden Zeitraum hinweg hat. Schwanken die zu scannenden Objekte stark über einzelne Tage, ist es gegebenenfalls einfacher, die Gesamtanzahl an Scans beispielsweise über einen Zeitraum von einem Jahr zu ermitteln und eine Zeiteinsparung pro Objekt zu schätzen.

Qualitative Effekte können über die sog. Fuzzy-Logik transformiert und in die Bewertung integriert werden [Krebs 2011]. Beispielsweise kann die Veränderung der Mitarbeitermotivation die Ausführung eines Prozesses positiv wie negativ beeinflussen und somit zu einer Veränderung des Zeitbedarfs führen. Der durch die Fuzzy-Set-Theorie quantifizierte linguistische Term, welcher den qualitativen Nutzen beschreibt, wird hierzu mit dem quantitativen Wert zur gesamten monetären Ausprägung des Einflussfaktors addiert.

Beispiel: Nutzenquantifizierung

Die Abbildungen zeigen die Quantifizierung der in Kapitel 8.4.2 (Beispiel) aufgezeigten RFID-Nutzen für die Prozessbausteine Lagern und Kommissionieren.

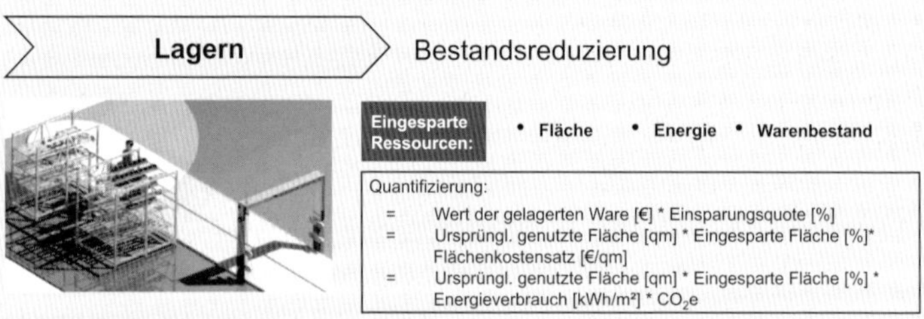

Der Entfall der Erstellung von internen Auftragspapieren und -belegen wirkt sich sowohl auf die Ressourceneffizienz, als auch auf die Wirtschaftlichkeit aus. Die Anzahl der eingesparten Papiere muss daher mit dem entsprechenden Kostensatz bzw. dem Faktor zur Charakterisierung der Umweltwirkung multipliziert werden.

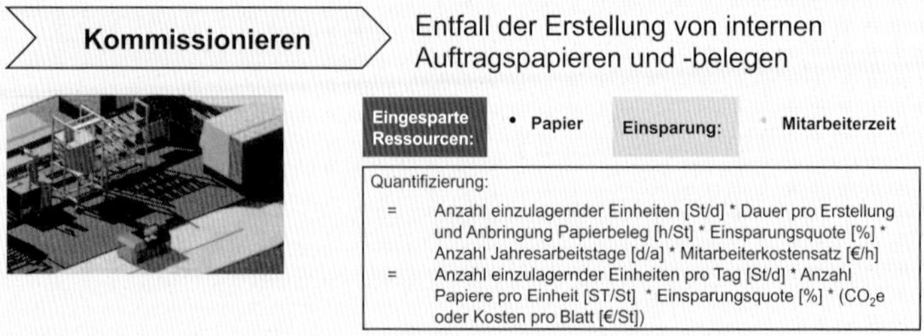

Sowohl Aufwände als auch Nutzen der RFID-Technologie unterliegen verschiedensten Einflussfaktoren und können oftmals nicht exakt beziffert werden. Die Anzahl der betrachteten Objekte im Prozess kann schwanken, ebenso wie geschätzte Einsparungsquoten, Kostenfaktoren oder die entstandene Umweltwirkung. Daher sind diese Werte mit entsprechenden Wahrscheinlichkeitsverteilungen zu modellieren, die es ermöglichen, Abweichungen in der Berechnung zu berücksichtigen. Der Einfluss der qualitativen Faktoren unterliegt zudem Unsicherheiten durch die linguistische Unschärfe sowie durch die teilweise subjektive Abschätzung von Experten. Diese können wiederum durch eine Wahrscheinlichkeitsverteilung in die Bewertung integriert werden.

8.5.2 Fehlerfolgen als Nutzenpotenziale

Durch die Möglichkeit zur automatisierten Datenerfassung und -verarbeitung kann die RFID-Technologie bei der Vermeidung von Fehlern in den Prozessen unterstützen. Die Bewertung dieser Nutzen ist jedoch komplex, da Informationen zur Art und Häufigkeit sowie den Konsequenzen eines Fehlers benötigt werden. Die Folgen eines Fehlers können sowohl auf der operativen wie auch der strategischen Ebene wirken [Strassner 2006]. Fehleinlagerungen können beispielsweise durch eine RFID-Überwachung der Einlagerung vermieden und so der Aufwand für die Suche nach Artikeln eingespart werden. Durch die Umsetzung eines RFID-Systems im Warenausgang kann die Vollständigkeit einer Lieferung kontrolliert werden, so dass Nachlieferungen nicht mehr notwendig sind. Neben diesen Fehlerfolgenutzen auf der operativen Ebene kann auf der strategischen Ebene die Kundenzufriedenheit erhöht werden, indem z. B. Falschlieferungen und damit möglicherweise ein Produktionsstopp beim Kunden verhindert werden [Vilkov 2009].

Zu jedem Fehler, der durch den RFID-Einsatz vermieden werden kann, muss daher die zugehörige Fehlerfolgekette aufgestellt werden (vgl. Abbildungen 94 und 95). Diese gibt an, wo ein Fehler entdeckt werden kann und welche Auswirkungen die Vermeidung des Fehlers bei Entdeckung am jeweiligen Punkt hat. Wird eine Falschverladung beispielsweise noch im Wareneingang entdeckt, muss die Ware wieder umgeladen werden. Dabei entsteht für den Mitarbeiter ein Suchaufwand, wenn er den Ort der vermissten Ware ermittelt. Wird die Falschverladung nicht mehr unternehmensintern entdeckt, sondern erst beim Kunden, muss unter anderem die falsch gelieferte Ware rückgeführt werden. Zudem entstehen für die Planung zusätzliche Aufwände bei der Umplanung der Lieferungen. Kann durch RFID, z. B. durch die Absicherung des Verladeprozesses mit Hilfe von RFID-Gates an den Warenausgangstoren, die Fehlverladung in Zukunft vermieden werden, entstehen diese Aufwände nicht mehr und sie können als RFID-Nutzen in der Bewertung verbucht werden. Die Höhe des Nutzens wird zum einen durch die Auftretenswahrschein-

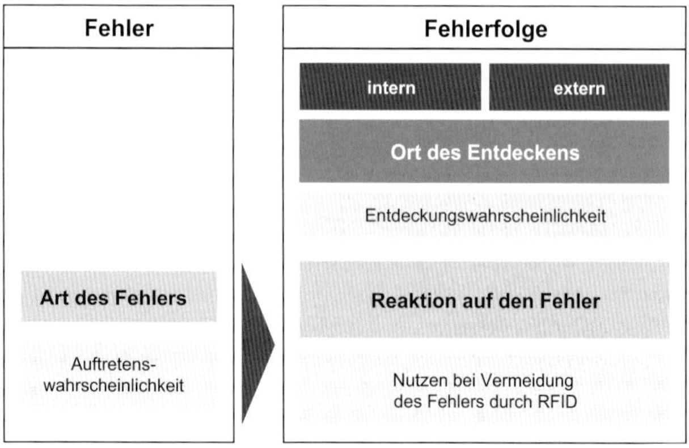

Abbildung 94 Fehlerfolgekette

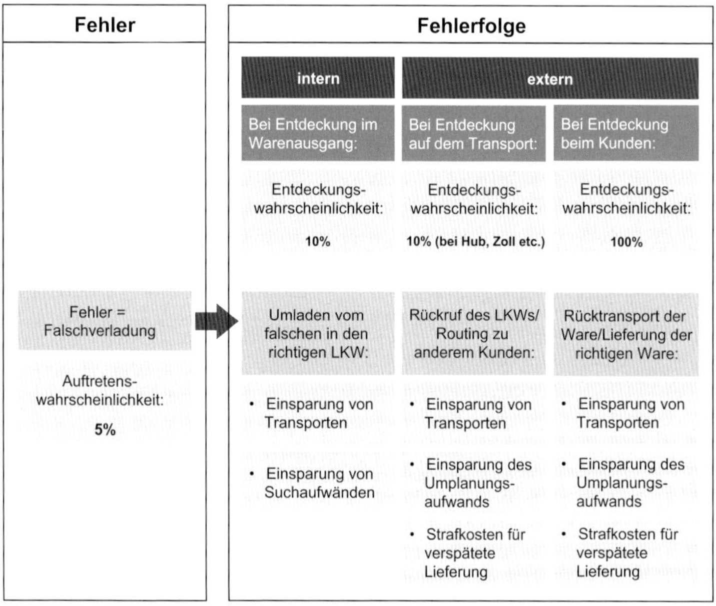

Abbildung 95 Beispiel für Fehlerfolgekette

lichkeit α des Fehlers bestimmt. Diese ist definiert als die Wahrscheinlichkeit, dass ein Fehler im Ist-Prozess ohne RFID auftritt. Der Fehler kann im Soll-Prozess (mit RFID) verhindert werden. Zum anderen müssen auf jeder Stufe, auf der eine Entdeckung des Fehlers möglich ist, sowohl die Entdeckungswahrscheinlichkeit β bestimmt, als auch die Nutzenausprägungen quantifiziert werden. Die Entdeckungswahrscheinlichkeit β beschreibt die Wahrscheinlichkeit, dass ein Fehler im Ist-Prozess entdeckt wird. Dies kann unternehmensintern – im Prozessbaustein selbst oder in anderen Prozessbausteinen – oder extern, beispielsweise beim Kunden, sein. Die Nutzenausprägung gibt an, wie hoch der individuelle Nutzen pro Fehler ist – zum Beispiel wie viele Kilometer durch den Entfall von Rücktransporten falscher Ware eingespart werden können. Die Bewertung der Fehlerfolgenutzen ist in Abhängigkeit der Nutzenausprägungen sowohl für die Bewertung der Wirtschaftlichkeit wie auch der Bewertung der Ressourceneffizienz von Relevanz. Die Ermittlung der einzelnen Wahrscheinlichkeiten ist hierbei unternehmensindividuell durchzuführen, indem die einzelnen Prozesse hinsichtlich der Fehleranfälligkeit sowie der Instrumente einer Fehleridentifikation untersucht werden.

8.5.3 Ressourceneffekte

Um die Ressourceneffizienz der Prozessänderung durch den RFID-Einsatz bewerten zu können, müssen im Vergleich zur Wirtschaftlichkeitsbewertung oftmals noch zusätzliche Daten erhoben werden (Abbildung 96). Um die Wirtschaftlichkeit ermitteln zu können, erfolgt im Regelfall die Verrechnung einer Mengeneinheit oder Zeitgröße mit einem zugehörigen Kostensatz. Um die Umweltwirkung im nächsten Schritt des Bewertungsvorgehens ermitteln zu können, müssen die zusätzlich aufgewendeten oder eingesparten Ressourcen in einem entsprechenden Charakterisierungsfaktor multipliziert werden. Über diesen Wert, z. B. das CO_2-Äquivalent für die Klimawirkung, kann eine bestimmte ökologische Auswirkung quantitativ beschrieben werden. Die Umweltwirkung sollte grundsätzlich immer alle Phasen des Lebenszyklus einer Ressource berücksichtigen (DIN 14040). Die Gewinnung dieser Daten kann in Abhängigkeit der zu bewertenden Ressource sehr aufwändig sein. Öffentliche oder kommerzielle Datenbanken enthalten jedoch oftmals für eine Vielzahl an Ressourcen Datensätze, die für die Quantifizierung der Umweltwirkung herangezogen werden können.

Zu den in den vorangegangenen Schritten identifizierten Nutzen und Aufwänden, welche für die Wirtschaftlichkeitsbewertung direkt herangezogen werden können, müssen für die Ressourceneffizienzbewertung weitere Informationen gesammelt werden. In einem ersten Schritt ist daher zu prüfen, inwieweit für eine Ressource bereits Datensätze zur Bewertung der Umweltwirkung vorhanden sind. Grundsätzlich ist hierbei zu beachten, dass hinter den im vorangegangenen Schritt ermittelten Nutzen und Aufwänden möglicherweise ein Ressourcennutzen oder -aufwand steckt, der aus mehreren elementaren Ressourcen besteht. Zur Bewertung der Umweltwirkung kann daher eine Zerlegung in einzelne Bestandteile erforderlich sein. So besteht beispielsweise die RFID-Hardware aus zahlreichen Einzelkomponenten, die wiederum aus mehreren Materialien bestehen können. Zu einzelnen Materialien oder Komponenten muss wiederum iterativ die Datenverfügbarkeit geprüft werden. Hierzu ist anzumerken, dass häufig nur ähnliche Ressourcen in den Datenbanken betrachtet werden und auch die Überprüfung der Übereinstimmung mit dem zu quantifizierenden Nutzen oder Aufwand des RFID-Prozesses anhand der Dokumentation des Datensatzes schwierig ist. Jedoch ist die Verwendung von Daten, welche die Umweltwirkung nur näherungsweise beschreiben, sinnvoller, als bestimmte Aufwände mangels der Möglichkeit zur eigenständigen Ermittlung der Zusammensetzung und Umweltwirkung erst gar nicht in die Bewertung einzubeziehen [Hunt 1998].

Zur Zuordnung vorhandender Datensätze zu den zu bewertenden Ressourcen müssen zu den einzelnen Nutzen und Aufwänden die für die Ermittlung der Umweltwirkung erforderlichen Zusatzdaten dokumentiert werden. Diese können dann mit der Dokumentation der Datensätze in der Datenbank abgeglichen werden. Dies ist insbesondere notwendig, wenn es sich nicht um ein einzelnes Material handelt, sondern dieses schon einen gewissen Verarbeitungsprozess durchlaufen hat oder ein bestimmter Prozess, wie z. B. ein Transportprozess, quantifiziert werden soll. Bei allen Ressourcen sollten neben der Menge grundsätzlich möglichst exakte Angaben zur Art und Form bzw. zum Aggregatzustand der Ressource gemacht werden. Bei Energie ist beispielsweise relevant, in welchem Land diese bezogen und erzeugt wurde und insbesondere aus welchen Energieträgern diese gewonnen wurde. Die Quantifizierung von Transportaufwänden erfordert unter anderem Zusatzinformationen zur Treibstoffart, der Schadstoffklasse des Fahrzeugs oder der Auslastung.

Exkurs: Ökobilanzierung von RFID-Technik

Je nach Art des Transponders unterscheidet sich auch die Ökobilanz. Im Gegensatz zu dem als selbstklebendes Etikett aufgebauten Smart Label umgibt beim Bar Tag das RFID-Inlay ein festes Kunststoffgehäuse. Das Inlay wiederum besteht aus einer Trägerfolie sowie dem Chip und der Antenne. Für Informationen zur stofflichen Zusammensetzung der betrachteten RFID-Transponder kann auf Angaben der Internationalen Organisation für Normung (ISO) und der Internationalen Elektrotechnischen Kommission zurückgegriffen werden, die eine Materialübersicht inkl. der Massenanteile geben (ISO/IEC TR 24729). Beim Smart Label haben, abgesehen von der Deckschicht aus Polypropylen und Papier sowie einem Acrylat-Kleber, die Trägerfolie aus PET und die Antenne den größten Massenanteil. Für die bilanzierten Transponder wurde eine Antenne aus Aluminium angenommen. Die Masse des Chips beträgt weniger als ein Prozent der Masse des gesamten Inlays.

Der Herstellungsprozess des Bar Tags unterscheidet sich insofern, dass zudem das Gehäuse gefertigt werden muss – in der Regel mit einem Spritzgussverfahren –, in das dann das Inlay eingesetzt wird. Die Entsorgung der Transponder erfolgt je nach Anwendungsfall nach einer unterschiedlich langen Nutzungsdauer. Dies hängt zum einen davon ab, welches Objekt mit einem Transponder versehen wurde. Zum anderen ist relevant, ob das Objekt in einem geschlossenen Prozess zirkuliert oder den Prozess nach einem einmaligen Durchlauf verlässt und mit dem Produkt zum Kunden kommt. Aufgrund der thermischen und stofflichen Verwertung kann für die Entsorgung der Transponder noch eine Gutschrift angerechnet werden.

Für die Anzahl von 1000 Smart Labels bzw. 1000 Bar Tags wurde insgesamt ein Footprint von 11,4 kg bzw. 67,2 kg CO_2-Äquivalenten (CO_2e) ermittelt. Für die Berechnungen wurde auf frei verfügbare LCA-Datenbanken bzw. die Software GaBi von PE International zurückgegriffen.

In Zusammenarbeit mit einem Hersteller von RFID-Hardware wurden zudem RFID-Schreib-Lese-Geräte ökobilanziert. Hierfür wurde ein Fragebogen zur Dokumentation der benötigten Daten der einzelnen Lebenszyklusphasen erarbeitet und durch den Hersteller ausgefüllt. Hauptbestandteile der Geräte stellen insbesondere die Gehäuseteile aus Metall bzw. Kunststoff, die Antennenbaugruppe sowie die verbauten Leiterplatten dar. Auf Basis der erhaltenen Daten zur Art des verbauten Materials sowie dessen Masseanteil konnte mit Hilfe der Ökobilanzierungssoftware GaBi (PE international) eine Bewertung der Umweltwirkung erfolgen. Für ein durchschnittliches RFID-Schreib-Lese-Gerät mit integrierter Antenne und einer Nutzungsphase von 5 Jahren konnte ein CO_2-Footprint von ca. 370 kg CO_2e pro Stück ermittelt werden. Die Anteile für Transport der Komponenten sowie für die Montage des Geräts wurden aufgrund der fehlenden Daten des zu bewertenden Schreib-Lese-Geräts prozentual aus der CO_2-Bewertung eines PCs abgeleitet. Bezüglich der Materialzusammensetzung stellen die verbauten Leiterplatten den maßgeblichen Treiber für die entstandenen CO_2-Emissionen dar. Am gesamten CO_2-Fußabdruck des Schreib-Lese-Geräts hat die Nutzungsphase des Geräts einen Anteil von etwa zwei Dritteln.

Wird in mehreren Prozessbausteinen die gleiche Ressource eingespart, kann zudem eine Zusammenfassung gleichartiger Ressourcen auf der Nutzen- oder Aufwandsseite erfolgen. Dies vereinfacht die Zuordnung der Charakterisierungsfaktoren zur Berechnung der Umweltwirkung, da gegebenenfalls weniger Faktoren zugeordnet werden müssen. Zudem wird eine Übersicht über Art und Menge zusätzlich aufgewendeter Ressourcen geschaffen.

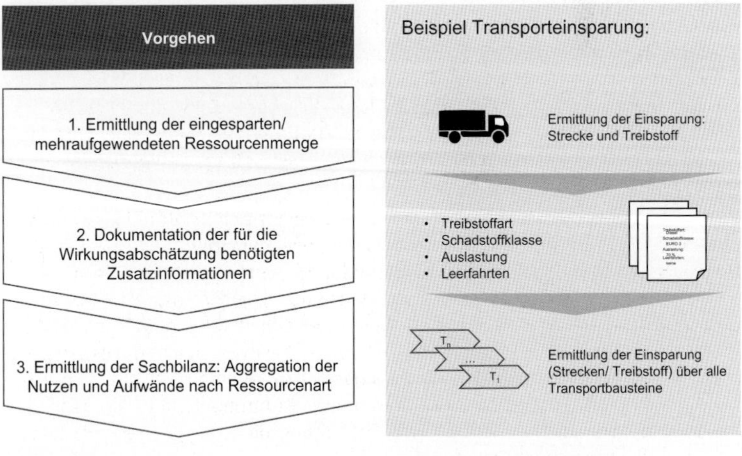

Abbildung 96 Vorgehen zur Quantifizierung der Ressourceneffekte

8.6 Bewertung

8.6.1 Kalkulationsschema

Um die Vorteilhaftigkeit der Investition einzuschätzen, erfolgt die Verrechnung der identifizierten und quantifizierten Nutzen und Aufwände zu einer übergeordneten Bewertungsgröße. Bei der Wirtschaftlichkeit wird hierzu der Kapitalwert oder die Amortisationszeit herangezogen. Bezüglich der Bewertung der Ressourceneffizienz können die ermittelten Ressourceneinsparungen beispielsweise zum CO_2-Footprint der Prozessänderung aggregiert werden. Ein Überblick über weitere Wirkungskategorien zur Bewertung der Umweltwirkung ist u. a. bei Herrmann (2010) zu finden. Die Bewertung kann sowohl unternehmensintern als auch unternehmensübergreifend erfolgen.

Nutzen und Aufwände des RFID-Einsatzes werden in der Verrechnungsstruktur auf verschiedenen Ebenen entsprechend der Häufigkeit und dem Ort der Entstehung in die Kalkulation integriert. Die Ebenen unterscheiden zum einen, ob es sich um einmalige oder laufende Ausgaben handelt. Zum anderen wird unterschieden, ob die Aufwände direkt einzelnen Prozessen zugewiesen werden können oder übergeordnet anfallen. Die Verrechnung erfolgt nach dem in Abbildung 97 dargestellten Kalkulationsschema.

Die Nutzen lassen sich entsprechend der in Kapitel 8.4.1 vorgestellten Klassifizierung entweder übergeordnet den externen Effekten oder auf der Prozessebene den internen Effekten zurechnen. Hinsichtlich der Auf-

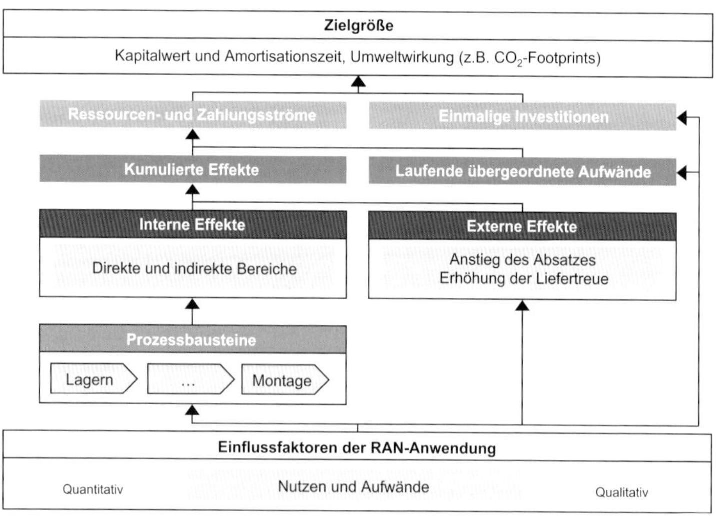

Abbildung 97 Verrechnung von Nutzen und Aufwänden

wände werden prinzipiell drei verschiedene Arten von Aufwänden unterschieden, die sich bzgl. des Zeitpunktes und Ortes der Verursachung einteilen lassen. So spielen für die Bewertung zum einen die einmaligen Investitionen eine wesentliche Rolle. Diese Aufwände können den Initialaufwand beschreiben, der anfällt, um das RFID-System zu installieren. Einmalige Investitionen müssen jedoch nicht zum Projektstart anfallen, sondern können auch über die Projektlaufzeit verteilt anfallen. Zu beachten ist jedoch, dass es sich nicht um regelmäßige Aufwände, sondern um einmalige Investitionen handelt. Im Rahmen der Wirtschaftlichkeitsbewertung ist bei den einmaligen Investitionen zudem zu berücksichtigen, dass evtl. Abschreibungen zur Reduzierung des steuerlichen Aufwands führen können. Hardware-Komponenten für IT-Systeme können in der Regel über einen Zeitraum von 4 bis 6 Jahren abgeschrieben werden. Neben den einmaligen Investitionen können laufende übergeordnete Aufwände auftreten. Hierbei handelt es sich um regelmäßige Ausgaben, die jedoch nicht direkt einem beschriebenen Prozessbaustein zugeordnet werden können. Beispiele hierfür sind laufende Transponderkosten bzw. die Ressourcenaufwände für die regelmäßig zu beschaffenden Transponder in offenen Systemen oder die Lizenz-Gebühren für ERP- oder MES-Systeme. Die niedrigste Ebene auf der Aufwandsseite stellen die laufenden Aufwände dar. Diese kommen direkt in den Prozessbausteinen zum Tragen. So können beispielsweise Schulungen für Werker oder Wartungskosten direkt einzelnen Prozessen zugeordnet werden.

Für die Ressourceneffizienzbewertung ergeben sich insgesamt zwei Ebenen der ökobilanziellen Betrachtung. Eine ökologische Bewertung muss zunächst für die einzelnen Nutzen und Aufwände erfolgen. Anschließend erfolgt die Aggregation der Kenngrößen für das gesamte betrachtete Wertschöpfungsnetz (Abbildung 98).

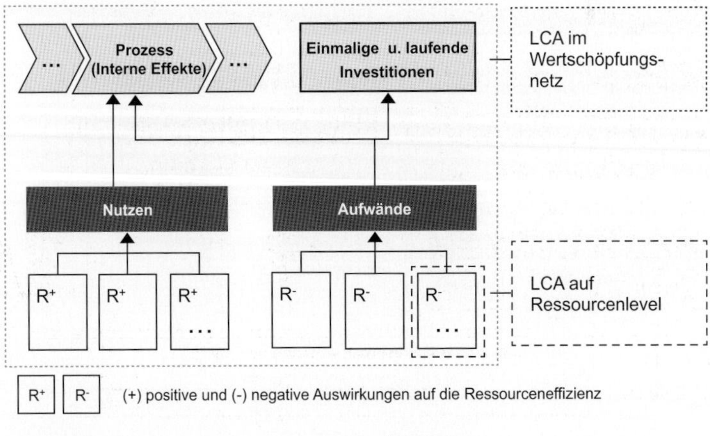

Abbildung 98 Verrechnungsstruktur der Ökobilanz

Beispiel: Bewertung für eine RAN-Demonstrationsplattform

Dieses Beispiel zeigt die Bewertung für die RAN-Demonstrationsplattform am iwb. Diese bildet ein Produktionsnetzwerk ab, das aus fünf Unternehmen besteht und ein Getriebe fertigt.

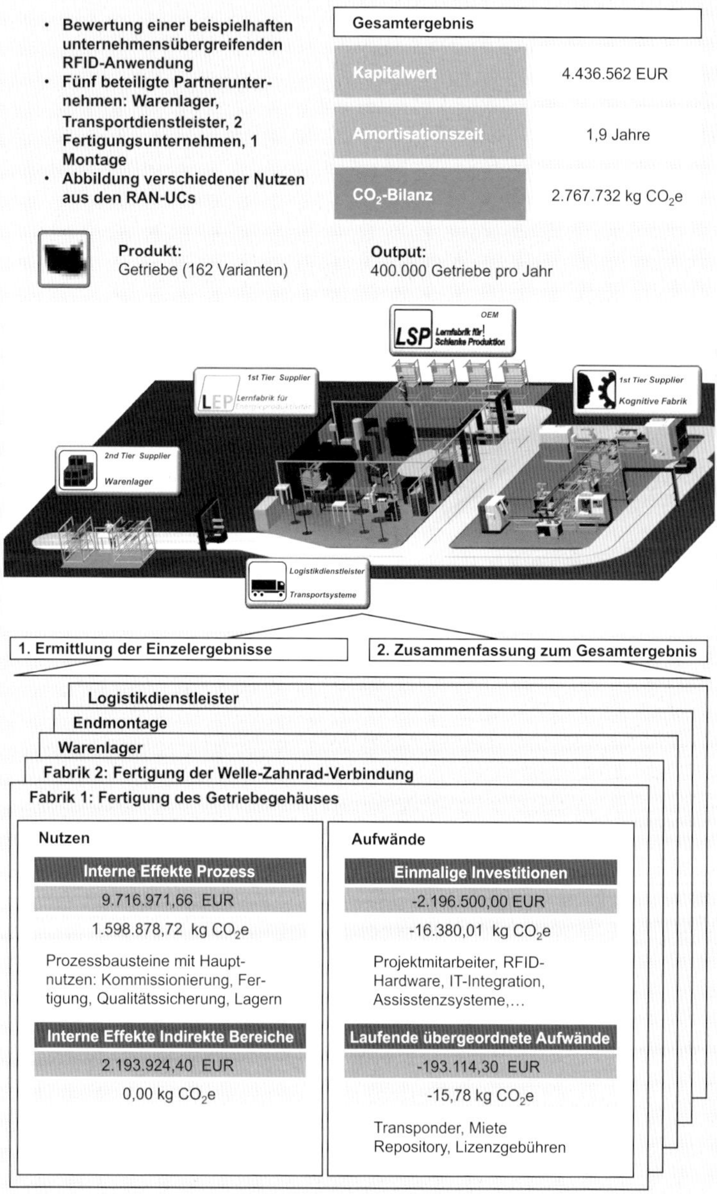

8.6.2 Berücksichtigung von Unsicherheiten

Sowohl bei der Wirtschaftlichkeitsbewertung, als auch bei der Ressourceneffizienzbewertung können die verwendeten Daten mit Unsicherheiten behaftet sein (vgl. Kapitel 8.5.1). Unter dem Begriff der Unsicherheit wird in diesem Zusammenhang die Unvorhersehbarkeit der Ausprägung eines Einflussfaktors verstanden, die aus einem Mangel an Informationen resultiert [Krebs 2011]. Es ist daher ein Verfahren erforderlich, welches diese unsicheren Einflüsse in der Bewertung berücksichtigt.

Ein für die Integration von Unsicherheiten in die Bewertung häufig eingesetztes Verfahren stellt die sogenannte Monte-Carlo-Simulation dar. Es handelt sich dabei um ein Verfahren zur Lösung mathematischer numerischer Probleme mittels statistischer Experimente [Kalos & Whitlock 1986, Sobol 1974]. Anstelle eines absoluten Wertes, z. B. für ein normalverteiltes Nutzenpotenzial, wird dieser aufgrund mangelnder Informationen durch einen Erwartungswert mit einer entsprechenden Standardabweichung modelliert. So kann beispielsweise die Zeitreduktion durch RFID bei manuellen Erfassungsvorgängen mit einem Erwartungswert von 30 Sekunden und einer Standardabweichung von 10 Sekunden angegeben werden. Die möglichen Werte, aufgetragen über die Auftretenswahrscheinlichkeit, ergeben die sogenannte Verteilungsfunktion, auch Wahrscheinlichkeitsverteilung genannt [Bauer 2002]. Bei der Monte-Carlo-Simulation wird das Ergebnis auf Basis einer ausreichend großen Anzahl an Zufallsexperimenten ermittelt. Der Wert einer unsicheren Variablen wird hierbei zufällig aus einem vorgegebenen Intervall ausgewählt und für die Berechnung des Gesamtergebnisses verwendet. In dem genannten Beispiel würden sich die Zahlen größtenteils zwischen 20 und 40 Sekunden bewegen. Durch eine hohe Zahl an Wiederholungen dieses Kalkulationsschrittes entsteht eine statistische Verteilung. Die Lösung (Abbildung 99) ergibt sich dann in der Regel aus dem Mittel- oder Erwartungswert dieser statistischen Gesamtheit [Kalos et al. 1986, Sobol 1974]. Um den Bewertungsaufwand zu begrenzen, kann zur Berechnung auf verschiedene Simulations-Programme wie z. B. Crystal Ball von Oracle zurückgegriffen werden.

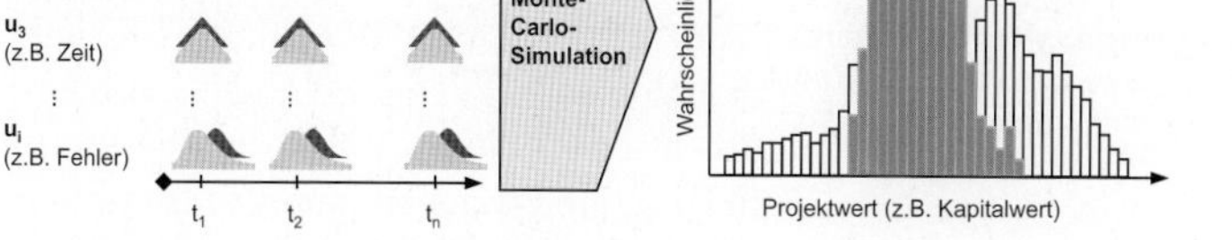

Abbildung 99 Integration von Unsicherheiten in die Bewertung

8.7 Analyse der Bewertung

Basierend auf der durchgeführten Bewertung können weitere Analysen durchgeführt werden, die die Einschätzung der erfolgreichen Umsetzung des geplanten RFID-Projekts hinsichtlich dessen Wirtschaftlichkeit und Ressourceneffizienz verbessern. Zum einen bietet sich hierfür eine genaue Betrachtung der Zeit- und Ressourcenreduktion an und zum anderen hat die Anzahl der Objekte, die die RFID-gesteuerte Wertschöpfungskette durchlaufen, einen erheblichen Einfluss auf die zu erzielenden Einsparungen. Die vorgestellten möglichen Schwerpunkte der Analyse fasst Abbildung 100 zusammen.

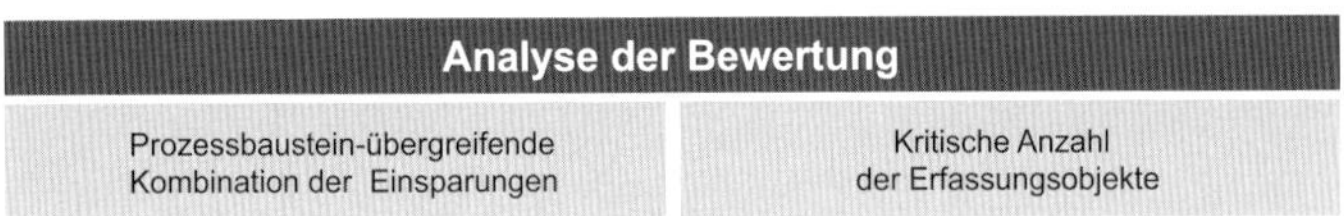

Abbildung 100 Schwerpunkte der Analyse

Durch die primär prozessbausteinbezogene Bewertung wurden einzelne Nutzen und Aufwände bisher vorwiegend isoliert betrachtet. Damit kommt es häufig zu anteiligen Einsparungen, die entsprechend der Controlling-Vorgaben in der Regel nicht als wirksame Einsparung angesetzt werden dürfen. Die Zusammenlegung einzelner Bearbeitungszeiteinsparungen kann hingegen zu realen Einsparungen führen. Insbesondere bietet der RFID-Einsatz die Möglichkeit, bislang manuell durchgeführte Tätigkeiten automatisiert durchzuführen und hiermit Bearbeitungszeiten zu reduzieren. Reale Einsparungen werden in der Regel jedoch erst wirksam, wenn die frei verfügbare Zeit durch andere notwendige produktive Tätigkeiten in diesem Bereich wieder genutzt wird oder Mitarbeiter komplett für andere Tätigkeiten zur Verfügung stehen und in einem anderen Bereich eingesetzt werden können. Letzteres ist jedoch nur möglich, wenn die Dauer einer vollständigen Schicht eingespart wird [Rhensius & Dünnebacke 2009, Gilberg 2009]. Um diese möglichen Einsparungen zu identifizieren, muss analysiert werden, ob gleiche Mitarbeitertypen in unterschiedlichen Prozessbausteinen Einsparungen erzielen und diese kombiniert werden können. Basis für diese Analyse ist die Definition und Integration von Mitarbeitertypen während der Quantifizierung. Analog zur Betrachtung des Personaleinsatzes kann die Analyse der Ressourcen erfolgen. Unter Ressourcen ist in diesem Zusammenhang nur das technische Equipment z. B. in Form eines Gabelstaplers zu verstehen, das zur Durchführung der Prozesse erforderlich ist.

Bei vielen RFID-Projekten stellt sich die Frage, wie viele Objekte die Prozesse der Wertschöpfungskette durchlaufen müssen, um einen wirtschaftlichen oder ressourceneffizienten Betrieb zu erreichen. Vor allem in dem Bereich der Vereinnahmung, in dem häufig Parallelprozesse stattfinden müssen, um alle angelieferten Objekte (mit und ohne Datenträger) zu erfassen, ist es von entscheidender Bedeutung, die kritische Objektanzahl zu bestimmen [Däumler & Grabe 2007]. Basis der Analyse stellen wiederum die im Betrachtungszeitraum quantifizierten Aufwände und Nutzen dar. Diese sind bei der Analyse auf eine einheitliche Zeiteinheit zu beziehen. Die betrachteten Aufwände setzen sich somit aus den Abschreibungen, den laufenden Betriebsaufwänden sowie den Datenträgerkosten zusammen. Letztere werden getrennt aufgeführt, da in Open-Loop-Systemen eine Korrelation zwischen Objektanzahl und den Aufwänden für benötigte Datenträger besteht. In Closed-Loop-Systemen sind die Datenträgerkosten in den Betriebskosten integriert. Bei den Datenträgerkosten im Open-Loop-Betrieb ist darauf zu achten, dass nur diejenigen Objekte berücksichtigt werden, die nicht im Netzwerk zirkulieren. Neben den Aufwänden sind auch die Einsparungen pro Objekt zu ermitteln. Hierbei werden nur interne Effekte berücksichtigt, da externe Effekte zwar durch den RFID-Einsatz generiert werden, jedoch nicht direkt auf das einzelne Objekt zurückzuführen sind. Da in verschiedenen Prozessschritten unterschiedliche Erfassungsobjekte Nutzen erzeugen, ist es erforderlich, dies bei der Analyse zu berücksichtigen. Eine zusätzliche Unterscheidung des Closed- und Open-Loop-Einsatzes kann seitens der Einsparungen entfallen, da der Nutzen in den betrachteten Prozessbausteinen unabhängig von der sonstigen Erfassungsreichweite anfällt. Um die kritische Objektanzahl zu ermitteln, sind die Aufwände den Einsparungen gegenüber zu stellen.

Beispiel: Kombination der Einsparungen

Wie im Bild dargestellt, kann bei einer zugrunde liegenden Schichtdauer von acht Stunden ein Mitarbeiter von Mitarbeitertyp 1 in Prozessbaustein 3 direkt freigesetzt werden. Zudem ist zu überprüfen, ob die Tätigkeiten der anderen Mitarbeitertypen in den Prozessbausteinen zeitlich so angeordnet werden können, dass jeweils Mitarbeiter teilweise für andere Tätigkeiten verfügbar wären.

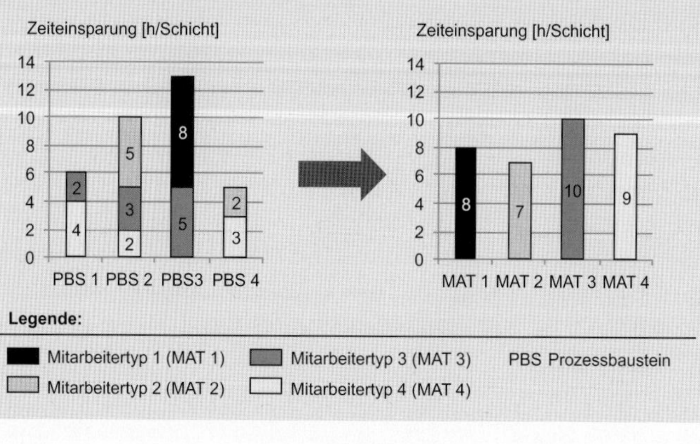

Es zeigt sich hierbei, dass durch die Kombination der einzelnen Einsparungen in den Prozessbausteinen gegebenenfalls Mitarbeiter der Mitarbeitertypen 3 und 4 freigesetzt werden können. Bei Mitarbeitertyp 2 kann keine vollständige Schicht eingespart werden.

Voraussetzung für eine Freisetzung von Mitarbeitern durch Kombination der Einsparungen ist zum einen, dass die Tätigkeiten zeitlich sinnvoll so angeordnet werden können, dass der Wertschöpfungsprozess nicht gestört ist. Weiterhin müssen in der Regel die Einsparungen örtlich nahe beieinander liegen und Abstimmungen mit verschiedenen Verantwortungsbereichen erfolgen.

8.8 Schlussbetrachtung

Die beschriebene Methodik kann als ein ganzheitliches Vorgehen verstanden werden, das es ermöglicht, beim Einsatz der RFID-Technologie alle potenziellen Nutzen und Kosten mit in die Bewertung zu integrieren. Die Verbindung aus standardisierten Prozessbausteinen und dem sechsstufigen Bewertungsvorgehen ermöglicht die Bewertung unternehmensinterner sowie -übergreifender Produktions- und Logistikprozesse hinsichtlich Wirtschaftlichkeit und Ressourceneffizienz. Ein Schwerpunkt liegt hierbei auf der strukturierten Identifizierung sowie Quantifizierung auftretender Nutzen und Aufwände in den jeweiligen Einsatzbereichen. Damit wird auch ein standardisiertes Bewertungsvorgehen zur Verfügung gestellt, das dennoch die Flexibilität zur individuellen Anpassung an die Gegebenheiten eines spezifischen Unternehmens bzw. einer konkreten Wertschöpfungskette aufweist. Um die Anwendung der Methode für zukünftige Projekte einfacher zu gestalten, wurde das Bewertungsvorgehen in einem prototypischen Softwaretool implementiert.

9 RFID@Bosch: Umsetzung der RAN-Konzepte in Produktion und Logistik

Andreas Müller, Matthias Parlings, Tobias Hegmanns

Die Umsetzung im Bosch-UC erfolgte in mehreren prototypischen Anwendungsfällen, die im Zusammenhang gesehen eine mehrstufige Lieferkette mit mehreren Kanban-Regelkreisen abbilden (Abbildung 101):

- Umsetzungsfall 1: Verbrauchssteuerung im Beschaffungsprozess
- Umsetzungsfall 2: Verbrauchssteuerung in Produktion und interner Logistik
- Umsetzungsfall 3: Verbrauchsgesteuerte Belieferung von Bosch an Kunden

Im Umsetzungsfall 1 wird insbesondere die steuerungstechnische Integration von vorgelagerten Lieferstufen adressiert. Der RFID-Einsatz in Verbindung mit entsprechenden Assistenzsystemen soll hier die Integration von KMU-Lieferanten in vernetzte Prozesse einer verbrauchsbasierten Nachschubsteuerung und eines informationstechnisch automatisierten Warenvereinnahmungsprozesses ermöglichen.

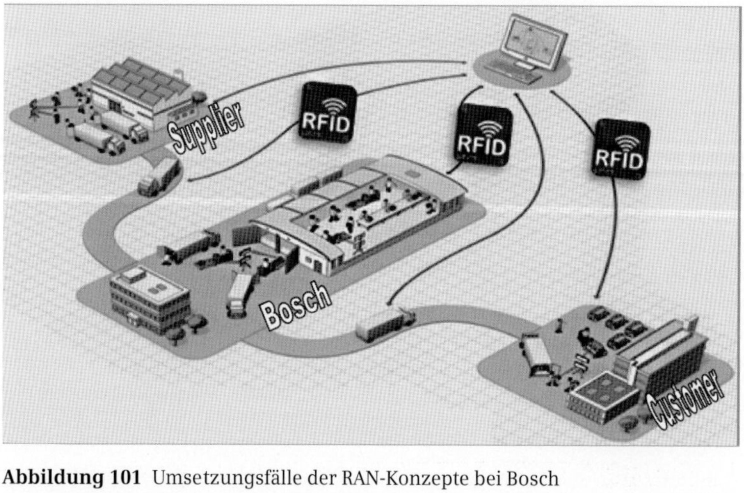

Abbildung 101 Umsetzungsfälle der RAN-Konzepte bei Bosch

Analog hierzu erfolgt im Umsetzungsfall 3 die Integration der Kunden in die RFID-gestützte Supply Chain. Auch hier basiert die Nachschubsteuerung auf dem Verbrauchssignal des Kunden. Gleichzeitig sollen aber sowohl der Versandprozess als auch der Wareneingangsprozess mittels RFID automatisiert werden.

Beim Umsetzungsfall 2 wird die RFID-gestützte Verbrauchssteuerung in der internen Lieferkette fortgesetzt. Somit wird sichergestellt, dass auch die innerbetrieblichen Daten im InfoBroker zur Verfügung stehen.

Grundlage für die Umsetzungen ist jeweils das RAN-Steuerungsszenario B2 Verbrauchssteuerung.

9.1 Umsetzungsfall 1: Beschaffungsprozess

9.1.1 Akteure und Prozesse

Ziel der Umsetzung ist die Anbindung eines KMU-Lieferanten an einen Bosch-Produktionsstandort (Empfänger). Der ensprechende Belieferungsprozess ist in Abbildung 102 in einer Prinzipskizze dargestellt. Die Anbindung des Logistikdienstleisters (LDL), der den außerbetrieblichen Transport zwischen den Standorten durchführt, wird in diesem Umsetzungsfall nicht betrachtet.

- Ein KMU-Lieferant soll zukünftig Warenausgangs- und Versandinformationen über die RAN-Architektur übermitteln können.
- Ein AutoID-/RFID-gestützter Warenvereinnahmungsprozess soll auch mit KMU-Lieferanten möglich werden.
- Die Zuordnung von offenen Kanbanabrufen zu Versandinformationen des Lieferanten sowie zu Erfassungsinformationen im Wareneingang soll realisiert werden.
- Die Transparenz über den Bearbeitungsstatus offener Kanbanabrufe soll bis zum KMU-Lieferanten ausgedehnt werden.

Hierdurch soll eine verbesserte Prozessüberwachung und damit auch -steuerung erreicht werden.

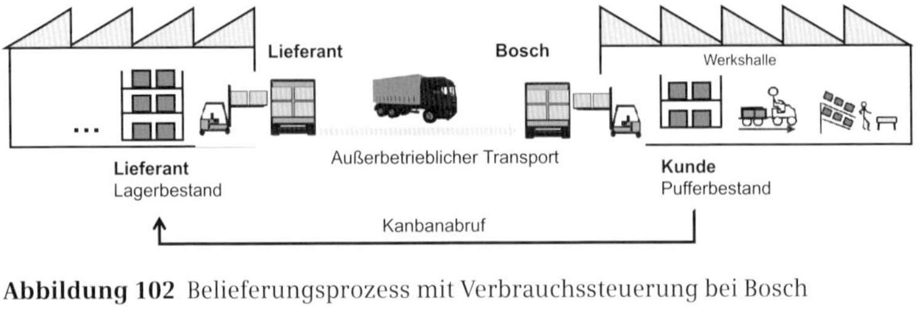

Abbildung 102 Belieferungsprozess mit Verbrauchssteuerung bei Bosch

In diesem Umsetzungsfall stehen insbesondere die Prozessschritte beim Lieferanten im Fokus (Abbildung 103). Der Prozessschritt der Auslagerung beinhaltet die physische Auslagerung und den innerbetrieblichen Transport von Ladungsträgern (Behälter, KLTs). Zudem werden die Behälter den offenen Kanbanabrufen zugeordnet.

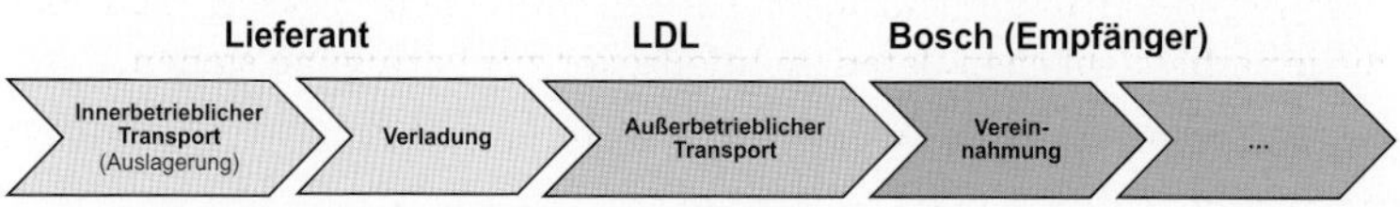

Abbildung 103 Lieferantenanbindung an Bosch

Der zweite Prozessschritt im Fokus dieser Umsetzung ist die Verladung der Landungsträger auf den Frachtträger. Dabei wird der Frachtträger festgelegt und z. B. mittels des Kennzeichens der Verladung zugeordnet. Den Abschluss der Prozesskette bildet die Vereinnahmung der Ware bei Bosch.

9.1.2 InfoBroker und Assistenzsysteme

Dem KMU-Lieferanten wird ein Assistenzsystem auf Basis mobiler Geräte zur Verfügung gestellt. Mit Hilfe dieses Equipments und der eingesetzten Assistenzsystemapplikation kann sich der KMU-Lieferant in die RAN-Architektur integrieren. Ohne große Infrastrukturinvestitionen wird er befähigt, RAN-konforme Prozessevents an den RAN-InfoBroker seines Kunden zu übermitteln.

Das RAN-KMU-Assistenzsystem (im Folgenden als logistisches Assistenzsystem – LAS bezeichnet) leistet für die Lieferantenanbindung insbesondere die folgenden wichtigen Funktionen:

- Sicht des KMU-Lieferanten auf die (freigegebene) Bedarfssituation (z. B. offene Kanban-Abrufe) des Kunden und ggf. eigene Planung des Lieferanten auf diesen Informationen
- Unterstützung des KMU bei der Erfassung seiner Sendung im Warenausgang (z. B. bei verbrauchsgesteuerten Abrufen)
- Übermittlung von Versanddaten (lieferscheinrelevante Daten) an die RAN-Infrastruktur bei Bosch
- (Internetfähige) Handhelds mit Browser sind ausreichend zur Darstellung der LAS-Seiten
- Geräteunabhängige Lösung; keine Infrastruktur beim Lieferanten erforderlich

Auf Seiten des Warenempfängers (Bosch) wird so die vollständige informationstechnische Integration der Warenlieferungen möglich. Alle im RAN-Standard vorgesehenen Events stehen zur Verfügung, um die Warenvereinnahmung AutoID-/RFID-gestützt vornehmen zu können. Außerdem kann der verbesserte Informationsfluss zur Prozessüberwachung genutzt werden. Über entsprechende Assistenzsystemfunktionalitäten beim Kunden kann der Bearbeitungsstatus von Kanbanabrufen permanent überwacht werden. Bei Unregelmäßigkeiten im Prozess werden die zuständigen Personen automatisch benachrichtigt.

InfoBroker

Das grundsätzliche Konzept zum Datenaustausch mit der Integration des InfoBroker in diesem Umsetzungsfall ist in Abbildung 104 dargestellt. Die Daten aus den Prozessen „innerbetrieblicher Transport“ und „Verladung“ werden beim KMU-Lieferanten durch RFID-Erfassung mittels mobiler Endgeräte aufgenommen. Das per Web-Applikation auf dem mobilen Gerät laufende Assistenzsystem kommuniziert per TCP/IP mit einem lokalen Repository (LAS-Server), auf dem die Daten abgelegt werden. Dieser Server generiert die entsprechenden RAN-Events und kommuniziert mittels SOAP-Protokoll (rein technische Anbindung) mit dem InfoBroker. Zudem wurde eine Schnittstelle zwischen dem LAS-Server und dem EDI-Manager bei Bosch realisiert, um Auftragsdaten an das Assistenzsystem zu übermitteln.

Die Events des Prozesses „Vereinnahmung“ beim Empfänger Bosch werden mittels SOAP-Protokoll direkt im InfoBroker abgelegt. Dieser Prozess steht jedoch nicht im Fokus dieses Umsetzungsfalls.

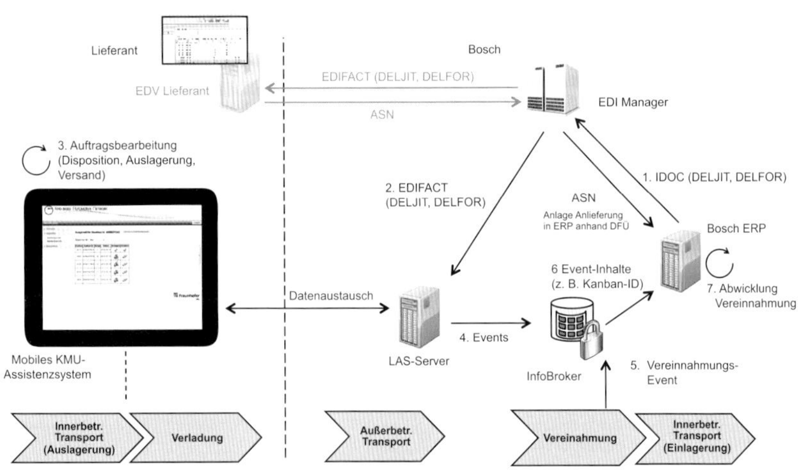

Abbildung 104 Datenaustausch im Umsetzungsfall KMU-Integration

Assistenzsysteme

Insbesondere KMU-Lieferanten auf der zweiten oder dritten Stufe automobiler Lieferketten verfügen häufig nur über eine eingeschränkte informationstechnische Integration ihrer Warenausgangs- und Versandprozesse. Beim empfangenden Unternehmen erfordern Materialzugänge von diesen Unternehmen erhöhte Aufmerksamkeit bei der Vereinnahmung. Avisierungen liegen nur bedingt vor. Die empfangene Ware ist über AutoID/RFID-Technologien nicht automatisiert zu vereinnahmen, sondern muss über einen manuellen Prozess (papierbasiert) erfasst werden.

Bei der verbrauchsgesteuerten Versorgung (Kanban-Steuerung) fehlen durch die mangelhafte oder zu spät übermittelte Avisierung wichtige Informationen über den Bearbeitungsstand der offenen Kanbans. Außerdem fehlt bei der Vereinnahmung eine Möglichkeit zur informationstechnischen Verknüpfung des empfangenen Packstücks zum offenen Kanbanabruf.

Eine durchgängige standardisierte Lösung entlang der Supply Chain ist derzeit aufgrund der IT-technischen Ausstattung bei KMU-Lieferanten kaum möglich. Außerdem fehlt ein System, mit dessen Hilfe die Erfassung von Sendungen und die Übermittlung von Versanddaten ohne große Infrastrukturinvestitionen (eigener InfoBroker und eigene Gates) im Warenausgang des KMU-Lieferanten möglich sind.

Der RFID-Einsatz in Verbindung mit entsprechenden mobilen Assistenzsystemen soll hier die Integration von KMU-Lieferanten in vernetzte Prozesse einer verbrauchsbasierten Nachschubsteuerung und eines informationstechnisch automatisierten Warenvereinnahmungsprozess ermöglichen.

Die Lieferanten müssen in diesem Lösungsansatz nur eine sehr geringe Investition tätigen, da sie als Hardware lediglich das mobile Endgerät (RFID-Reader und Bedienoberfläche) benötigen. Die Hardware für die Datenverwaltung steht beim Empfänger, der einen Server für die Assistenzsysteme („LAS-Server") seiner KMU-Lieferanten hostet. Die Kommunikation und der Datentransfer zwischen Anwender und LAS-Server erfolgen über eine eigens für diesen Anwendungsfall entwickelte Web-Oberfläche. Durch die Nutzung der RAN-InfoBroker-Technologie erfolgt der Austausch der Event-Daten zwischen LAS-Server und den ERP-Systemen des Empfängers. Der in diesem Umsetzungsfall verfolgte Lösungsansatz ist in Abbildung 105 aus Sicht des Lieferanten schematisch dargestellt.

Umsetzung

Gemeinsam mit dem Fraunhofer IML wurde ein webbasiertes Assistenzsystem für mobile Geräte (z. B. RFID-Handscanner, iPad, etc.) umgesetzt, welches insbesondere Funktionalitäten im Bereich der RAN-Assistenz-

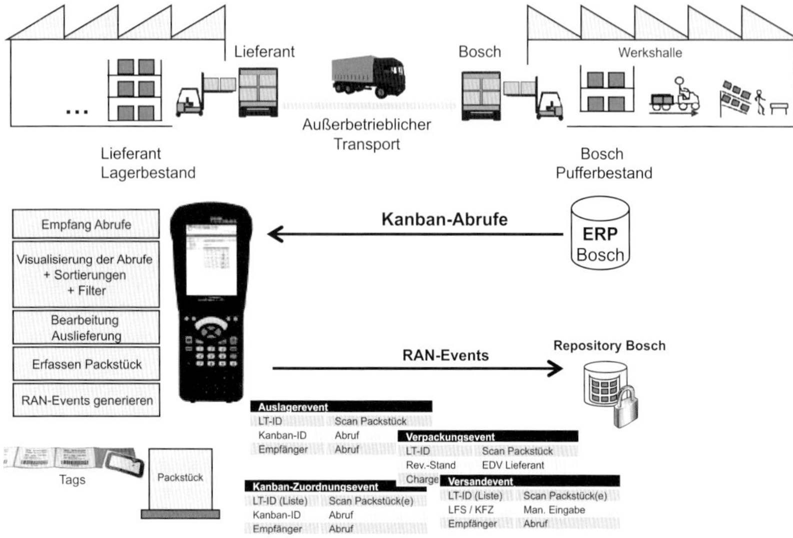

Abbildung 105 Der RAN-Lösungsansatz im Umsetzungsfall KMU-Integration

systemfunktionalität Prozessinformationen und Trigger beinhaltet. Das Assistenzsystem ist als kostengünstige Lösung für KMU bewusst schlank gehalten und beschränkt sich auf Kernfunktionalitäten, um den Disponenten zu unterstützen und eine Kanban-Einbindung zu ermöglichen. Folgende Funktionalitäten wurden im Einzelnen umgesetzt:

- Versand der Kanbanabrufe durch Bosch:
  Die Kanbanabrufe bei Bosch werden durch das Lesen einer RFID-bestückten Kanbankarte ausgelöst und an den jeweiligen Empfänger übermittelt. Dazu werden zurzeit Standard-IDOC-Daten, zukünftig auch RAN-konforme Events aus dem Bosch-InfoBroker verwendet.

- Bereitstellung von Kanban-Abrufen zur Bearbeitung durch KMU:
  Der Mitarbeiter beim KMU kann mittels des mobilen Endgeräts offene Abrufe des Empfängers aufrufen. Es gibt eine Filterfunktion, bei der die Abrufe nach Materialnummern gefiltert werden können. Zu den jeweiligen Abrufen werden Standardinformationen wie Datum, Standardmenge und Kanban-ID angezeigt (siehe Abbildung 107). Die Abrufe können zur weiteren Bearbeitung durch den Disponenten ausgewählt werden.

- Unterstützung des Materialflussprozesses:
  Neben der reinen Darstellung von Informationen wird der Materialflussprozess durch das Assistenzsystem unterstützt und kann so effizienter gestaltet werden. Am jeweiligen RAN-Prozessschritt (hier: „innerbetrieblicher Transport“ bzw. „Auslagern, Verladung“)

werden alle relevanten Daten mit diesem verknüpft. Die Behälter werden RFID-basiert mit dem Handlesegerät erfasst und diese Daten werden, ggf. manuell um weitere prozessrelevante Daten ergänzt, als vollständiger Prozessschritt dem LAS-Server übermittelt. Aus diesen Daten werden vom LAS-Server RAN-Prozessevents erzeugt, die dann an den InfoBroker übermittelt werden.

Nutzung durch den Anwender

In Abbildung 106 ist der grundsätzliche Workflow bei der Verwendung des Assistenzsystems dargestellt. Die Kanban-Aufträge werden per Electronic Data Interchange For Administration, Commerce and Transport (EDIFACT)-Standard vom Empfänger an das EDV-System des Lieferanten und an den LAS-Server übermittelt.

Der Anwender beim Lieferanten ruft die Aufträge mittels Maske auf seinem mobilen Endgerät ab (siehe Abbildung 107).

Nach der Auswahl eines Auftrags wird ein in diesem Auftrag zu versendendes Versandobjekt am jeweiligen Prozessschritt RFID-basiert erfasst (siehe Abbildung 108). Ggf. werden manuell weitere Daten zu diesem Prozessschritt ergänzt. Sind alle relevanten Daten erfasst, werden diese nach Freigabe durch den Mitarbeiter an den LAS-Server zur Generierung des Events übermittelt.

Der LAS-Server erzeugt automatisch ein RAN-Event, der dem Mitarbeiter zur Zustimmung zusammenfassend dargestellt wird. Nach Zustimmung durch den Mitarbeiter wird das Ereignis an den InfoBroker übermittelt (siehe Abbildung 109).

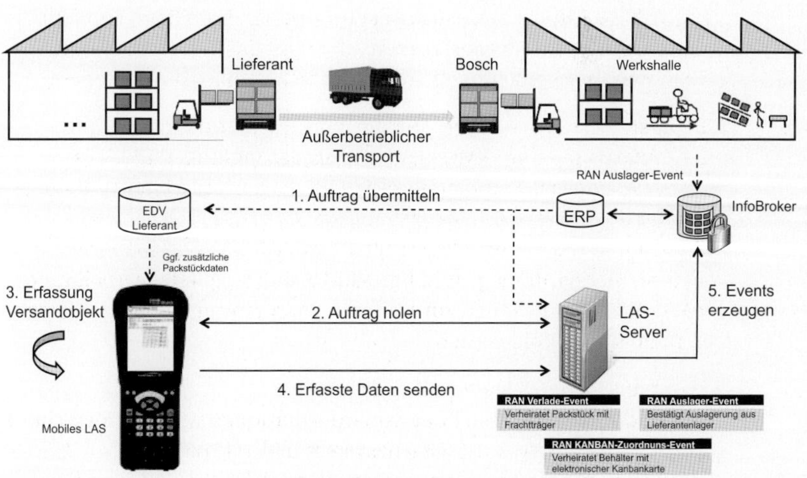

Abbildung 106 Der Workflow im KMU-Assistenzsystem

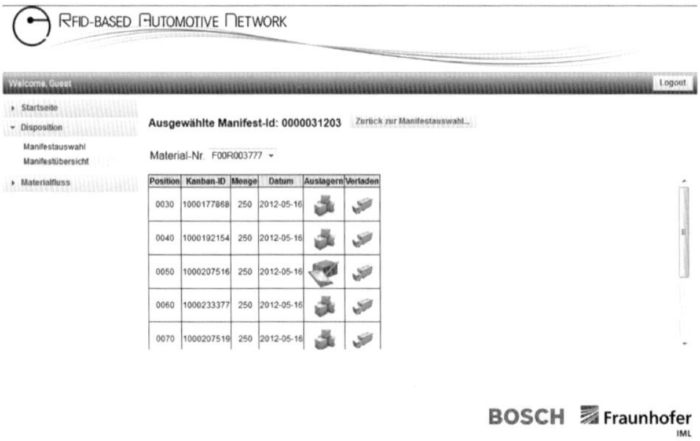

Abbildung 107 Erfassung von Abrufinformationen (Kanban-Abrufe)

Abbildung 108 Erfassung von Packstücken

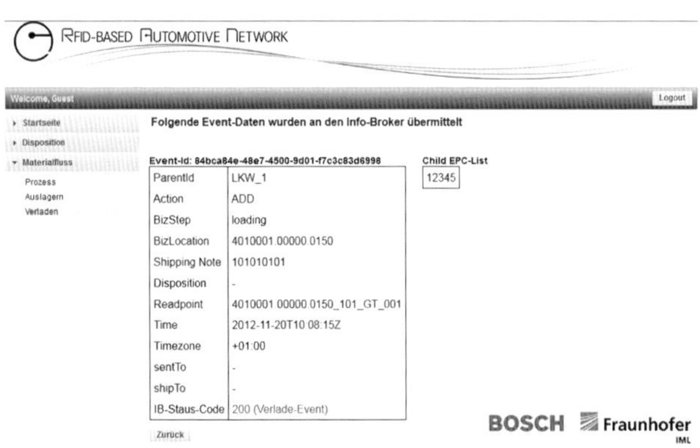

Abbildung 109 Übermittlung der RAN-Events

9.1.3 RFID-Technik

RFID-Transponder

In diesem Anwendungsfall werden Behälter mit Transpondern ausgestattet, die der RAN-Objektklasse Kleinladungsträger (KLT) zuzuordnen sind. Es werden UHF EPC Gen2-Transponder eingesetzt. Dabei werden Kanbankarten mit Tags ausgestattet, die am Behälter mitgeführt werden und sich im Umlauf mit einem Lieferanten befinden. Objekthierarchien sind in diesem Anwendungsfall nicht zu berücksichtigen. Die mit den Transpondern gemachten Erfahrungen sind als für die produktive Anwendung erfolgreich einzuschätzen.

RFID-Reader

In diesem Anwendungsfall werden, wie bereits geschildert, mobile, mit WLAN angebundene RFID-Lesegeräte (RAN-Erfassungsklasse 8) eingesetzt. Die erste, prototypische Umsetzungsphase wird mit dem Handheld Workabout Pro 3 der Firma Psion durchgeführt. RFID-Lesepunkte befinden sich im am Ende des Prozesses Auslagern (bzw. innerbetrieblicher Transport), im Pufferlager des Lieferanten sowie am Warenausgang beim Prozess Verladen. Bei den Lesegeräten fanden Tests mit RFID-Gates (Erfassungsklasse 1: RFID-Gate) von unterschiedlichen Herstellern statt. Die Tests in produktiver Umgebung waren zum Ende der RAN-Projektlaufzeit noch nicht abgeschlossen und werden bei Bosch im internen Nachfolgeprojekt weitergeführt.

Daten

In diesem Umsetzungsfall werden basierend auf den RAN-Standards keine Daten auf den Tag geschrieben, es werden ausschließlich Daten gelesen. Dies bedeutet, dass grundsätzlich die Daten, wie bspw. die Kanban-Daten, gemäß RAN-Standard als Event ausgetauscht werden. Dies bedeutet unter anderem:

- Die Zuordnung der Lesestationen zu den EPCIS-Events erfolgt über die sog. bizLocation.
- Die erfassten Objekte, in diesem Fall Behälter und Packstücke, werden als EPC-Listen in den Events aufgeführt.
- Pflichtdaten wie bizStep und action sowie weitere optionale Daten werden gemäß der RAN-Event-Definition in das Event eingetragen.

Die folgenden Events werden in diesem Steuerungsszenario für die Funktionalität als Kanban-Steuerung verwendet:

- Beim Auslagern wird zunächst das Auslager- und Kanban-Zuordnungs-Event auf der Grundlage erfasster Daten generiert.
- Kanban-Zuordnungs-Event: Dieses Event stellt die Verknüpfung der mittels RFID erfassten Objekte-Liste mit einer Kanban-ID des ausgewählten Abrufes dar (bizTransaction).

- Verlade-Event: In dieses Event wird die mittels RFID erfasste Objekte-Liste einem erfassten Frachtträger zugeordnet (parentID).

In diesem Umsetzungsfall erfolgt keine weitere Verteilung von Daten über die beteiligten Akteure (KMU-Lieferant und Empfänger) hinaus.

9.1.4 Performance des Gesamtsystems

Im Allgemeinen wurden bisher gute Erfahrungen gemacht. Die erforderliche Geschwindigkeit (Rückmeldezeit aus ERP-System < 5 s) wird in etwa 80 bis 90 Prozent der Fälle erreicht. Bei Überschreitung wird der Prozess durch zu lange Wartezeiten gestört und die Akzeptanz bei den Usern wird geringer.

Wenn Daten falsch oder nicht gelesen werden, werden zunächst die Fehlermeldungen im System ausgewertet. Es folgt eine manuelle Korrektur und die Ermittlung der Ursache. Im Anschluss werden Maßnahmen wie bspw. eine Unterweisung des Personals, eine Prozessänderung, Hardwareanpassung oder die Veränderung der Konfiguration festgelegt.

9.1.5 Realisierbares Potenzial

In dieser prototypischen Umsetzung der Steuerungsszenarios haben sich folgende Potenziale als realisierbar herauskristallisiert:

Bestandskosten können gesenkt werden, da aufgrund höherer Prozesstransparenz die Sicherheitsbestände reduziert werden können.

Die Prozesseffizienz kann gesteigert werden, da die Mitarbeiter aufgrund automatischer, RFID-basierter Datenerfassung weniger Zeit zur Rückmeldung von Materialbewegungen in IT-Systemen benötigen.

Zusätzliche, bisher nicht verfügbare Informationen werden durch Integration der RFID-Erfassung gewonnen und können zur Prozessabsicherung und zur weiteren kontinuierlichen Verbesserung eingesetzt werden.

9.2 Umsetzungsfall 2: Produktion und interne Logistik

Ziel der Umsetzung ist der durchgängige Einsatz von RFID-basierter Verbrauchssteuerung in einem Werk der Robert Bosch GmbH. Innerhalb eines Bosch-Produktionsstandortes werden sowohl die Prozesse der internen Logistik als auch die Prozesse in der Produktion durch den Einsatz von RFID in Echtzeit im IT System abgebildet.

Zukünftig sollen alle Daten aus den internen Transporten und der Produktion in die RAN-Architektur einfließen und so prozessübergreifend und im Bedarfsfall unternehmensübergreifend bereitstehen.

AutoID-/RFID-gestützte interne Prozesse sollen zukünftig durchgängig in den Werken der RAN-Partner (im Beispiel: Tier 2 Lieferant) möglich sein.

Die Zuordnung von Bauteilen zu Transporteinheiten und die RFID-gestützte Steuerung und Verfolgung der internen Transporte soll realisiert werden.

Die Transparenz über den Bearbeitungsstatus offener Kanbanabrufe in der Produktion oder in den Transportprozessen, sowie die Integration von Bauteileinformationen soll in der Lieferkette durchgängig hergestellt werden.

Hierdurch sollen effizientere und vor allem transparentere Prozesse realisiert werden.

Aufgrund der Nähe und der hohen Integration eines Verpackungsdienstleisters, der das Leerguthandling des Standortes durchführt, wurde der interne Prototyp auch auf diesen ausgeweitet. Somit erfolgt der Abruf von Verpackungsmaterial nicht an einer internen Stelle, sondern er erfolgt direkt extern beim Dienstleister, der Leergut für die Produktionsprozesse bereitstellt.

9.2.1 Akteure und Prozesse

Ziel der Umsetzung ist die Anbindung der internen Werklogistik (Akteur Logistikdienstleister) und eines Lieferanten (Verpackungsdienstleister) an die Endmontage der Produktion am Bosch-Produktionsstandort (Akteur Empfänger).

Sowohl der interne Logistikdienstleister, als auch der Lieferant sollen zukünftig Informationen in die RAN-Architektur einspeisen können. AutoID- bzw. RFID-gestützte Warenabrufe und Transportprozesse sollen allen beteiligten Akteuren rollenspezifisch zur Verfügung stehen. Die Zuordnung von offenen Kanbanabrufen zu den Versandinformationen des Lieferanten bzw. Logistikdienstleister sowie die Erfassungsinformationen im Wareneingang bzw. den internen Transporten soll realisiert werden. Die Transparenz über den Bearbeitungsstatus offener Kanbanabrufe soll von der Fertigung bis über die (internen) Transportstufen ausgedehnt werden. Hierdurch soll eine verbesserte Prozesstransparenz und damit auch eine bessere Steuerbarkeit erreicht werden.

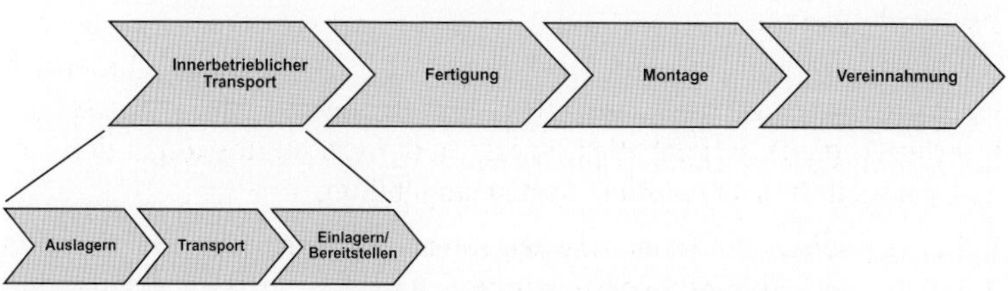

Abbildung 110 Umsetzungsfall „Produktion und interne Logistik“

In diesem Umsetzungsfall stehen insbesondere die Prozessschritte innerhalb eines Produktionswerkes im Fokus. Prozessschritte sind hierbei die Auslagerung und der innerbetriebliche Transport von Ladungsträgern (Behälter, KLTs), sowie die Herstellung der Produkte auf den unterschiedlichen Fertigungsstufen. Die Steuerung der Prozesse erfolgt durchgängig basierend auf Kanban Regelkreisen, die sich als Perlenkette aneinanderreihen (siehe Abbildung 111).

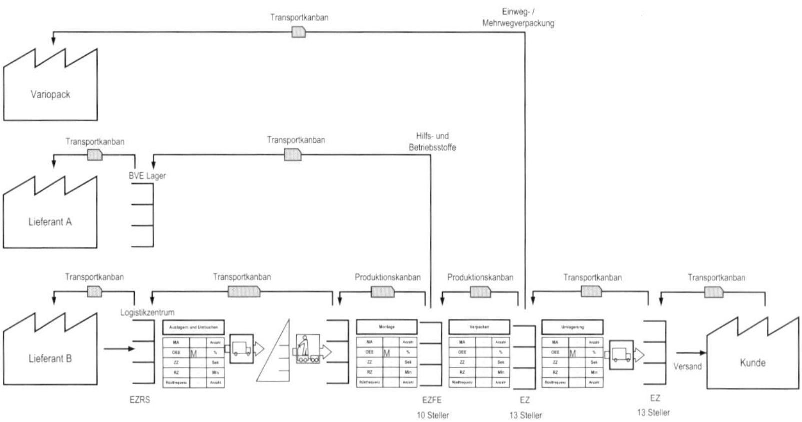

Abbildung 111 Regelkreise innerhalb eines Produktionswerkes (vereinfachte Darstellung)

Wie bereits erwähnt, ist der Verpackungslieferant sehr stark in die internen Prozessabläufe integriert. Die Kanbanabrufe werden in diesem Falle direkt dem externen Partner zugeordnet, so dass dieser analog der internen Werklogistik die Verpackungsmaterialien an die interne Produktion ausliefert. Dabei wird der Teilprozess der Auslagerung (als Start des IB Transport) in diesem Fall vor Ort beim Lieferanten durchgeführt.

9.2.2 InfoBroker und Assistenzsysteme

InfoBroker

Bei Bosch wurde eine zentrale Instanz eines Repositories aufgebaut. Diese steht dem Werk über das Bosch-Intranet zur Verfügung. Mit Hilfe diverser RFID-Geräte aus den unterschiedlichen RAN-Erfassungsklassen und der eingesetzten Systemapplikation kann sich das Werk in die RAN-Architektur integrieren. Mit diesen einmaligen Infrastrukturinvestitionen ist es möglich, auch die internen Prozessevents RAN-konform an den RAN-InfoBroker der Partner zu übermitteln. In speziellen Einzelfällen wird es zudem möglich sein, externe Lieferanten in diese Systemlandschaft zu integrieren. Dies wurde exemplarisch am Beispiel des Verpackungsdienstleisters getestet.

Das grundsätzliche Konzept zum Datenaustausch mit der Integration des InfoBroker bei der Robert Bosch GmbH ist in Abbildung 112 dargestellt.

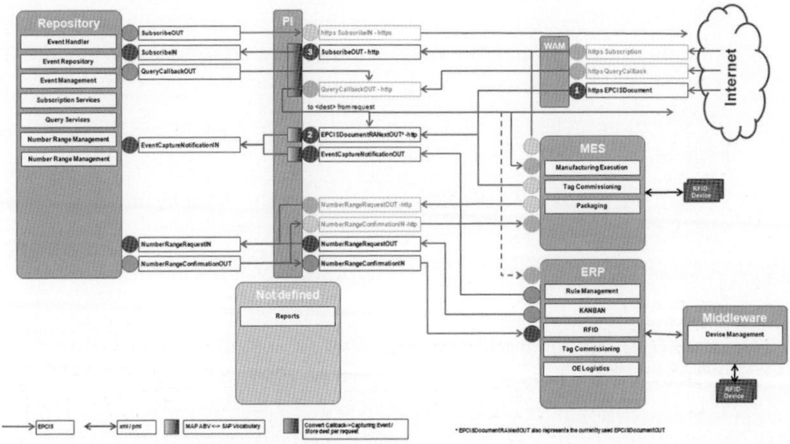

Abbildung 112 Bosch-internes Datenaustauschkonzept mittels InfoBroker

Die Daten aus den Prozessen Innerbetrieblicher Transport und Produktion werden im Bosch-Werk durch RFID-Erfassung mittels diverser RAN-Erfassungsklassen aufgenommen. Auf den Geräten selbst laufen keine Programmlogiken. Die Basisevents werden über eine Middleware (noFilis CrossTalk) an die Capturing Application (SAP AII – AutoID Infrastructure) weitergegeben. Dort findet die Anreicherung der Events um den in RAN definierten Business Content statt. Anschließend werden die vollständig prozessierten und somit RAN-konformen Events an das lokale Repository (SAP OER) gesendet und dort gespeichert. Sie stehen nun sowohl für interne Anwendungen, aber auch für den Austausch mit RAN-Partnern innerhalb des InfoBroker zur Verfügung.

Assistenzsysteme

Viele Unternehmen innerhalb der automobilen Lieferketten verfügen häufig nur über eine eingeschränkte informationstechnische Integration ihrer internen Transport- und Produktionsprozesse. Hierdurch fehlen wesentliche Informationen zur echtzeitnahen Steuerung unternehmensübergreifender Lieferketten.

Bei der verbrauchsgesteuerten Versorgung (Kanban-Steuerung) fehlen durch die mangelhafte oder zu späte Avisierung wichtige Informationen über den Bearbeitungsstand der offenen Kanbans in den Fertigungsbereichen. Außerdem fehlt eine durchgängige Möglichkeit zur informationstechnischen Verfolgung von logistischen Einheiten bis hin zu Einzelprodukten innerhalb der internen Prozessabläufe.

Eine durchgängige standardisierte Lösung entlang der internen Supply Chain ist derzeit aufgrund der IT-technischen Ausstattung nicht möglich. Es fehlt weiterhin ein standardisiertes System, das auf die Verarbeitung der Echtzeitdaten aus den physischen internen Warenströmen ausgelegt ist und mit dessen Hilfe die Übermittlung dieser Daten an Partnerunternehmen möglich ist.

Die intern aufgebauten RAN-Assistenzsysteme leisten insbesondere die folgenden wichtigen Funktionen:

- Sicht auf die aktuelle Bedarfssituation der internen Kunden und ggf. Eskalation beim Verletzen definierter Eingriffsgrenzen
- Echtzeitnahe Übermittlung von Produktionsdaten an die RAN-Infrastruktur
- Echtzeitnahe Übermittlung interner Logistikdaten an die RAN-Infrastruktur
- Herstellerunabhängige Lösung, d.h. einmalige Hardwarekonfiguration, so dass Installationen nahezu Plug-and-Play-fähig sind.

Auf Seiten der internen Planung steht eine Vielzahl von RAN-Standardevents zur Verfügung, um die interne Prozesssteuerung durchzuführen und zu optimieren. Hierbei können sowohl Produktionsrückmeldungen als auch Materialanforderungen AutoID-/RFID-gestützt vorgenommen werden. Der verbesserte Informationsfluss wird zur Prozessüberwachung genutzt. Über entsprechende Assistenzsystemfunktionalitäten kann der Bearbeitungsstatus innerhalb der internen Kanbanregelkreise permanent überwacht werden. Bei Unregelmäßigkeiten im Prozess werden die zuständigen Personen automatisch benachrichtigt.

Durch die Integration von RFID in die physischen Prozesse einer verbrauchsbasierten Nachschubsteuerung, d.h. sowohl in den internen Transport, als auch in die Produktion, sollen mit Unterstützung entsprechender Assistenzsysteme die Datenerfassung standardisiert und die Prozesssteuerung automatisiert werden.

Die einzelnen Bereiche innerhalb eines Werkes müssen für diese Lösungsansätze nur eine sehr geringe Investition tätigen, da sie als Hardware lediglich Endgeräte (RFID-Reader und RFID-Gates) benötigen, die über das lokale Netzwerk per Plug and Play mit den InfoBroker-Komponenten verbunden werden.

Die Hardware für die Datenverwaltung steht zentral beim IT Service Provider, der die IT-Systeme für alle internen Anwender sowie für einzelne hoch integrierte Lieferanten hostet. Durch die Nutzung des beschriebenen Aufbaus stehen RAN-konforme Events parallel zum physischen Prozess in Echtzeit im InfoBroker zur Verfügung.

9.2.3 Umsetzung und Nutzung durch den Anwender

Bei Bosch wurde eine integrierte IR-Systemlandschaft aufgebaut, die intern die Capturing Application, den lokalen InfoBroker und eine Anbindung von Assistenzsystem beinhaltet. Das bisher realisierte Assistenzsystem beinhaltet die RAN-Assistenzsystemfunktionalität Prozessinformationen und Trigger sowie Monitoring. Das Assistenzsystem dient dazu, die Disponenten zu unterstützen und eine Kanban-Einbindung zu ermöglichen. Folgende Funktionalitäten wurden im Einzelnen umgesetzt:

RFID-Einsatz zum Nachschub von Rohstoffen in die Produktion

Die Mitarbeiter in den Fertigungsbereichen können mittels der RFID-Endgeräte (Erfassungsklasse 2: Single Read Point) für die jeweilige Produktion benötigtes Material aus vorgelagerten Prozessschritten nachbestellen. Dies kann, wie im später beschriebenen Beispiel Verpackungsmaterial gezeigt, direkt bei einem externen Lieferanten erfolgen. Zu den jeweiligen Abrufen werden Standardinformationen wie Datum, Standardmenge und Kanban-ID angezeigt. Die Abrufe können zur weiteren Bearbeitung durch den Mitarbeiter einer vorgelagerten Prozessstufe ausgewählt werden. Die hier beschriebene RFID-Integration in den physischen Prozess ist in Abbildung 113 schematisch dargestellt.

Neben der reinen Übermittlung des Bedarfssignals wird der Materialflussprozess mittels RFID-Gates (Erfassungsklasse 1: RFID-Gate) erfasst und durch das Assistenzsystem visualisiert. Er wird somit erstmalig transpa-

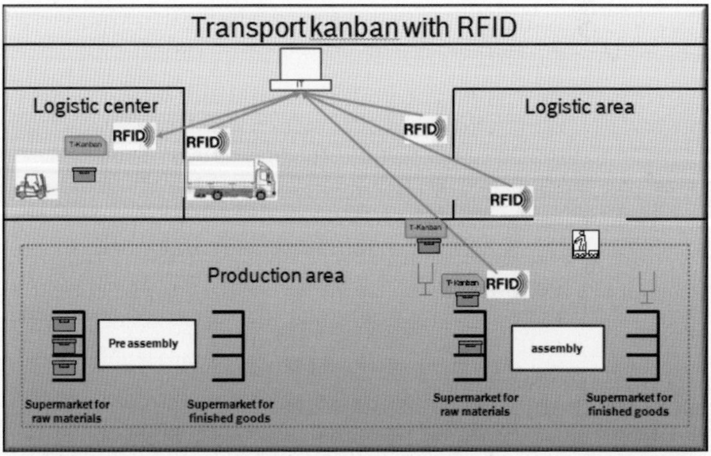

Abbildung 113 RFID-Integration in den internen physischen Warenfluss

rent, kann dadurch effizienter gestaltet werden und es sind Reaktionen auf Prozessabweichungen in Echtzeit möglich.

Aktuell erfolgt die Datenerfassung noch durch Scannen der internen Kanban-ID, die initial auf die RFID-Tags geschrieben wurde. Zukünftig werden die Behälter mit RFID-Tags ausgestattet sein und somit erfasst werden. Mit den durch das Assistenzsystem bereitgestellten Daten können schrittweise weitere Funktionalitäten realisiert werden. Dies ist nicht in diesem Umsetzungsfall beschrieben.

RFID-Einsatz zum Nachschub von Verpackungen in die Produktion

Bei einem Verpackungsdienstleister werden die Packstoffe über einen RFID-gestützten Kanban-Prozess nachbestellt. Das realisierte Assistenzsystem bereitet die RFID-Events aus der Fertigung beim Lieferanten in einer Übersicht auf. Diese bildet den Arbeitsvorrat der abzuliefernden Verpackungen. Zu Beginn des Versandprozesses ruft der Verpackungsdienstleister die aktualisierte Übersicht auf und selektiert die einzelnen offenen Abrufe. Das System generiert aus dem Event eine neue Kanbankarte und verknüpft diese mit einem RFID-Tag. Der Lieferant stattet die Gebinde beim Versand mit diesem RFID-Tag und der Kanbankarte aus. Bei der Anlieferung der Paletten durch RFID-Gates an den Halleneingängen in der Fertigung erfolgt automatisch die Erfassung des Wareneingangs. Die Funktionsweise ist schematisch in Abbildung 114 dargestellt.

Aufgrund der erzielten Prozessstabilität, insbesondere bei den Leseraten, ist es möglich den Prozess zukünftig flächendeckend als Standard im Werk auszurollen. Mit dem Assistenzsystem wird auch in diesem Anwendungsfall der Disponent durch die Bereitstellung von Prozessinformationen unterstützt und der Kanban-Prozess überwacht.

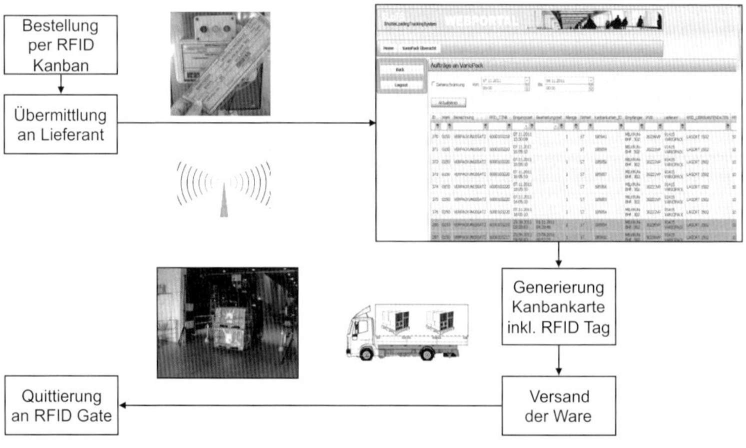

Abbildung 114 RFID im Nachschubprozess für Verpackungsmaterial

RFID-Einsatz zur Unterstützung des Produktionsprozesses

Die Mitarbeiter in der Produktion können mittels der RFID-Endgeräte (Erfassungsklasse 2: Single Read Point) die einzelnen Produktionsschritte zurückmelden. Somit ist eine Echtzeitverfolgung des Produktionsfortschrittes und damit des Materialverbrauchs möglich. Darüber hinaus können die Produktionsevents um zusätzliche Daten (Attribute) erweitert werden, die über die InfoBroker-Plattform den Prozesspartnern zur Verfügung gestellt werden können. Die Integration von RFID in den physischen Prozessablauf in Fertigung und Montage ist in Abbildung 115 skizziert.

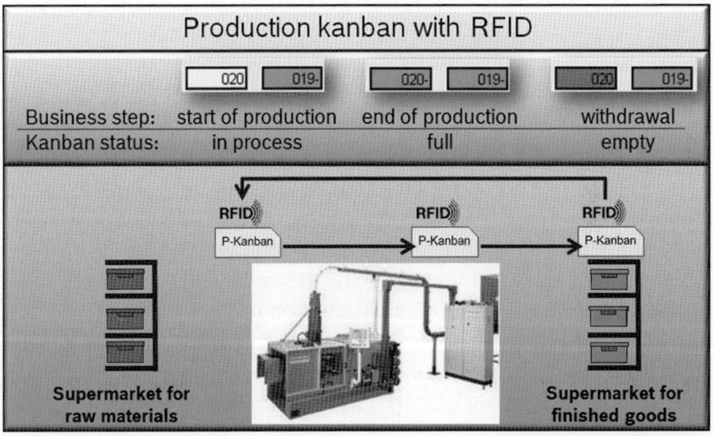

Abbildung 115 RFID in Fertigungs- und Montageprozessen

Neben der manuellen Scannung des RFID-Tags erfolgt die Erfassung auch im physischen Materialflussprozess mittels RFID-Bandlösungen (Erfassungsklasse 2: Single Readpoint). Dies führt zu einer weiteren Reduzierung manueller Aufwände bei den Mitarbeitern. Es setzt jedoch im Gegenzug eine erhebliche Prozessstabilität voraus.

Der hier gewählte Ansatz, mit einer RFID-gesteuerten Kanban-Lösung zu starten, ermöglicht es, die Mitarbeiter schrittweise bei der Umsetzung der RAN-Vision – Verfolgung der physischen Objekte – mitzunehmen. Zudem zeigt es sich, dass der gewählte Ansatz so lange parallel weiter betrieben werden kann, bis alle eingesetzten Behälter mit RFID-Tags versehen sind.

Auch ermöglicht die hier gewählte Vorgehensweise eine schrittweise fortschreitende Automatisierung der IT Integration. Mit zunehmender Prozessstabilität und verbesserten Hardwarelösungen ist es möglich, die Buchungsschritte mehr und mehr in den Materialfluss zu integrieren und damit die Anwender zu entlasten.

9.2.4 RFID-Technik

RFID-Transponder

In diesem Anwendungsfall werden Kanbankarten bzw. deren Hüllen mit Transpondern ausgestattet. Diese repräsentieren letztlich KLT. Hierbei werden Gen2 Transponder (UPM Web Tag) eingesetzt. Die mit den Transpondern gemachten Erfahrungen sind positiv. Die Nutzung sowohl im Nahfeldbereich am Single Read Point, als auch bei RFID-Gate-Anwendungen haben die Vielseitigkeit der als Standard gewählten UHF-Technologie aufgezeigt.

RFID-Reader

In diesem Anwendungsfall werden, wie bereits geschildert, diverse im internen Netzwerk eingebundene RFID-Lesegeräte (RAN-Erfassungsklasse 2) eingesetzt. Die erste, prototypische Umsetzung erfolgte mit Readern der Fa. Feig, dort liegt zwischenzeitlich eine neue Produktgeneration vor, die um Bosch-Anforderungen erweitert wurde. Darüber hinaus kommen in den Testszenarios Geräte der Firmen Sick und Brooks zum Einsatz. Bei den RFID-Gates (RAN-Erfassungsklasse 1) werden Reader der Firmen Impinji, Kathrein und Brooks eingesetzt. Aufgrund der Komplexität der Anwendungen im Bereich der Logistik wurde dort mit den Tests der Mojix-Lösung (RAN-Erfassungsklasse 6 – permanente Ortung) begonnen, da die aus den Prozessen heraus definierten Anforderungen aufgrund technischer und baulicher Gegebenheiten nicht durch den Einsatz von bisher verfügbaren RFID-Gates gelöst werden konnten. In Abbildung 116 sind einige Beispiele für im Bosch-UC eingesetzte Erfassungsklassen dargestellt.

Insbesondere im Bereich der Erfassungsklasse Gate hat sich gezeigt, dass eine Standardisierung von großer Bedeutung ist. Hier waren die Unterschiede in der Leseperformance zwischen den Herstellern am größten. Dennoch steht in diesem Bereich weiterhin die Anforderung der Anwender nach Plug-and-Play-fähigen Lösungen im Raum, die aufgrund der vor Ort anzutreffenden Umgebungsvariablen heute noch nicht erfüllt werden kann.

Daten

Die folgenden Events werden für die Funktionalität als Kanban-Steuerung in diesem Steuerungsszenario verwendet:

- Kanban-Freisetzungs-Event: Erfassung der Nachschubanforderung, durch Erfassung der Kanbankarte bei Entnahme eines Behälters, z. B. aus Supermarkt oder über RFID-Rückmeldepunkte.
- Kanban-Zuordnungs-Event: Dieses Event stellt die Verknüpfung der mittels RFID erfassten Objekte-Liste mit einer Kanban-ID des ausgewählten Abrufes dar.

Abbildung 116 Beispiele der eingesetzten Erfassungsklassen im Bosch Use Case

- Verlade-Event: In dieses Event werden die mittels RFID erfassten Objekte einem ebenfalls mit RFID ausgestattetem internen Frachtträger (Milkrun) zugeordnet.
- Transit-Event: Transport-Event an den Gates.

In diesem Umsetzungsfall erfolgt keine Verteilung von Daten über die Unternehmensgrenzen der beteiligten Partner hinaus.

9.2.5 Performance des Gesamtsystems

Bei der Performance des Gesamtsystems zeigt sich, dass das Thema User Interface, d.h. Rückmeldung der Ergebnisse der RFID-Events aus den Assistenzsystemen an den User, noch Bestandteil umfassender wissenschaftlicher Arbeiten und interner Projekte in den Unternehmen sein wird. Aufgrund der Masse der zu verarbeitenden Events aus den physischen Prozessen erreichen herkömmliche IT-Lösungen sehr schnell ihre Kapazitätsgrenzen und können somit aufgrund der engen Verzahnung zu einer Beeinträchtigung des physischen Prozesses führen, da die Anwender auf die Rückmeldung der Systeme warten müssen, um sicher zu gehen, dass die Events erfolgreich erfasst wurden. In Abbildung 117 ist die anfängliche Verteilung der Rückmeldezeiten im internen Kanbanprozess dargestellt. Eine Neugestaltung der Systemarchitektur hat zu einer erheblichen Verbesserung der hier gezeigten Werte geführt. Jedoch ist bei

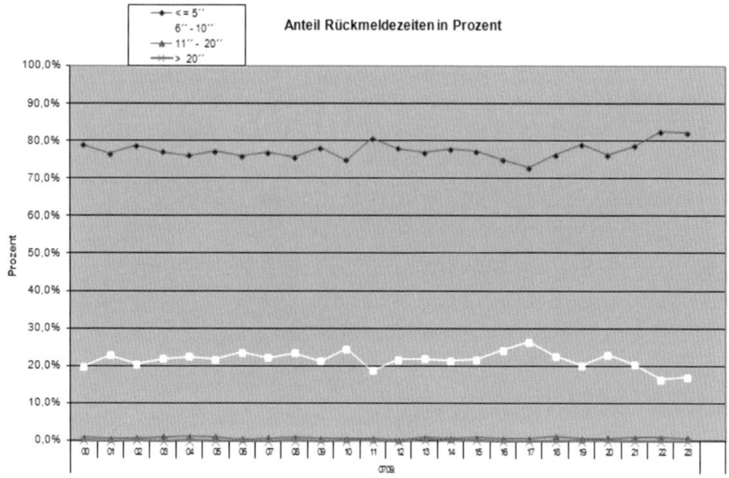

Abbildung 117 Verteilung der Systemrückmeldezeiten im internen Kanbanprozess

weiter steigendem Volumen von RFID-Events damit zu rechnen, dass hier auch zukünftig eine den Einführungsprozess begleitende Optimierung stattfinden muss.

Neben dem Einsatz hochperformanter Hardwarelösungen, als Beispiel sei hier die HANA-Technologie der SAP AG genannt, wird es zunehmend erforderlich, Prozessabläufe komplett unter intensiver Einbindung der IT neu zu designen.

9.2.6 Realisierbares Potenzial

In dieser prototypischen Umsetzung der Steuerungsszenarios haben sich folgende Potenziale als realisierbar herauskristallisiert:

- Bestandskosten können gesenkt werden, da aufgrund höherer Prozesstransparenz die Sicherheitsbestände reduziert werden können.
- Aufgrund schnellerer Informationsübermittlung können Bestände und Flächen vor Ort reduziert werden.
- Die Prozesseffizienz kann gesteigert werden, da die Mitarbeiter aufgrund automatischer, RFID-basierter Datenerfassung weniger Zeit zur Rückmeldung von Materialbewegungen in IT-Systemen benötigen und sich vielmehr auf produktive Tätigkeiten und die Verbesserungsarbeit im Prozess konzentrieren können.
- Zusätzliche, bisher nicht verfügbare Informationen wurden durch die Integration von RFID-Gates gewonnen und können zur Prozessabsicherung und zur weiteren kontinuierlichen Verbesserung eingesetzt werden.

9.3 Umsetzungsfall 3: Lieferprozess zum Kunden

Ziel der Umsetzung ist die Anbindung eines OEM (Empfänger) an einen Bosch-Produktionsstandort (Lieferant). Ein OEM soll zukünftig seinem Lieferanten Wareneingangs- und Verbrauchsinformationen über die RAN-Architektur übermitteln können.

- Beim OEM soll ein AutoID-/RFID-gestützter Warenvereinnahmungsprozess möglich werden.
- Die Bearbeitung von Kundenabrufen direkt aus der Produktion bei Bosch als Lieferant sowie der Austausch von Versand- bzw. Wareneingangsinformationen soll realisiert werden.
- Die Transparenz über den Bearbeitungsstatus offener Kundenabrufe soll bis in die Produktion ausgedehnt werden.

Hierdurch soll eine verbesserte Reaktionsfähigkeit und damit auch Prozesssteuerbarkeit erreicht werden.

9.3.1 Akteure und Prozesse

In diesem Umsetzungsfall werden die Akteure Lieferant (Bosch-Produktionsstandort) und Empfänger (OEM-Werk) betrachtet. Die Anbindung des Logistikdienstleisters (LDL), der den außerbetrieblichen Transport zwischen den Standorten durchführt, wird in diesem Umsetzungsfall nicht betrachtet.

Abbildung 118 Realisierung einer Ship-from-Line-Anbindung an ein Bosch-Werk

In diesem Umsetzungsfall stehen insbesondere die Prozessschritte zwischen der Produktion bei Bosch und der Produktion beim Empfänger (OEM) im Fokus. Prozessschritte sind hierbei die Produktion (Fertigung/ Montage), die Kommissionierung, die Verladung, die Vereinnahmung sowie der „Verbrauch" der Bosch-Produkte in der Produktion (Montage) beim Empfänger (siehe Abbildung 118).

9.3.2 InfoBroker und Assistenzsysteme

Beim OEM wurde eine von Bosch konzipierte und mit Technologiepartnern realisierte mobile RFID-Applikation (RFID-Briefkasten) aufgebaut. Mit Hilfe dieses Equipments konnte eine Anbindung eines OEM an die bei Bosch aufgebaute RAN-Architektur realisiert werden, ohne auf direkten Netzwerkzugriff beim OEM angewiesen zu sein. Dies war insbesondere von großer Bedeutung, weil die aufgebaute Lösung parallel zu den bestehenden Prozessen realisiert und direkt in den produktiven Betrieb integriert wurde. Beide Partner haben vereinbart, dass die auf beiden Seiten zu leistenden Mehraufwände durch die sich aus dem Testbetrieb ergebenden Erkenntnisse gerechtfertigt sind. Es war somit möglich ohne große Infrastrukturinvestitionen RAN-konforme Prozessevents vom OEM an den RAN InfoBroker von Bosch zu übermitteln.

Bei Bosch wurde ein Assistenzsystem aufgebaut, das die mittels RFID generierten Events vom OEM aufbereitet. Hierzu wurde eine zweistufige Lösung erarbeitet: Im ersten Schritt empfing Bosch E-Mails, die intern aufbereitet und visualisiert wurden (siehe Abbildung 119). In der aktuellen Ausbaustufe empfängt Bosch RAN-konforme Events. Diese werden im InfoBroker abgelegt und mittels Assistenzsystemfunktionalitäten visualisiert.

Die hier realisierte Lösung leistet für die initiale Kundenanbindung insbesondere die folgenden wichtigen Funktionen:

- Sicht des Lieferanten auf die (freigegebene) Bedarfssituation (z. B. offene Kanban-Abrufe) des Kunden
- Integration dieser Information in die eigene Planung
- Nutzung dieser Informationen für einen optimierten Versandprozess
- Netzwerkunabhängige Lösung, keine Infrastruktur beim OEM erforderlich

Auf Seiten des Warenempfängers (OEM) wird zukünftig die vollständige informationstechnische Integration der Warenlieferungen möglich. Alle im RAN-Standard vorgesehenen Events stehen zur Verfügung, um die Warenvereinnahmung AutoID-/RFID-gestützt vornehmen zu können. Bereits jetzt wird der verbesserte Informationsfluss zur Prozessüberwachung genutzt. Über entsprechende Assistenzsystemfunktionalitäten beim Lieferanten, die analog beim Kunden zum Einsatz kommen können, kann der Bearbeitungsstatus der Kundenabrufe permanent überwacht werden. Bei Unregelmäßigkeiten im Prozess werden die zuständigen Personen automatisch benachrichtigt.

InfoBroker

Das grundsätzliche Konzept zum Datenaustausch mit der Integration des InfoBroker in diesem Umsetzungsfall ist noch nicht realisiert, da hierzu auf Seiten beider Partner die in RAN entwickelte Lösung komplett in die bestehende produktive IT-Infrastruktur zu integrieren ist. Dies wird im Anschluss an das RAN-Projekt erfolgen. Die Daten aus den Prozessen Fertigung und Verladen werden bei Bosch durch RFID erfasst. Beim OEM erfolgt die Erfassung im Kanban-Briefkasten. Das im RFID-Briefkasten laufenden Repository kommuniziert mit dem lokalen Repository bei Bosch, auf dem die RAN-konformen Events abgelegt werden. Zudem wurde eine Schnittstelle bei Bosch realisiert, um die Abrufdaten an das Assistenzsystem zu übermitteln und zu visualisieren.

Assistenzsysteme

Lieferanten in automobilen Lieferketten verfügen häufig nur über eingeschränkte Informationen über den echten Kundenbedarf. Zudem ist es bisher nahezu unmöglich, informationstechnische Konzepte zu realisieren, die eine Verfolgung der eigenen Produkte bis in die Produktion des OEM ermöglichen.

Bei der verbrauchsgesteuerten Versorgung fehlen durch die fehlende/mangelhafte oder zu spät übermittelte Avisierung wichtige Informationen über den Bearbeitungsstand der offenen Abrufe. Weiterhin fehlt bei der Vereinnahmung eine Möglichkeit zur informationstechnischen Verknüpfung des empfangenen Packstücks zu offenen Abrufen. Auch fehlen heute IT-Lösungen, die es den Partnern ermöglichen, auf Produktebene effizient Daten auszutauschen.

Eine durchgängig standardisierte Lösung entlang der Supply Chain ist derzeit aufgrund der IT-Ausstattung bei allen Partnern kaum möglich. Innerhalb des RAN-Projektes wurde deshalb eine Lösung entwickelt, die eine schrittweise Realisierung einer durchgängigen RFID-gestützten Supply Chain ermöglicht, auch wenn noch nicht alle Partner die InfoBroker-Lösungen durchgängig realisiert haben.

Der RFID-Einsatz in Verbindung mit entsprechenden Assistenzsystemen soll hier die Integration von Partnern in die vernetzten Prozesse einer verbrauchsbasierten Nachschubsteuerung und eines informationstechnisch automatisierten Warenvereinnahmungsprozesses ermöglichen, auch wenn zum jetzigen Zeitpunkt noch keine durchgängigen IT-Plattformen existieren.

Die Partner ohne RAN-IT-Infrastruktur müssen bei diesem Lösungsansatz nur eine sehr geringe Investition tätigen, da sie als Hardware lediglich das mobile Endgerät (z. B. RFID-Briefkasten) benötigen. Die Hardware für die RFID-Erfassung steht beim Warenempfänger, ohne jedoch in dessen Netzwerk integriert zu sein. Durch die Nutzung der RAN-InfoBroker-Technologie erfolgt der Austausch der Event-Daten zwischen dem lokalen Repository im Briefkasten und dem Repository bei Bosch.

Zusätzlich wurde ein einmaliger übergreifender Test mit integrierten Lösungen in die lokale Infrastruktur der Partner durchgeführt, um die erheblichen Potenziale aufzuzeigen, die sich bei einer vollständigen Realisierung der in RAN erarbeiteten Lösungen ergeben.

9.3.3 Umsetzung und Nutzung durch den Anwender

Durch Bosch wurde ein mobiles Kanban-Lesegerät entwickelt, das in einer produktiven Umgebung installiert werden kann. Die Technik wurde als kostengünstige Lösung für den ersten Schritt einer unternehmensübergreifenden Zusammenarbeit bewusst schlank gehalten und beschränkt sich auf Kernfunktionalitäten. Die Mitarbeiter in der Fertigung des OEM sollen bei der Einbindung der Kanban-Lösung in ihren Prozessablauf optimal unterstützt werden.

Folgende Lösung wurde im Einzelnen umgesetzt:

- Bereitstellung von Paletten mit RFID-Kanban: Bei Bosch wurden im Versand Paletten mit Kanbankarten ausgestattet, die mit einem RFID-Tag versehen sind. Diese werden bei der Verladung am Gate erfasst. Somit kann ein Verladeevent erzeugt werden. Dieses steht im lokalen Repository zum Austausch mit dem Partner über den InfoBroker bereit.
- Kanbanabruf aus der Produktion des OEM: Durch das Einwerfen der Kanbankarte in den RFID-Kanbanbriefkasten wird die ID der Karte erfasst, ein RAN-konformes Event generiert und an das Repository von Bosch übermittelt (Abbildung 119). Dort kann mittels eines Assistenzsystems die Auswertung der Events in Echtzeit erfolgen. Mit den durch das Assistenzsystem bereitgestellten Daten kann der Planer zeitnah auf Schwankungen reagieren.

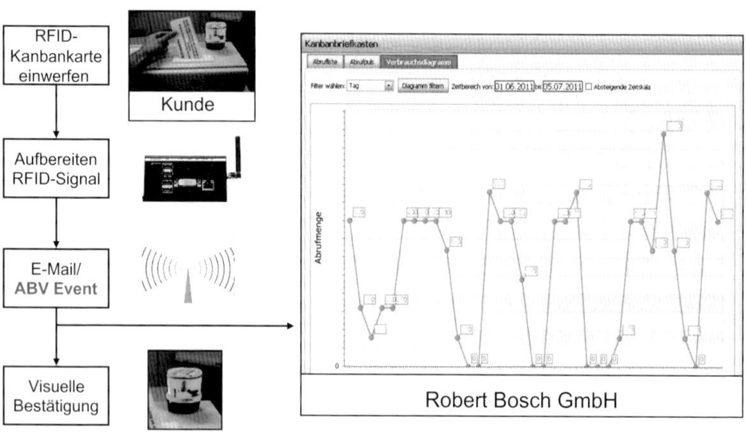

Abbildung 119 RFID bei der Einbindung des Kunden in die Verbrauchssteuerung

Über das fortlaufende Testszenario hinweg wurde ein einmaliger Prozessdurchlauf realisiert, bei dem parallel zu einer Serienlieferung die Daten sowohl auf Produktebene als auch auf Behälterebene mittels RFID erfasst und über den InfoBroker zwischen den Partnern ausgetauscht wurden. In diesem Test zeigte sich das Potenzial der InfoBroker-Technologie. Den Partnern stehen nach der Realisierung nicht nur mehr Daten aus den logistischen Prozessen zur Verfügung, es ist zudem auch der Austausch produktspezifischer Daten in Echtzeit möglich (siehe Abbildung 120 und Abbildung 121).

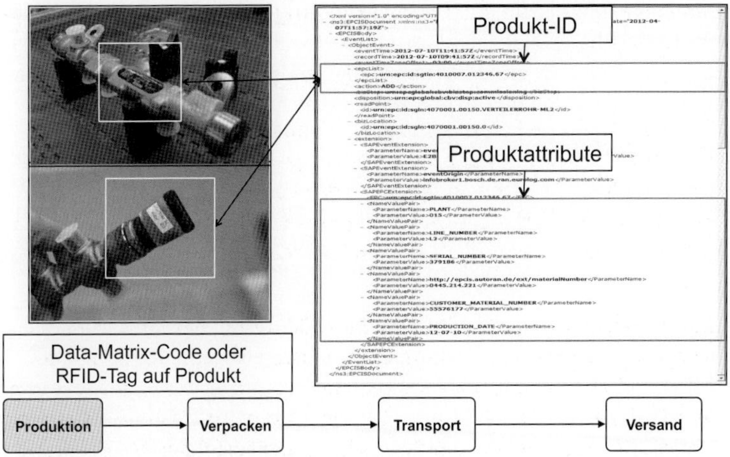

Abbildung 120 Erzeugung eines RAN-konformen Events in der Produktion

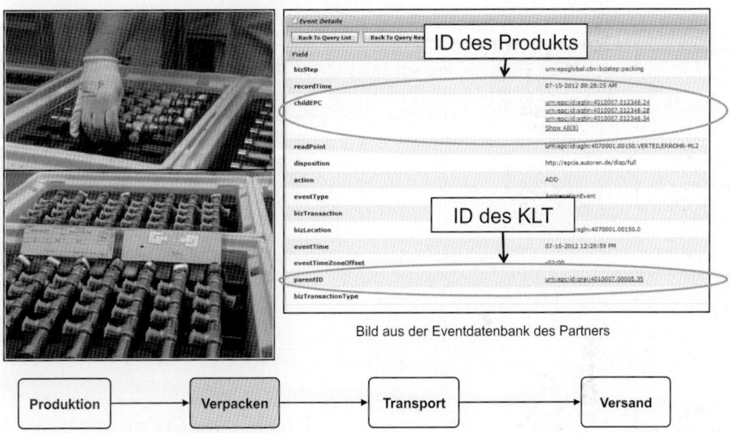

Abbildung 121 Erzeugung und Austausch eines RAN-konformen Events beim Verpacken

Der hier gewählte Ansatz, mit einer RFID-gesteuerten Kanban-Lösung zu starten ermöglicht es, die Mitarbeiter schrittweise bei der Umsetzung der RAN-Vision – Verfolgung der physischen Objekte – mitzunehmen. Auch bei der gemeinsam mit dem OEM umgesetzten prototypischen Anwendung zeigt es sich, dass der gewählte Ansatz so lange parallel weiter betrieben werden kann, bis alle eingesetzten Behälter mit RFID-Tags versehen sind.

Auch ermöglicht die hier gewählte Vorgehensweise eine schrittweise fortschreitende Automatisierung der IT-technischen Integration. Mit zunehmender Prozessstabilität wird es möglich sein, die Buchungsschritte mehr und mehr, zum Beispiel durch die Installation weiterer RFID-Gates, in den Materialfluss zu integrieren, die Anwender dadurch zu entlasten und die Transparenz im Prozess weiter zu erhöhen.

Wie im weiterführenden Test gezeigt, ist eine Integration bis in die Fertigung und somit auf Einzelproduktebene realisierbar. Hierzu sind noch weiterführende Schritte zu unternehmen, insbesondere die Realisierung von Schnittstellen in Anlagen zur Produktionsplanung und -steuerung stellt hierbei große Herausforderungen an die beteiligten IT Partner.

9.3.4 RFID-Technik

RFID-Transponder

In diesem Anwendungsfall werden Kanbankarten bzw. deren Hüllen mit Transpondern ausgestattet. Beim umgesetzten Prototypen mit dem Kunden repräsentieren diese heute komplette Gebinde (Paletten). In weiteren Schritten werden letztlich KLTs verfolgt, um eine noch bessere Transparenz im Versorgungsprozess sicherzustellen. Es werden Gen2 Transponder (UPM Web Tag) eingesetzt. Mit den Transpondern und der RFID-Briefkastenlösung wurden durchweg positive Erfahrungen gemacht.

RFID-Reader

In diesem Anwendungsfall wurde, wie bereits geschildert, gemeinsam mit der Eskape Identifikationstechnik AG ein RFID-Lesegerät (RAN-Erfassungsklasse 2) in einen Schaltschrank verbaut. Die prototypische Umsetzung erfolgte mit Readern der Fa. Feig. Zusammen mit den Firmen Eskape und noFilis wurde ein Universal Mobile Telecommunications System (UMTS)-Modem in den Schaltschrank integriert. Die Lösung kann somit flexibel bei Partnern eingesetzt werden, ohne auf einen Netzwerkzugang angewiesen zu sein. Updates bzw. Programmkorrekturen können via Fernwartung aufgespielt werden, somit ist auch eine Weiterentwicklung der Lösung problemlos möglich.

Die hier aufgebaute Lösung kommt der Anwenderforderung nach Plug-and-Play-fähigen Lösungen am nächsten, jedoch fehlt ihr die Integration in die lokale Netzwerkumgebung, so dass hier noch Potenzial zur Weiterentwicklung besteht.

Daten

Grundsätzlich werden im Umsetzungsfall die Kanban-Daten gemäß RAN-Standard als Event abgespeichert. Die folgenden Events werden für die Funktionalität als Kanban-Steuerung in diesem Steuerungsszenario verwendet:

- Kanban-Freisetzungs-Event: Erfassung der Nachschubanforderung durch Erfassung der Kanbankarte bei Einwurf in Briefkasten.
- Kanban-Zuordnungs-Event: Dieses Event stellt die Verknüpfung der mittels RFID erfassten Objekte mit einer Kanban-ID des ausgewählten Abrufes dar.
- Verlade-Event: In dieses Event werden die mittels RFID erfassten Objekte einem Frachtträger zugeordnet (parentID).
- Vereinnahmungs-Event an den Gates des Kunden.

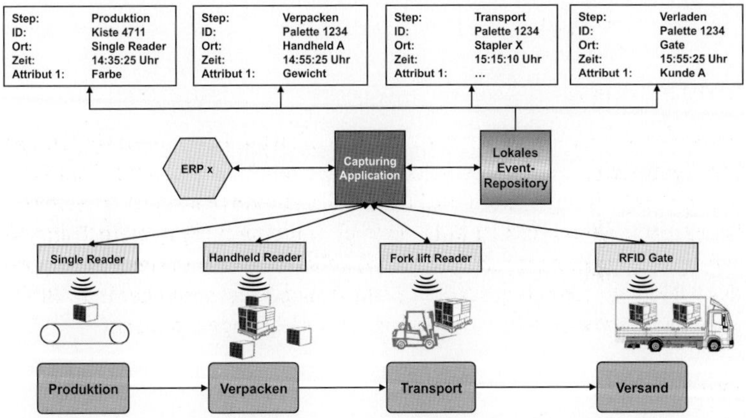

Abbildung 122 Events auf Seiten des Lieferwerkes bei der Kundenanbindung (Skizze)

Die Verteilung von Daten über die Unternehmensgrenzen hinaus erfolgte in einem weiteren Test über die prototypisch aufgebaute InfoBroker-Architektur der beiden Unternehmen. In Abbildung 122 sind beispielhaft die Events auf Seiten des Lieferwerks bei der Kundenanbindung skizziert.

9.3.5 Performance des Gesamtsystems

Die Performance des aufgebauten Systems war sehr gut und lief weitestgehend stabil. Insbesondere die Aspekte der nun verfügbaren Echtzeitinformation aus der Produktion sowie des einfach gestalteten User Interfaces haben die am Prozess beteiligten Anwender überzeugt. Aufgrund der Masse der zukünftig zu generierenden Events aus den physischen Prozessen wird die hier gezeigte Lösung sehr bald an ihre Grenzen stoßen. Dann wird es zwingend notwendig sein, die Lösung in die Netzwerkumgebung vor Ort zu integrieren. Die bis dahin erzielten Erkenntnisse werden bei der Neugestaltung zukünftiger Lösungen einfließen und somit den Gesamtprozess beschleunigen.

9.3.6 Realisierbares Potenzial

In dieser prototypischen Umsetzung der Steuerungsszenarios haben sich folgende Potenziale als realisierbar herauskristallisiert:

- Bestandskosten können gesenkt werden, da aufgrund höherer Prozesstransparenz die Sicherheitsbestände reduziert werden können
- Aufgrund schnellerer Informationsübermittlung können Bestände und Flächen vor Ort reduziert werden. Dies erfolgte in Verbindung mit einer kurzzyklischen Lieferanbindung, die nun erstmals realisiert werden konnte, sowie einer direkten Ablieferung aus der Fertigung, wodurch interne Handlingschritte entfallen.
- Die Prozesseffizienz kann gesteigert werden, da die Mitarbeiter aufgrund automatischer, RFID-basierter Datenerfassung weniger Zeit zur Rückmeldung von Materialbewegungen in IT Systemen benötigen.
- Zusätzliche, bisher nicht verfügbare Informationen wurden durch die Integration von RFID-Gates gewonnen und können zur Prozessabsicherung und zur weiteren kontinuierlichen Verbesserung eingesetzt werden.

9.4 Evaluierung der Projektergebnisse

Durch den RFID-Einsatz können Prozesse standardisiert und beschleunigt werden. Bisher nicht-wertschöpfende Buchungstätigkeiten in IT-Systemen entfallen und die Mitarbeiter gewinnen Zeit, um weitere Verbesserungsmaßnahmen in den Prozessen durchzuführen. Aufgrund der hohen Akzeptanz bei den Mitarbeitern entstehen eine Vielzahl neuer Projektideen vor Ort in sämtlichen Werken der Robert Bosch GmbH.

Konkrete Ergebnisse in den internen Prozessabläufen sind, dass aufgrund des Entfalls des manuellen Aufwandes beim Buchen heute wesentlich mehr und aktuellere Daten zur Prozesssteuerung zur Verfügung stehen. Beispiel: Vor der Einführung von RFID wurden Gebinde mit 2.800 Stück alle 8 Stunden durch einen Schichtführer gebucht, mit RFID ist es für den Mitarbeiter am Band ohne Zusatzaufwand möglich, alle 8 Minuten 48 Stück zu buchen. Durch die so gewonnene Transparenz war es möglich, die Bestände in der Fertigung um ca. 30% zu reduzieren. Die RFID-Prozesse im Werk Homburg wurden zwischenzeitlich auf nahezu sämtliche interne Beschaffungsprozesse erweitert. Eine Vielzahl weiterer Bosch-Werke hat mit der Einführung erster Anwendungen begonnen. Die weltweite Anzahl RFID-gestützter Buchungen wird im Jahr 2013 bei rund 20 Mio. produktiver Events liegen

Faktoren wie Prozesstransparenz, -geschwindigkeit, -qualität und -kosten konnten bereits heute bei den intern umgesetzten Lösungen signifikant verbessert werden. Bei den erstmalig mit externen Partnern umgesetzten Lösungen zeichnen sich darüber hinaus gehende Vorteile für die gesamte Lieferkette ab. Dies reicht bis hin zu der Möglichkeit, neue bedarfsgesteuerte Transportkonzepte aufzubauen. Durch diese können aufgrund verbesserter Transportauslastung und optimierter Transportrouten sowohl Kosten als auch CO_2-Emissionen eingespart werden. Nebenbei haben die Mitarbeiter der Lieferanten bereits jetzt ihre Begeisterung für die neue Anwendung bestätigt, denn aufgrund der hohen Transparenz im Prozess hat sich der Abstimmungsaufwand erheblich reduziert.

Aufgrund der stark fallenden Preise für RFID-Hardware und den Aufbau unternehmensübergreifender IT-Plattformen (Cloud-Lösungen) ist zukünftig eine flächendeckende Integration der Zulieferindustrie in ein umfassendes Netzwerk möglich (siehe Abbildung 123). Somit hat die hier beschriebene Technologie das Potenzial, die lokale Wertschöpfung und damit den Wirtschaftsstandort Deutschland und hier insbesondere die kleine und mittelständische Zulieferindustrie zu stärken. Dies liegt insbesondere in der Tatsache begründet, dass es gerade diese Unternehmen sind, die es ermöglichen, hochflexible Lieferketten aufzubauen, die auf kurzfristig auftretende Änderungen reagieren können.

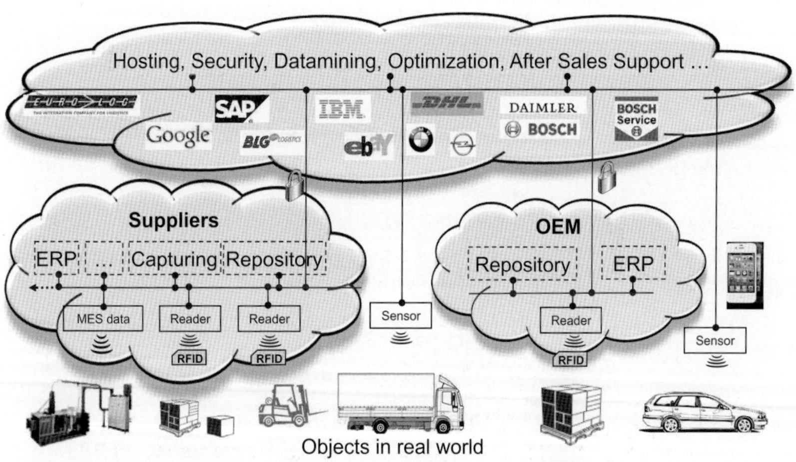

Abbildung 123 Eventbasierter Datenaustausch in der Lieferkette bis zum Endkunden

Durch das Echtzeitverbrauchssignal des Kunden war es möglich, die Bestände entlang der Lieferkette zu optimieren. Zudem ist eine tagesaktuelle Ablieferung aus der Fertigung möglich, wodurch mehrere Arbeitsschritte sowie die bisher notwendige Zwischenlagerung entfallen konnten. Es ist davon auszugehen, dass der hier beschriebene Ansatz ein großes Potenzial zur Optimierung der Lieferströme hat. Wir stehen daher hierzu bereits mit weiteren OEMs, Lieferanten und Transportdienstleistern sowie mit Vertretern des VDA in Gesprächen.

Die Tabelle 13 zeigt erzielte Innovationen in einzelnen Prozessen.

Die beschriebenen Anwendungen sind auf alle Stufen der Wertschöpfung übertragbar, sei es von der Produktion beim Rohteilelieferanten bis hin zur Fahrzeugdistribution. Die größten Vorteile in der gesamten Lieferkette ergeben sich dann, wenn RFID bereits in frühen Stufen der Lieferkette zum Einsatz kommt, da dann Folgeprozesse darauf aufsetzen können. Einen wesentlichen Faktor für den durchgehenden Erfolg in der Industrie stellt die standardisierte Kennzeichnung von Transportmitteln mit RFID dar. Eine Vielzahl von Prozessen benötigt dies als Grundvoraussetzung. Momentan behilft sich die Robert Bosch GmbH damit, dass die VDA-Poolbehälter in den internen Kreisläufen mit einem abnehmbaren Tag versehen sind, jedoch strebt Bosch bezüglich des Einsatzes von VDA-Poolbehältern an, dass diese langfristig grundsätzlich mit RFID gekennzeichnet werden.

In einer weiteren Ausbaustufe der Lösung werden Themen wie z. B. Teilerückverfolgbarkeit, Werkzeugmanagement, Ersatzteilmanagement und After Sales Service bis hin zum Autokäufer integriert werden. Dazu ist es jedoch notwendig, die RFID-Tags auf den Bauteilen selbst anzubringen. Auch auf Ebene der Fahrzeugkomponenten setzt Bosch konsequent auf die Nutzung des RAN-Datenaustausches mittels InfoBroker.

Tabelle 13 Innovationen für einzelne Prozesse

Prozess	Innovation
Wareneingang	Automatisierte Erfassung bei Tordurchfahrt Absicherung Falschlieferungen
Interne Transporte	Einheitlicher Nachbestellprozess für Rohstoffe, Verpackungen, Werkzeuge, Hilfs- und Betriebsstoffe Bestandsreduzierung aufgrund kürzerer Wiederbeschaffungszeiten Automatisierung von Sortierprozessen Prozessabsicherung durch interne Ladungsträgerverfolgung Verbesserte interne Transportsteuerung (z. B. Auslastung)
Produktion	Reduzierung Inventurdifferenzen aufgrund verbesserter Datenerfassung Automatische Buchung auf Einzelteilebene inkl. eindeutiger Rückverfolgbarkeit Realisierung einer durchgängigen Datenbasis über bisherige IT-Systemgrenzen hinweg
Warenausgang	Automatisierte Erfassung bei Tordurchfahrt Verladekontrolle mit RFID

Fazit

Die Veränderungen der industriellen Fertigung, die insbesondere in Deutschland unter dem Stichwort Industrie 4.0 zusammengefasst werden, haben begonnen. Sie werden nun in ersten Anwendungen Realität und damit sichtbar. Im Rahmen des RAN-Projekts wurden hierbei Grundlagen für die Umsetzung unternehmensübergreifender Lösungen geschaffen.

Auf dem Weg zur vernetzten Produktion baut Bosch auf dem seit Jahren erfolgreich angewandten Bosch-Produktionssystem auf. Bislang lag der Fokus dabei auf der Optimierung von physischen Produktions- und Logistikprozessen, also dem, was in der realen Welt geschieht. Neue IT-Technologien ermöglichen es, diese Prozesse und Warenströme zu virtualisieren. Früher wurde der physische Warenfluss zeitversetzt mit viel Aufwand händisch in ein IT-System übertragen. Die Fehleranfälligkeit war hoch und die Daten nie aktuell. Der Informationsfluss lief asynchron zum Warenfluss. Heute geschieht die Datenerfassung durch die automatisierte Erhebung von Zustandsdaten von Produkten oder Transportbehältern während der Produktions- und Logistikprozesse. Technisches Hilfsmittel ist dabei beispielsweise die RFID-Technologie.

Die zahlreichen, stets aktuellen und damit qualitativ hochwertigen Daten können mit Hilfe von Software ausgewertet werden. Die von intelligenten Algorithmen aufgezeigten Zusammenhänge und Wirkmechanismen helfen bei der weiteren Optimierung des Gesamtsystems. Neue Daten führen zu neuen Erkenntnissen. Neue Erkenntnisse führen zur Verbesserung des Systems. Das nun verbesserte System führt wiederum zu neuen Daten. Aus Daten wird Wissen, aus Wissen wird Nutzen. Der Verbesserungskreislauf ist geschlossen.

Durch die Standardisierung von Datenströmen über Unternehmensgrenzen hinweg, ist es möglich, weitere Geschäftspartner wie Kunden und Zulieferer in die Prozessoptimierung einzubeziehen. Vernetzte und damit intelligente Produktion und Logistik rücken ein Stück näher, wenn Material- und Informationsflüsse durchgängig über Unternehmensgrenzen hinweg gestaltet werden können.

Bosch setzt die RFID-Anwendung an eigenen Fertigungsstandorten auf der ganzen Welt ein und arbeitet an der Umsetzung der RAN-Konzepte mit Partnern. Auch an der Weiterentwicklung der technischen Lösungen wird gearbeitet. Heute sind RFID-Tags die gängigen Informations- und Datenträger. Zukünftig werden zusätzlich internetfähige Sensoren die Statusinformationen von Objekten übermitteln. Die Quantität und Qualität der Daten wird weiter zunehmen. Intelligente Softwarelösungen und leistungsstarke Algorithmen werden die Daten auswerten. So erschließen sich neue Verbesserungspotenziale. Gerade an den Schnittstellen der Wertschöpfungsnetzwerke lassen sich Kosten reduzieren und neue Dienstleistungen aufsetzen.

Literatur

Bauer, E.: Internationale Marketingforschung. 3. Aufl.: Oldenbourg: München 2002.

Brieke, M.: Erweiterte Wirtschaftlichkeitsrechnung in der Fabrikplanung (EWR). Diss. Leibniz Universität Hannover. Garbsen: PZH Produktionstechn. Zentrum 2009 (Berichte aus dem IFA).

Buhmann, M.; Schön, M.: Dynamische Standortbewertung – Denken in Szenarien und Optionen. In: Kinkel, S. (Hrsg.): Erfolgsfaktor Standortplanung. Springer: Berlin, Heidelberg 2009, S. 279–302.

Däumler, K.-D.; Grabe, J.: Grundlagen der Investitions- und Wirtschaftlichkeitsrechnung. Nwb Verlag: Herne 2007.

Deutsches Institut für Normung (DIN) e.V.: DIN 8580: Fertigungsverfahren – Begriffe, Einteilung. Beuth: Berlin 2003a.

Deutsches Institut für Normung (DIN) e.V.: DIN 8593: Fertigungsverfahren Fügen. Beuth: Berlin 2003b.

Deutsches Institut für Normung (DIN) e.V.: DIN EN ISO 6346/A3:2013-03: ISO-Container – Kodierung, Identifizierung und Kennzeichnung. Beuth: Berlin 2013.

Deutsches Institut für Normung (DIN) e.V.: DIN EN ISO 14040:2006: Umweltmanagement – Ökobilanz – Grundsätze und Rahmenbedingungen. Beuth: Berlin 2009.

EPCglobal: EPC Information Services (EPCIS) Version 1.0.1 Specification. http://www.epcglobalinc.org/standards/epcis/epcis_1_0_1-standard-20070921.pdf. EPCglobal 2007.

Finkenzeller, K.: RFID-Handbuch. Grundlagen und praktische Anwendungen induktiver Funkanlagen, Transponder und kontaktloser Chipkarten. 4. Aufl. Hanser: München 2006.

Fleisch, E.; Ringbeck, J.; Stroh, S.; Plenge, C.; Strassner, M.: From Operations to Strategy: The Potential of RFID for the Automotive Industry. M-Lab Arbeitsbericht Nr. 23: Universität St. Gallen/ETH Zürich 2004.

Fraunhofer IML: Animationsfilm zur Ereigniskette und RAN Assistenzsystem. http://www.iml.fraunhofer.de/de/themengebiete/supply_chain_engineering/forschung/forschung_ran.html. Dortmund 2012

GS1: Core Business Vocabulary (CBV) Version 1.1. http://www.gs1.org/gsmp/kc/epcglobal/cbv/cbv_1_1-standard-20140520.pdf. GS1 2014.

Gilberg, J.: Technische Ausgestaltung und wirtschaftliche Beurteilung des überbetrieblichen RFID-Einsatzes. Josef Eul Verlag: Köln 2009.

Hansmann, K.-W.: Entscheidungsmodelle zur Standortplanung der Industrieunternehmen. Wiesbaden: Gabler 1974. ISBN 3409341722. (Schriftenreihe des Instituts für Unternehmensforschung und des Industrieseminars der Universität Hamburg 7).

Hegmanns, T.; Parlings, M.; Müller, A.: Standardisierter, dezentraler Informationsaustausch: Verbesserte Informationstransparenz und Steuerbarkeit in Lieferketten der Automobilindustrie. In: Productivity Management. 18 (2013), 3, S. 15–18.

Hegmanns, T.; Parlings, M.; Winkler, M.: Dezentrale Informationssysteme für das Supply Chain Event Management. In: Müller, E.; Bullinger, A. C. (Hrsg.): Intelligent vernetzte Arbeits- und Fabriksysteme. Wissenschaftliche Schriftenreihe des Institutes für Betriebswissenschaften und Fabriksysteme. Band 18, Chemnitz: Institut für Print- und Medientechnik der TU Chemnitz, 2012, S. 97–106.

Hegmanns, T.; Toth, M.: RFID-based Real-time Decision Support in Supply Chains. In: Proceedings of the 10th International Conference on Modeling and Applied Simulation. Rome, Italy, 12.-14.09.2011.

Heijungs, R.; Huijbregts, M.: A review of approaches to treat uncertainty in LCA. In: Pahl-Wostl, C. et al. (Hrsg.): Complexity and Integrated Resources Management. Osnabrück, 14.-17. Juni 2004, S. 1-8.

Herrmann, C.: Ganzheitliches Life Cycle Management. Nachhaltigkeit und Lebenszyklusorientierung in Unternehmen. VDI: Berlin, Heidelberg 2010.

Hompel, M. Ten; Hellingrath, B.: IT & Forecasting in der Supply Chain. In T. Wimmer & T. Bobel (Hrsg.), Effizienz – Verantwortung – Erfolg (S. 281-310). Dt. Verkehrs-Verlag: Hamburg 2007.

Hunt, R. G.; Boguski, T. K.; Weitz, K. A.; Sharma, A.: Case studies examining LCA streamlining techniques. The International Journal of Life Cycle Assessment 3 (1998) 1, S. 36-42.

Institut für Innovation und Technik in der VDI/VDE Innovation + Technik GmbH, Berlin: Autonomik, Band 6: Neue Lösungen für die Automobillogistik. Bundesministerium für Wirtschaft und Technologie (BMWi), 2013

ISO/IEC 15459: Information technology – Unique identifiers. Beuth: Berlin 2006.

ISO/IEC TR 24729, Teil 2: Recycling and RFID-Tags. Beuth: Berlin 2007.

Kalos, M. H.; Whitlock, P. A.: Monte Carlo Methods Courant Institute of Mathematical Sciences. J. Wiley & Sons: New York 1986.

Klingebiel, K., Toth, M.; Wagenitz, A.: Logistische Assistenzsysteme. In: Pradel, U.-H.: Praxishandbuch Logistik. Erfolgreiche Logistik in Industrie, Handel und Dienstleistungsunternehmen. Deutscher Wirtschaftsdienst. Köln 2010.

Krebs, P.: Bewertung vernetzter Produktionsstandorte unter Berücksichtigung multidimensionaler Unsicherheiten (Dissertation) Lehrstuhl für Betriebswissenschaften und Montagetechnik der Technischen Universität. München 2011.

Lepratti, R.; Heinecke, G.; Lamparter, S.; Scharnagl, J.; Hansen, R.: In Echtzeit: RFID-gestütztes Produktionsassistenzsystem. In: atp edtion, Ausgabe 11, 2012.

Pfeiffer, S.; Wühr, D.; Schütt, P.: Greening fängt beim Menschen an. Tagungsband, münchner kolloquium Technische Universität. München 2010.

RAN-Konsortium: RAN Automotive Business Vocabulary (ABV). http://www.biba.uni-bremen.de/ran.html. RAN-Konsortium 2012a.

RAN-Konsortium: RAN Beschreibung der Events. http://www.biba.uni-bremen.de/ran.html. RAN-Konsortium 2012b.

RAN-Konsortium: RAN Data on Tag. http://www.biba.uni-bremen.de/ran.html. RAN-Konsortium 2012c.

RAN-Konsortium: RAN Prozessbaukasten. http://www.biba.uni-bremen.de/ran.html. RAN-Konsortium 2012d.

RAN-Konsortium: RAN €CO2calc. http://www.biba.uni-bremen.de/ran.html. RAN-Konsortium 2013a.

RAN-Konsortium: RAN Integrationskonzept. http://www.biba.uni-bremen.de/ran.html. RAN-Konsortium 2013b.

RAN-Konsortium: RAN Nutzenkatalog. http://www.biba.uni-bremen.de/ran.html. RAN-Konsortium 2013c.

RAN-Konsortium: RAN RFID-Equipment, Aufbau und Betrieb. http://www.biba.uni-bremen.de/ran.html. RAN-Konsortium 2013d.

RAN-Konsortium: RAN Steuerungsszenarios. http://www.biba.uni-bremen.de/ran.html. RAN-Konsortium 2013e.

Reinhart, G.; Engelhardt, P.; Genc, E. (2012): Abläufe steuern. Software in der Logistik 2012. In: Logistik HEUTE, Bd. 2012, S. 56–59.

Reinhart, G.; Genc, E.; Hauptvogel, A.; Heinecke, G.; Lamparter, S.; Ostgathe, M.: Absicherung von Produktions- und Logistikprozessen in komplexen automobilen Wertschöpfungsnetzwerken. In: ZWF – Zeitschrift für wirtschaftlichen Fabrikbetrieb, 106 (12), 2011, S. 963–968.

Reinhart, G.; Irrenhauser, T.; Reinhardt, S.; Reisen, K.; Schellmann, H.: Wirtschaftlicher und ressourceneffizienter durch RFID? Methode für eine unternehmensübergreifende Bewertung der Wirtschaftlichkeit und der Repec, C. A.: EPCIS a new take on 'event management' http://slideplayer.us/slide/4676/#. Repec 2014.

Ressourceneffizienz. In: ZWF – Zeitschrift für wirtschaftlichen Fabrikbetrieb, 106 (4), 2011, S. 225–230.

Rhensius, T.; Dünnebacke, D.: RFID – Business Case Calculation. 3-stufiges Vorgehen zur Planung und Bewertung des RFID-Einsatzes. Klinkenberg: Aachen 2009.

Ruthenbeck, C.; Lappe, D.; Lampe, W. (2010): Informationsmanagement in der Automobillogistik. Ein proaktiver Ansatz für das Informationsmanagement in globalen Lieferketten. In: Industrie Management 26 (5), S. 9-13.

Scholz-Reiter, B.; Lappe, D.; Werthmann, D.; Ruthenbeck, C. (2011): Vorgehensmodell zur Weiterentwicklung eines Wearable Computing Systems. In: Industrie Management, 27(1), S. 17-20.

Scholz-Reiter, B.; Mansfeld, J. (2012a): From TagID to eVIN. Structured Data Exchange Based on RFID. In: Uckelmann, D.; Scholz-Reiter, B.; Rügge, I.; Hong, B.; Rizzi, A. (Hrsg.): The Impact of Virtual, Remote, and Real Logis-tics Labs. Springer, Berlin Heidelberg, S. 122-133.

Scholz-Reiter, B.; Meyer-Barlag, C.; Harjes, F. (2012b): Real-Time Tracking and Tracing by Means of Radio Technology. In: Pawar, P.S.; Potter, A.T. (Hrsg.): Proceedings of Papers of the 17th International Symposium on Logistics (ISL 2012). New Horizons in Logistics and Supply Chain Management, Centre for Concurrent Enterprise, NottinghamUniversity Business School, Nottingham, UK, 2012, S. 529-537.

Scholz-Reiter, B.; Werthmann, D.; Lappe, D.; Otterstedt, N. (2012c): Ortungsgestützte Steuerung von Qualitätssicherungsprozessen. In: Industrie Management, 28(1), S. 22-26.

Sobol, I. M.: The Monte Carlo Method (Forschungsbericht). Department of Mathematics. University of Chicago 1974.

Strassner, M.: RFID im Supply Chain Management. Auswirkungen und Handlungsempfehlungen am Beispiel der Automobilindustrie. 1. Aufl.: Universitäts-Verlag: Wiesbaden 2006.

VDI-Richtlinie 2860: Montage- und Handhabungstechnik; Handhabungsfunktionen, Handhabungseinrichtungen; Begriffe, Definitionen, Symbole. Beuth: Berlin 1990.

VDA-Empfehlung 5520: RFID in der Fahrzeugdistribution. SFVR – Standardisierung von Fahrzeug-Versand-Informationen für den RFID-Einsatz. Berlin: Verband der Automobilindustrie (VDA) e. V. 2008.

VDA-Empfehlung 5510: RFID zur Verfolgung von Teilen und Baugruppen in der Automobilindustrie. Berlin: Verband der Automobilindustrie (VDA) e. V. 2011.

Vilkov, L.: Prozessorientierte Wirtschaftlichkeitsanalyse von RFID-Systemen. Ein ganzheitlicher Ansatz für Supply Chain Management und Logistik. Logos: Berlin 2007.

Vilkov, L.; Weiß, B.: Prozessorientierte Wirtschaftlichkeitsanalyse von RFID-Systemen anhand eines Referenz-Wirkungsmodells. In: Becker, J. et al. (Hrsg.): Wertschöpfungsnetzwerke. Konzepte für das Netzwerkmanagement und Potenziale aktueller Informationstechnologien. Physica: Heidelberg 2008.

Werthmann, D.; Kirch, M.; Voigt, M.; Bodenstab, M.; Meyer-Barlag, C. (2012): Reliable Scanning of Tagged Special Containers with RFID Electromagnetic Reverberation. In: Smart SysTech 2012 -European Conference on Smart Objects, Systems and Technologies. ITG-Fachbericht 235, VDE VERLAG GmbH, Berlin, Offenbach.

Werthmann, D.; Teucke, M.; Lewandowski, M.; Freitag, M.: Benutzerschnittstellen im Kontext von Industrie 4.0. Chancen für Geringqualifizierte durch benutzerfreundliche Mensch-Maschine-Schnittstellen. In: Industrie Management, 30 (4), 2014; S. 39-44.

Wilke, J.: Supply Chain Koordination durch Lieferverträge mit rollierender Mengenflexibilität. Eine Simulationsstudie am Beispiel von Lieferketten der deutschen Automobilindustrie. Gabler: Wiesbaden 2012.

Autoren

Matthias Bender,
FZI Forschungszentrum Informatik am
Karlsruher Institut für Technologie

Dipl.-Wi.-Ing. Matthias Bender studierte Wirtschaftsingenieurwesen an der Universität Karlsruhe (TH) und arbeitet, nach zweijähriger Tätigkeit im Handel, seit 2011 als wissenschaftlicher Mitarbeiter am FZI.

Thomas Bleisteiner,
Siemens AG

Dipl.-Ing. univ. Thomas Bleisteiner hat 1994 das Studium der Elektrotechnik an der Friedrich-Alexander-Universität Erlangen abgeschlossen. Seit 1996 arbeitet er in der Forschung und Entwicklung bei Siemens Industry Automation. Von 2005 bis 2011 war er für die Entwicklung von RFID-Systemen für Baggage Handling im Flughafenbereich sowie für die Postautomatisierung zuständig. Seine Aufgabe im Forschungsprojekt RAN war die Projektleitung des Arbeitspaketes „RFID-Equipment und Aufbau". Derzeit ist er Gruppenleiter in der Forschung und Entwicklung.

Edmund Breit,
IBM Deutschland

Dipl.-Inform. Edmund Breit ist Mitarbeiter der IBM Deutschland Research & Development GmbH. Er war in der jüngeren Vergangenheit maßgeblich an der Entwicklung von RFID- und RTLS-basierten Softwarelösungen beteiligt. Aktuell ist er im Bereich „Smarter Cities" tätig.

Birgit Burmeister,
Daimler AG

Dipl.-Ing. Dipl.-Inform. Birgit Burmeister ist seit 1988 Mitarbeiterin der Daimler AG. Sie beschäftigt sich dort mit dem Einsatz innovativer Informationstechnologie im Bereich Produktion und Logistik. Im Rahmen des RAN-Projektes arbeitete sie im Daimler UseCase zur langen Prozesskette mit und erarbeitete im Arbeitspaket 2 die notwendigen Standards für Daten und Datenstrukturen für die Abbildung von internationalen Supply Chains.

Philipp Engelhardt,
Institut für Werkzeugmaschinen und Betriebswissenschaften (iwb) der Technischen Universität München

Dipl.-Wi.-Ing. Philipp Engelhardt war bis Januar 2013 wissenschaftlicher Mitarbeiter am Institut für Werkzeugmaschinen und Betriebswissenschaften (iwb) der Technischen Universität München. Er beschäftigte sich dort insbesondere mit der RFID-gestützen Produktionsplanung und -steuerung.

Emin Genc,
Institut für Werkzeugmaschinen und Betriebswissenschaften (iwb) der Technischen Universität München

Dipl.-Wirtsch.-Ing. Emin Genc war bis September 2013 wissenschaftlicher Mitarbeiter am Institut für Werkzeugmaschinen und Betriebswissenschaften (iwb) der Technischen Universität München. Er beschäftigte sich dort insbesondere mit der RFID-gestützen Absicherung von Produktions- und Logistikprozessen in Wertschöpfungsnetzwerken.

Tobias Hegmanns,
Franunhofer IML

Dr.-Ing. Tobias Hegmanns ist seit 2006 Mitarbeiter am Fraunhofer-Institut für Materialfluss und Logistik (IML). Seit 2013 ist er akademischer Direktor des Bereichs Unternehmenslogistik. Zudem leitet er den Lehrstuhl für Fabrikorganisation an der Technischen Universität Dortmund. Seine Forschungsschwerpunkte sind die Planung und strategische Gestaltung von Supply Chains sowie der dezentrale Informationsaustausch in Wertschöpfungsnetzwerken.

Thomas Irrenhauser,
Institut für Werkzeugmaschinen und Betriebswissenschaften (iwb) der Technischen Universität München

Dipl.-Ing. Thomas Irrenhauser studierte an der Technischen Universität München (TUM) Maschinenbau und ist seit 2009 Wissenschaftlicher Mitarbeiter am iwb.

Steffen Lamparter,
Siemens AG

Dr. Steffen Lamparter arbeitet im Bereich Business Analytics & Monitoring der zentralen Forschungsabteilung Corporate Technology der Siemens AG. Zuvor war er Geschäftsführer des Karlsruhe Service Research Institute (KSRI) sowie Projektleiter am Institut für Angewandte Informatik und formale Beschreibungsverfahren (AIFB) des Karlsruher Instituts für Technologie (KIT). Er ist Autor von über 50 wissenschaftlichen Publikationen und seit Jahren als Gutachter für internationale Zeitschriften und Konferenzen tätig.

Raffaello Lepratti,
Siemens AG

Dr. Raffaello Lepratti ist promovierter Ingenieur und Leiter des Account Management Automotive Overseas bei Siemens Industry Automation. Er leitete das Projekt RAN seitens Siemens und ist zentraler Ansprechpartner bei der Siemens AG. Er war lange Jahre Mitglied des VDI und hat bereits mehr als 35 Beiträge in nationalen und internationalen Konferenzen sowie Zeitschriften veröffentlicht.

Andreas Müller,
Robert Bosch GmbH

Dipl.-Wi.-Ing. Andreas Müller ist seit Ende 2012 Projektleiter RFID@Bosch für Logistik: Entwicklung und Einführung standardisierter eventbasierter Softwarelösungen für die Logistik bei der Robert Bosch GmbH in Stuttgart, sowie Mitglied im VDA RFID Expertenkreis. Von 2010 bis 2012 war er Projektleiter für den UC der Robert Bosch GmbH beim RAN-Projekt (RFID based Automotive Network).

Matthias Parlings,
Fraunhofer-Institut für Materialfluss und Logistik (IML)

Dipl.-Logist. Matthias Parlings ist seit 2010 wissenschaftlicher Mitarbeiter in der Abteilung Supply Chain Engineering am Fraunhofer IML. Er beschäftigt sich dort neben dem Einsatz von RFID zur Steuerung interorganisationalen Wertschöpfungsnetzwerken mit der Planung und Gestaltung von innovativen, global agierenden Supply Chains.

Alejandro Ramirez,
Siemens AG

Dr. Alejandro Ramirez arbeitet seit 2008 in der Forschung bei Siemens Corporate Technology, der zentralen Forschungsabteilung von Siemens. Er besitzt einen B.Sc. in Elektrotechnik, einen M.Sc. in Informationstechnik und einen Dr. rer. nat. in Informatik und gab in München Lehrveranstaltungen zu den aktuellen Trends im Bereich drahtloser Netzwerke. Er hält mehr als 20 deutsche und europäische Patente und arbeitet an der Forschung nach neuartigen Lösungen für RFID-Kommunikation sowie -Lokalisierung.

Christian Reh,
Daimler AG

Dipl.-Ing. Christian Reh ist seit 2004 Mitarbeiter der Daimler AG. Er ist IT-Projektleiter im Bereich der Internationalen Logistik der Mercedes-Benz Cars und beschäftigt sich mit der Umsetzung von IT-Lösungen in der partnerübergreifenden Supply Chain und den internen logistischen Abläufen der Werke außerhalb Deutschlands.

Saskia Reinhardt,
Institut für Werkzeugmaschinen und Betriebswissenschaften (iwb) der Technischen Universität München

Dipl.-Wi.-Ing. Saskia Reinhardt studierte Wirtschaftsingenieurwesen an der Universität Karlsruhe (TH) und ist seit 2007 Wissenschaftliche Mitarbeiterin am iwb.

Gunther Reinhart,
Institut für Werkzeugmaschinen und Betriebswissenschaften (iwb) der Technischen Universität München

Prof. Dr.-Ing. Gunther Reinhart ist gemeinsam mit Prof. Dr.-Ing. Michael F. Zäh Leiter des Instituts für Werkzeugmaschinen und Betriebswissenschaften (iwb) der Technischen Universität München. Er ist dort Inhaber des Lehrstuhls für Betriebswissenschaften und Montagetechnik, Sprecher des Bayerischen Clusters für Mechatronik und darüber hinaus Leiter des Fraunhofer-Instituts für Werkzeugmaschinen und Umformtechnik (IWU), Projektgruppe für Ressourceneffiziente mechatronische Verarbeitungsmaschinen und Automation in Augsburg.

Kirsten Reisen,
Institut für Werkzeugmaschinen und Betriebswissenschaften (iwb) der Technischen Universität München

Dipl.-Wi.-Ing. Kirsten Reisen studierte Wirtschaftsingenieurwesen am Karlsruher Institut für Technologie (KIT) und ist seit 2010 wissenschaftliche Mitarbeiterin am iwb.

Rolf Schröder,
Daimler AG

Nach dem Studium der Elektrotechnik war Dr.-Ing. Rolf Schröder im Aufbau der Fakultät für Ingenieurwissenschaften ab 1989 an der Universität Ulm tätig. 1989 wurde er wissenschaftlicher Mitarbeiter an der ingenieurwissenschaftlichen Fakultät der Universität Ulm mit Schwerpunkt Echtzeitbetriebssysteme im regelungstechnischen Umfeld. In der Daimler AG ist er bisher als wissenschaftlicher Mitarbeiter und Projektleiter in den Bereichen Konzernforschung und Produktionsplanung vorrangig in der Gestaltung großer Logistik- und Produktionsnetzwerke aktiv. Er hat außerdem das Daimler RFID-Labor in Böblingen aufgebaut und hierbei mit dem RFID-Team den „Gläsernen Prototypen“ fertiggestellt (VDA 5509 Empfehlung). 2008/2009 hat er seine Idee zu RFID-based Automotive Network (RAN) in die Realität umgesetzt und das RAN-Konsortium mit 17 Automotive-Partnern aufgebaut und koordiniert. Innerhalb des RAN-Projektes übernahm er die Führung des Arbeitspaketes 1 „Prozesse und Steuerung“.

Dirk Werthmann,
BIBA – Bremer Institut für Produktion und Logistik GmbH und Universität Bremen

Dipl.-Wi.-Ing. Dirk Werthmann studierte Wirtschaftsingenieurwesen an der Universität Bremen und ist seit 2009 wissenschaftlicher Mitarbeiter am BIBA. Seine Forschungsschwerpunkte liegen im Bereich der Prozessoptimierung mit Hilfe von Auto-ID-Technik und dem damit verbundenen Informationsaustausch im Produktionsnetzwerken. Das erworbene Wissen vermittelt er in Vorlesungen und Übungen an Studierende der Universität Bremen. Seit Beginn des Jahres 2013 leitet er dort die Abteilung Planungs- und Steuerungsmethoden.

Matthes Winkler,
Fraunhofer-Institut für Materialfluss und Logistik (IML)

Dipl.-Wirt.-Ing. Matthes Winkler ist seit 2006 Mitarbeiter am Fraunhofer-Institut für Materialfluss und Logistik (IML) in der Abteilung Supply Chain Engineering. Er beschäftigt sich dort neben dem Einsatz von RFID zur Steuerung von Wertschöpfungsnetzwerken mit der Planung und Gestaltung von innovativen, global agierenden Supply Chains. Die dabei verwendeten Konzepte werden in Assistenzsystemen einem größeren Anwenderkreis zugänglich gemacht.

Hans Berger

Automatisieren mit SIMATIC S7-300 im TIA Portal

Projektieren, Programmieren und Testen mit STEP 7 Professional

2. Auflage, 2014, 750 Seiten,
435 Abbildungen, 85 Tabellen, gebunden
ISBN 978-3-89578-432-3, € 79,90

Das Buch beschreibt Konfiguration und Netz-Projektierung der S7-300-Komponenten mit STEP 7 Professional im TIA Portal. Leser erfahren, wie ein Steuerungsprogramm mit den Programmiersprachen KOP, FUP, AWL und SCL formuliert und getestet wird.

Hans Berger

Automatisieren mit SIMATIC S7-400 im TIA Portal

Projektieren, Programmieren und Testen mit STEP 7 Professional

2013, 781 Seiten, 441 Abbildungen,
94 Tabellen, gebunden
Print ISBN 978-3-89578-372-2, € 69,90
ePDF ISBN 978-3-89578-917-5, € 61,99

Das Buch beschreibt Konfiguration und Netz-Projektierung der S7-400-Komponenten mit STEP 7 Professional V11 im TIA Portal. Leser erfahren, wie ein Steuerungsprogramm mit den Programmiersprachen KOP, FUP, AWL und SCL formuliert und getestet wird.

Hans Berger

Automatisieren mit SIMATIC S7-1500

Projektieren, Programmieren und Testen mit STEP 7 Professional

2014, 875 Seiten, 511 Abbildungen,
106 Tabellen, gebunden
Print ISBN 978-3-89578-403-3, € 89,90
ePDF ISBN 978-3-89578-903-8, € 79,99

Das Buch stellt das neue Automatisierungssystem SIMATIC S7-1500 detailliert vor und beschreibt das einheitliche Bedienkonzept für Controller, HMI und Antriebe im TIA Portal.

www.publicis-books.de

Ulf Pillkahn

Die Weisheit der Roulettekugel

Innovation durch Irritation

2013, 293 Seiten, 52 handgezeichnete Abbildungen, 33 Tabellen, gebunden

Print ISBN 978-3-89578-393-7, € 34,90
ePDF ISBN 978-3-89578-680-8, € 30,99
EPUB ISBN 978-3-89578-720-1, € 30,99

Pillkahn ist ein unbequemer Innovationstreiber. Er empfiehlt die Irritation, den Zustand innerer Unruhe, ständige Bewertung von Impulsen, die Kombination klassischer und disruptiver Methoden. Innovationserfolg braucht System und Glück: Spielen wir mit ihm das Innovationsroulette!

Michael Pellny, Jill Schmelcher, Anna Beinlich

Führungskompetenz

Was wirklich wichtig ist

2014, 204 Seiten, 28 Abbildungen, gebunden

Print ISBN 978-3-89578-448-4, € 27,90
ePDF ISBN 978-3-89578-920-5, € 24,99
EPUB ISBN 978-3-89578-724-9, € 24,99
mobi ISBN 978-3-89578-823-9, € 24,99

Mit dem Buch können Führungskräfte und Unternehmer Führungskompetenz aufbauen und weiterentwickeln. Alle Aspekte sind leicht lesbar und gut strukturiert dargestellt. Beispiele aus der Praxis machen das Wissen konkret und leicht anwendbar; viele Tipps lassen sich sofort umsetzen.

Christian Holzer

Unternehmenskonzepte zur Work-Life-Balance

Ideen und Know-how für Führungskräfte, HR-Abteilungen und Berater

2013, 247 Seiten, 11 Abbildungen, 13 Tabellen, gebunden

Print ISBN 978-3-89578-424-8, € 34,90
ePDF ISBN 978-3-89578-698-3, € 30,99
EPUB ISBN 978-3-89578-717-1, € 30,99

Christian Holzer bietet authentische Modelle und mehr als 400 praktische Tipps zur Work-Life-Balance, untermauert durch Praxisbeispiele aus Coachings, Beratungen und eigener Führungserfahrung – ein Ideenpool für soziale Nachhaltigkeit, Employer Branding und Personalentwicklung.

www.publicis-books.de